奶牛乳腺 microRNA 研究进展

南雪梅 王梦芝 熊本海 主编

中国农业科学技术出版社

图书在版编目（CIP）数据

奶牛乳腺 microRNA 研究进展 / 南雪梅，王梦芝，熊本海主编. —北京：中国农业科学技术出版社，2019.12
 ISBN 978-7-5116-4573-9

Ⅰ.①奶…　Ⅱ.①南…②王…③熊…　Ⅲ.①乳牛-乳腺-核糖核酸-研究　Ⅳ.①S823.9

中国版本图书馆 CIP 数据核字（2019）第 299769 号

责任编辑　朱　绯
责任校对　李向荣

出 版 者	中国农业科学技术出版社 北京市中关村南大街 12 号　邮编：100081
电　　话	（010）82106626（编辑室）　（010）82109702（发行部） （010）82109703（读者服务部）
传　　真	（010）82106626
网　　址	http://www.castp.cn
经 销 者	各地新华书店
印 刷 者	北京建宏印刷有限公司
开　　本	710 mm×1 000 mm　1/16
印　　张	14
字　　数	275 千字
版　　次	2019 年 12 月第 1 版　2019 年 12 月第 1 次印刷
定　　价	45.00 元

版权所有·翻印必究

《奶牛乳腺 microRNA 研究进展》
编委会

主　编：南雪梅　王梦芝　熊本海
副主编：田　雷　范彩云　蒋林树　闵　力
　　　　丁洛阳
编　委：权素玉　张　鑫　陈连民　经语佳
　　　　胡良宇　程建波

编委信息：
　　南雪梅　中国农业科学院北京畜牧兽医研究所
　　王梦芝　扬州大学动物科技学院
　　熊本海　中国农业科学院北京畜牧兽医研究所
　　田　雷　昆明理工大学农业与食品学院
　　范彩云　安徽农业大学动物科技学院
　　蒋林树　北京农学院动物科技学院
　　闵　力　广东省农业科学院动物科学研究所
　　丁洛阳　扬州大学动物科技学院
　　权素玉　中国农业科学院北京畜牧兽医研究所
　　张　鑫　扬州大学动物科技学院
　　陈连民　扬州大学动物科技学院
　　经语佳　扬州大学动物科技学院
　　胡良宇　扬州大学动物科技学院
　　程建波　安徽农业大学动物科技学院

目　录

第一部分　奶牛乳腺与 microRNA 概述 …………………………………（1）

　第一章　奶牛乳腺发育与泌乳代谢概述 …………………………………（1）
　第二章　microRNA 概述及其调控乳腺功能浅析 ………………………（18）

第二部分　microRNA 调控乳腺泌乳研究 ……………………………（40）

　第三章　奶牛乳腺发育相关 microRNA 研究 ……………………………（40）
　第四章　奶牛乳腺泌乳相关 microRNA 研究 ……………………………（72）
　第五章　奶牛乳腺激素相关 microRNA 研究 ……………………………（103）

第三部分　microRNA 调控乳品质的研究 ……………………………（141）

　第六章　乳蛋白合成相关 microRNA 研究 ………………………………（141）
　第七章　乳脂合成相关 microRNA 研究 …………………………………（158）
　第八章　乳糖合成相关 microRNA 研究 …………………………………（172）

第四部分　营养素对乳腺 microRNA 影响研究 ………………………（177）

　第九章　氨基酸对乳腺 microRNA 的调控作用 …………………………（177）
　第十章　脂肪酸对乳腺 microRNA 的调控作用 …………………………（182）

第五部分　乳中 microRNA 研究 ……………………………………（192）

第十一章　不同畜种乳中 microRNA 的差异 …………………………（192）

第十二章　不同乳成分中 microRNA 的差异 …………………………（202）

第十三章　其他影响乳中 microRNA 的因素 …………………………（209）

第一部分　奶牛乳腺与 microRNA 概述

第一章　奶牛乳腺发育与泌乳代谢概述

奶牛的乳腺能够合成并分泌乳汁，乳腺的发育和其泌乳功能的发挥密不可分，其发育程度是奶牛生长发育和繁殖能力的重要标志。探索了解奶牛乳腺发育和泌乳代谢的规律与机制，有利于在生产中采取相应的措施和解决方案，以提高经济效益。

一、奶牛乳腺发育

（一）奶牛乳腺结构

乳腺是哺乳动物最为特殊的器官之一，从进化上看，乳腺由动物皮肤汗腺衍生而来，属外分泌腺。奶牛乳房外形呈扁球状，附着在奶牛的后躯。乳房内的一条悬韧带沿着乳房中部向下延伸至乳房底部，将乳房分为左右两半，每一半乳房又被结缔组织前后隔开。4个乳区都有各自独立的分泌系统，互不相通。

总体上，乳腺分实质和间质两部分，实质由乳腺上皮组织和其周边组织构成，间质由结缔组织和脂肪组织构成，保护并支持实质。分析乳腺的解剖结构，则主要由支撑系统、分泌系统（腺泡和导管）、血管系统、淋巴系统和神经系统等构成（李庆章，2014）。乳房中一系列的韧带和结缔组织主要起着支撑作用，使乳房贴紧体壁，以保证奶牛正常的生理活动。腺泡和导管是组成乳腺泌乳的最基本单位，是乳腺完成泌乳活动的根本保证（Glasier and McNeilly，1990）。腺泡是由单层乳腺上皮细胞围成的中空球状腺泡腔和周围的环绕基质组成，与终末乳导管相连接（图1-1）。腺泡间的乳腺间质中分布着发达的毛细血管网和丰富的淋巴网，为腺泡输送营养和合成乳汁所需的各种物质，并带走代谢产物。10~100个乳腺腺泡组成一个腺泡小叶，多个腺泡小叶又集成较大的腺泡分叶，各腺泡分叶所生成的乳汁经更大的集合管排入位于乳头正上方的乳池中进行贮存。每生成 1L 牛乳需大约 400~500kg 的血液流经乳房，乳房内分布大量血管，每个腺泡都由稠密的毛细血管网包围，以保证血液供应。乳腺中的血管系统可以为奶牛乳房提供丰富的血液，从而保证乳房的营养和新陈代谢，维持其正常的生理功能。乳房左右两侧通常都有独立的动脉系统供给血液；而静脉系统比动脉系统更为发达，可以使血液缓慢流过乳腺，供乳腺吸收血液中的营养物质。奶牛乳腺淋巴系统不仅可以将组织液中吸收的细胞代谢产物和大分子（如蛋白质等）运送回静脉系统，而且作为机体免疫系统的组成部分抵御外源细菌的侵害（Khol et al., 2012）。奶牛乳房的神经系统包括感觉神经和交感神经，感觉神经主要分布于乳头和皮肤，其周围分布着大量的感受器，这对于启动排乳反射至关重要；交感神经主要分布在乳腺叶、血管、乳池和导管周围的结缔组织中，内部有大量压力敏感型神经元，通过支配平滑肌的收缩调控乳腺分泌活动。

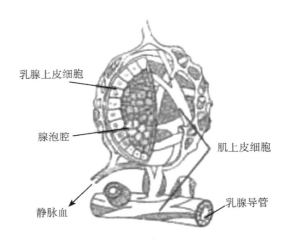

图 1-1　奶牛乳腺腺泡结构

（二）奶牛乳腺不同发育时期特征

奶牛乳腺从胚胎期就开始发育，乳腺组织由中胚层和外胚层发育而来，逐渐形成乳芽，最后形成乳池及乳管。出生时乳腺的基本结构和形状已经发育完全，由不成熟导管系统和间质组织组成。出生后到青春期完成乳腺导管的延伸和分支，妊娠期乳腺上皮细胞分化，形成分泌性腺泡，分娩后产生乳汁，哺乳后期随着吸吮刺激的减少，乳腺开始退化、细胞凋亡、腺泡导管塌陷，乳腺将发生重塑，恢复成简单导管结构等组织结构，完成一个周期的变化（Djonov et al.，2001）。

乳腺的实质具有合成、分泌和排乳功能。不同生长阶段母牛的乳腺实质的发育变化很大，根据其发育情况大致可以分为5个阶段：断奶前、初情期前、妊娠前、妊娠期和泌乳期。0~2月龄断奶前，后备母牛的体重与乳腺处于等速生长状态；2月龄至初情期前的后备母牛乳腺发育处于异速生长状态，此时乳腺实质的发育速度要快于牛体其他的部位。乳腺发育最快的时期在初情期前（3~9月龄），进入初情期后，发情周期会刺激乳腺实质进一步发育，此时，乳腺实质发育仍为异速发育阶段。奶牛的乳腺发育主要集中在妊娠期，受激素的影响，乳腺上皮细胞开始大量增殖分化，脂肪组织逐渐被导管替代。

刚出生犊牛的乳腺组织生长分为4个时期，即管状期、增大期、象限期和半型期。1月龄为管状期，触摸4个乳房时，每个乳房内有一管状腺体，但不显著；2月龄为增大期，每个乳房内管状腺体有所增大；2~4月龄为象限期，每个乳房内的乳腺略呈球形；4~6月龄以后为半型期，左右侧乳房内前后两部的乳腺连在一起成为中部稍细的短圆柱状。奶牛乳腺发育既有一定的规律，又存在不同的个体差异。犊牛乳腺在不同月龄或在同一月龄内生长有快慢，发育有好坏，有的牛乳腺生长较快，可能2月龄已经发展到象限期，也有2~4月龄仍停留于增大期，甚至一头犊牛4个乳房内的乳腺生长也不一致，有同属2个时期或者3个时期的可能。

犊牛出生后一般经过3年才能成为泌乳牛，在通过产乳性能的测定和外貌、来源以及育种值等鉴定后，泌乳牛将经历多次妊娠循环。乳腺上皮数量是影响泌乳维持的重要因素，乳腺细胞数量在泌乳周期内处在一个动态变化的过程，经历增殖、侵入、分化、退化这4个过程。奶牛乳腺上皮细胞从妊娠期开始增殖，逐渐侵入周围的细胞质基质，形成广泛的小叶腺泡样结构。到妊娠后期，奶牛乳腺上皮细胞停止增殖，此时上皮细胞发生功能分化，乳腺进入能够表达、合成并分泌特定乳成分的阶段。乳腺细胞进入终末分化后启动了完全分泌功能，在乳腺分泌乳汁的整个时期，乳腺上皮细胞功能相对稳定，持续表达乳蛋白；泌乳高峰期过后乳腺经历退化过程，乳腺细胞数目持续下降（Wilde and Knight，1989）；泌乳后期和干奶期前，乳腺中已经有大部分乳腺小叶丧失正常功能。直到干奶期乳腺组织发生广泛地组织重塑（Capuco et al.，2003）；在干奶晚期，乳腺继续生长，腺泡细胞正在为泌乳启动做准备。

(三) 影响乳腺发育的因素

1. 营养水平

日粮营养水平对奶牛乳腺发育有很大影响。奶牛出生后 8 周的强化饲养对奶牛乳房的良好发育影响重大。研究已经证明 8 周龄内犊牛发育的乳腺细胞数量（实质组织 DNA 含量）和细胞活性（实质组织 RNA 含量）对营养素的供应有强烈的依赖。对于后备母牛，出生到初情期是其乳腺发育的关键时期，乳腺上皮细胞迅速增殖，此阶段乳腺发育同样易受日粮营养水平，尤其是能量、蛋白水平的影响，主要影响乳腺脂肪垫的发育，但对乳腺实质的影响较小。Piantoni 等（Piantoni et al., 2012）对犊牛乳腺实质和脂肪垫发育相关的 13 000 个基因进行评估，发现超过 1 500 个基因受到营养素摄入水平的影响而发生差异表达，说明营养水平对乳腺发育存在调控作用。

2. 内分泌系统对乳腺发育的影响

乳腺是多种内分泌激素的靶器官，其生长发育和泌乳功能的发挥主要受各种相关内分泌激素的调控。奶牛乳腺发育从胚胎期开始一直到退化期，结构和功能发生很大改变，这个过程需要大量激素和细胞因子的共同作用（Hurley, 1989）。奶牛处在青春发育期时，在雌激素（Estrogen, E2）、黄体酮（Progesterone, P4）和催乳素（Prolactin, PRL）等相关激素的共同作用下，促使乳腺发育；在乳腺发育阶段，细胞因子通过细胞内外的受体作用于乳腺的上皮细胞和间质细胞，直到作用于乳腺腺泡细胞从而启动泌乳；妊娠期，P4 和 PRL 共同促进乳腺上皮细胞大量增殖，促进导管分支和小叶腺泡的形成；妊娠期和泌乳期，PRL、P4 和胎盘泌乳素（Placental lactogen, PL）进一步促进乳腺腺泡增生和乳汁的分泌。

具体来讲，E2 主要促进乳腺导管上皮增生、乳导管及小叶周围结缔组织发育，使乳导管延长并分支（赵晓民等，2014）；生长激素（Growth hormone, GH）最明显的作用是促进乳腺导管的形成，GH 与乳腺基质中的生长激素受体（Growth hormone receptor, GHR）结合诱导胰岛素样生长因子（Insulin-like growth factors 1, IGF-1）的分泌，IGF-1 通过旁分泌方式与 E2 协同刺激终末乳芽和腺泡形成（Kleinberg, 1997）；P4 和 E2 具有协同作用，E2 促进乳腺导管生长并诱导黄体酮受体（Progesterone receptor, PR）的表达，P4 则促进乳腺小叶及腺泡的发育。PRL 在乳腺组织中的作用主要是促进乳腺发育、启动和维持泌乳。糖皮质激素（Glucocorticoid，GC）具有促进乳腺腺泡系统分化发育的功能，其所诱导的细胞分化是 PRL 促进乳蛋白合成的前提（Tucker，2000）。肾上腺皮质激素（Adrenocortical hormones，ACTH）激发胎盘脱落后，将抑制妊娠期间由胎盘分泌促进乳腺发育的催乳素以及保持妊娠的 P4。然而，任何激素的单独变化都不会引起泌乳反射，只有当这些信息和变化协同发生时才能发挥作用。此外，乳腺自身合成和分泌的细胞因子对乳腺的发育和泌乳也具有重要调节作用，主要包括 IGFs、表皮生长因子家族、成纤维细胞生长因子家族、肝细胞生长因子和转化生长因子 β 等（Lamote et al.，2004），连同内分泌激素通过内分泌、旁分泌和自分泌等方式，相互协作调节乳腺的发育和泌乳。

二、奶牛泌乳代谢

乳腺腺泡是乳腺泌乳的基本单位，乳产量直接受维持或增加泌乳期腺泡数量以及调节这些细胞功能分化的因素影响。乳腺腺泡的分泌细胞从血液中摄取各种营养物质前体物，在乳腺上皮细胞中生成乳汁的各种成分，分泌到腺泡腔中混合成乳汁的过程，称作乳汁的分泌；在新生犊牛的吮吸刺激下，血液催产素急剧升高，引起肌上皮细胞收缩压缩腺泡，最终将腺泡腔内的乳汁通过乳腺导管系统和乳头管排出体外的过程，称为排乳。乳汁的分泌和排乳两个过程合称为泌乳（李庆章，2014）。

（一）奶牛的泌乳周期及特点

奶牛泌乳期为从产后乳汁分泌到下一次产犊之前，通常为 305 天左右。泌乳周期的调控对提高产奶量和优化乳品质具有决定性的作用，通过促进乳腺细胞增殖分化，形成完整的乳腺结构，进而刺激泌乳启动。生产上一般将整个泌乳周期划分为 5 个阶段，即干奶期、围产期、泌乳盛期、泌乳中期和泌乳后期，在一个泌乳周期中奶牛产奶量呈现周期性变化。两次泌乳期间的分娩前 40~60 天，奶牛停止排乳启动了干奶期，之后乳腺组织进一步退化并重建，此阶段以分泌活动的退化及残余乳汁的重吸收为标志，之后乳腺进入相对稳定的干奶阶段。Smith 和 Todhunter（1989）表明干奶期可被分为 3 个生理阶段。第 1 阶段是活跃退化期。在停止挤奶的 30 日后，由乳腺上皮细胞合成的成分（如脂肪、乳糖、α-乳白蛋白）浓度下降；来自血液的成分（牛血清白蛋白及免疫球蛋白）浓度升高。这些乳汁成分的变化是乳腺退化期生理学及形态学变化的结果。第 2 阶段是稳态期，乳腺进入一种非泌乳彻底退化的状态。第 3 阶段出现在分娩前 14~28 日，在此阶段分泌性组织重新发育。值得注意的是，在两次泌乳之间存在非泌乳或干奶期是使奶牛乳产量最大化所需的。从产犊前15天（干奶后期）到产犊后15天（泌乳初期）被定义为围产期。这一时期的奶牛刚生产完毕，特点是采食量下降，机体处于能量负平衡状态，易发生酮病、脂肪肝等代谢疾病，所以对奶牛泌乳性能维持来说是最为重要的时期，围产期的饲养技术决定了奶牛产奶期的泌乳量和体质情况（王哲，2010）。从泌乳初期到分娩后40~70天泌乳峰期称泌乳盛期，奶牛体内催产激素的分泌量逐渐增加，食欲完全恢复正常，饲料采食量增加，乳腺机能活动日益旺盛，产奶量迅速增加至峰值；峰值产奶量决定整个泌乳期产量，峰值增加1kg，全期增加200~300kg（Billmahanna等，1997）。泌乳峰期过后至分娩后30~35周，产奶量逐渐下降，进入泌乳中期，干物质的采食量进入高峰期，奶牛食入的营养物质不仅用于满足日常代谢和泌乳需求，还有多余的营养用于恢复产后失去的体重。泌乳高峰期后产奶量持续下降可能归因于乳腺细胞增殖和移除的失衡导致细胞数量的降低。泌乳后期为干奶前的2个月，奶牛同时处于妊娠后期，胎儿生长发育消耗大量营养物质，胎盘及黄体激素量增加，抑制脑垂体分泌生乳激素，因而产奶量急剧下降。

（二）奶牛的泌乳机制

在神经—激素途径的调节下乳腺分泌乳汁，一般而言乳汁的分泌包括泌乳启动和泌乳维持这两个过程。泌乳启动是指乳腺器官由非泌乳状态向泌乳状态转变的功能性变化过程，这个过程通常出现在妊娠后期和分娩前后。此时，乳腺上皮细胞中RNA水平明显增高。对于反刍动物而言，泌乳启动又分为两个阶段，即分泌分化和分泌激活。分泌分化是乳腺上皮细胞分化成泌乳细胞的妊娠阶段，此时乳腺具有合成特异乳成分（如酪蛋白）的能力，上皮细胞能够分泌初乳，需要E2、P4和PRL等生殖激素以及GH、GC和胰岛素（Insulin，INS）等代谢激素的参与（史琳琳，2013）；分泌激活即伴随分娩的发生，乳腺大量分泌常乳的起始阶段，乳腺启动分泌激活的前提是P4的退出，PRL、INS和皮质醇在此阶段存在并发挥作用（Pang and Hartmann，2007）。泌乳启动后，乳腺能在相当长的一段时间内持续进行泌乳活动，这一过程称为泌乳维持。在泌乳维持阶段，乳腺细胞数量和乳产量的变化受激素和神经反射的调节。

从血液中吸收营养物质以及新物质的合成是乳汁生成的两个过程。奶牛乳腺可对动脉血中的激素、维生素、球蛋白、无机盐等营养物质进行选择性吸收和浓缩，使之转变成乳汁的成分；而乳蛋白质、乳糖和乳脂等物质则大部分在乳腺中合成。乳腺上皮细胞通过一些转运载体摄取流经乳腺的血液中三大成分的合成前体物，并转运到乳腺内加以从头合成。因此，血液中这些前体物质的含量及配比和细胞本身转运载体表达变化对前体物质的调节是影响乳成分的合成速率和效率的主要因素。前人总结，反刍动物乳腺上皮细胞主要通过 5 条主要途径摄取血液中的营养物质和各种乳成分的前体物，加以利用合成并分泌乳汁。这 5 条途径分别为：膜途径、高尔基途径、乳脂肪途径、胞吞作用和胞间途径（赵萌，2017）。

1. 乳蛋白的合成

牛乳中乳蛋白比率在 2.5%~3.7%，主要包括大部分的酪蛋白、少量的乳清蛋白和其他微量蛋白质等（表 1-1）。其中酪蛋白约占总乳蛋白的 80%。酪蛋白存在 4 种天然的蛋白异构体，分别是 $\alpha s1$-酪蛋白、$\alpha s2$-酪蛋白、β-酪蛋白以及 κ-酪蛋白。这些酪蛋白聚合成较大的胶状微粒结构，以维持牛奶的稳定性及理化特性。

表 1-1 牛奶中乳蛋白组成及含量

种 类	组成	乳蛋白中含量（%）
酪蛋白	$\alpha s1$-酪蛋白	34~40
	$\alpha s2$-酪蛋白	11~15
	β-酪蛋白	25~35
	κ-酪蛋白	8~15
乳清蛋白	α-乳清蛋白	2~4
	β-乳清蛋白	7~12
	血清蛋白	0.5~2
乳铁蛋白		微量
免疫球蛋白	IgA、IgG1、IgG2、IgM	微量

90%以上乳蛋白是由乳腺上皮细胞从头合成，其原料主要是从血液吸收而来的游离氨基酸（Backwell et al.，1996），而剩余的部分是由血液直接吸收而来，其中包括白蛋白和免疫球蛋白等（Davis and Mepham，1976）。乳腺组织中用于合成蛋白质的氨基酸一部分来自血液供应，一部分由乳腺分泌细胞合成。研究人员在泌乳期奶牛颈静脉持续注射 ^{13}C 标记的氨基酸，乳蛋白中 ^{13}C 标记的氨基酸出现较血液中 ^{13}C 标记的氨基酸较晚（Bequette et al.，1997），说明细胞内存在氨基酸代谢库，能及时为乳蛋白合成提供氨基酸前体。氨基酸被乳腺上

皮细胞的基底膜吸收进入细胞后，在酶和 ATP 的参与下使其活化，随后与 tRNA 结合在粗面内质网上的核糖体内进行翻译。经翻译合成的蛋白质由信号肽引导进入内质网和高尔基体内进行磷酸化和糖基化加工修饰后，再由高尔基体分泌囊泡运送至细胞顶膜，分泌囊泡离开高尔基体继续向顶端移动，其间酪蛋白复合物形成乳蛋白胶粒，这些分泌囊泡完成运输后与质膜融合，最后乳蛋白胶粒以胞吐的方式进入腺泡腔内。

乳蛋白合成的影响因素包括奶牛品种、泌乳阶段、饲养管理及环境水平、干物质、采食量和碳水化合物、氨基酸、小肽、维生素及矿物质水平等。乳中各种乳蛋白的含量都受到相应乳蛋白基因的控制。乳蛋白基因的表达具有明显的组织特异性和阶段特异性，表现为乳蛋白质的合成仅在泌乳上皮细胞中进行，并且发生在哺乳母体临近分娩和之后的相当长一段时间的哺乳期中。另外，乳蛋白率受到乳腺所吸收营养底物的调控。乳腺对血液中的氨基酸的利用，即乳腺上皮细胞对氨基酸的摄取，取决于血液中氨基酸的浓度、乳腺血流量以及乳腺上皮细胞膜上的氨基酸转运系统（Makar et al.，2003）。血浆氨基酸浓度直接影响乳腺细胞对氨基酸的吸收能力（Bequette et al.，2000）。通常，乳腺对各种氨基酸的吸收会维持在一个特定的范围，血浆氨基酸的净摄入量也维持在动态平衡中。泌乳期奶牛乳腺血液总量为机体总血量的 8%，非泌乳期也可达到 7.4%（Hurley，2007）。丰富的血流量对维持奶牛乳腺的营养和保证其正常生理功能起到至关重要的作用。当然，乳腺上皮细胞中氨基酸转运蛋白的活性同样决定乳腺对氨基酸的摄取。乳腺上皮细胞膜存在非常完善的氨基酸转运系统，包括钠依赖转运载体、非钠依赖转运载体、阳离子转运载体以及小肽转运载体（Shennan and Peaker，2000）。多种氨基酸转运载体协同作用，可以实现细胞内外氨基酸的交换。

2. 乳糖的合成

乳糖是乳的重要组成部分，牛乳中所含的糖类 99.8% 是乳糖。乳糖合成速率是影响乳产量的主要因素，它在调节乳腺渗透压中起重要作用（Cant et al.，2002），因此乳中乳糖的含量基本保持不变。

乳糖的生物合成是乳腺腺泡上皮分泌细胞特有的功能。胞浆内葡萄糖被己糖激酶磷酸化为葡萄糖-6-磷酸，继而通过葡萄糖-6-磷酸变位酶转化为葡萄糖-1-磷酸，在尿苷三磷酸的作用下生成 UDP-葡萄糖，进而生成 1 分子的 UDP-半乳糖，最终由 1 分子不经过修饰的葡萄糖和 1 分子 UDP-半乳糖都被高尔基体囊泡摄取并用于高尔基体膜上的乳糖合成酶合成乳糖。其中乳糖合成酶是乳糖合成与分泌过程的主要限速酶,由β-1,4-半乳糖基转移酶及辅助因子α-乳清蛋白组成。β-1,4-半乳糖基转移酶存在于大多数组织中,但是只有高尔基体的内表面能发现此酶;α-乳清蛋白被认为是乳糖合成酶的一个亚基,本身不具有催化活性,但控制着乳中乳糖的含量,具有调节产乳的功能。分娩过程中P4下降及GC和PRL的升高诱导了α-乳清蛋白的转录,在乳腺高尔基体内与β-1,4-半乳糖基转移酶结合,从而改变半乳糖基转移酶的底物特异性结合葡萄糖。

乳腺组织缺乏葡萄糖-6-磷酸酶,无法利用其他前体物来合成葡萄糖,因此合成乳糖的葡萄糖和半乳糖都来源于乳动脉血中的葡萄糖(Bauman et al., 2006)。葡萄糖作为乳糖合成的主要前体原料,与乳糖合成和乳产量之间存在一种线性关系或者正相关(齐利枝等,2011)。提供葡萄糖到乳腺进行乳合成是确保哺乳期动物生存的一种优先代谢活动。对于平均产奶量为40kg/d的奶牛来说,每天最多要从乳腺的血液中摄取3kg的葡萄糖(Kronfeld,1982)。乳腺上皮细胞的基底膜两侧存在很大的葡萄糖浓度梯度,葡萄糖的跨膜转运需要通过葡萄糖转运载体完成,包括葡萄糖转运蛋白家族(Glucose transporters, GLUTs)和钠葡萄糖共转运蛋白家族(Sodium-dependent glucose transporters, SGLTs),分别介导一个双向的不依赖能量的葡萄糖转运过程和一个钠连接的逆电化学梯度转运过程(Zhao and Keating,2007)。大量的研究结果显示,乳腺上皮细胞摄取葡萄糖受乳腺发育阶段和营养状况影响,且此过程受泌乳类激素影响,如PRL和GH的调节(Shennan and Peaker,2000)。

3. 乳脂的合成

乳脂是牛乳主要贮存能量的物质和重要的营养成分,一般占牛乳成分的3%~5%。牛乳脂肪以微细的球状呈乳浊液分散在乳中,被乳脂肪球膜覆盖,牛乳脂肪球直径平均3 μm,为20亿~40亿个/mL。乳脂的化学结构是三酰甘油,其含量约占乳脂的98%,其余2%主要包括磷脂、二酰甘油、单酰甘油等脂类物质(Zhu et al.,2016)。奶牛乳腺上皮细胞生成的甘油经脂肪合成酶催化,与细胞合成、摄取并经活化的脂肪酸(Fatty acid, FA)由转酰基作用酯化为三酰甘油(Triacylglyceride, TAG),最后以脂肪小滴的形式通过顶浆分泌进入乳汁。

奶牛乳腺上皮细胞中FA的来源主要分为2个途径,一个是通过乳腺分泌细胞合成,另一个是从外周循环血液吸收FA。FA的从头合成需要乙酰辅酶A(CoA)、乙酰CoA羧化酶(Acetyl-CoA carboxylase, ACC)和脂肪酸合成酶

（Fatty acid synthase，FAS）的作用。反刍动物主要以瘤胃发酵产生的乙酸和部分β-羟基丁酸为底物，由 ACC 催化，乙酸在胞浆中转化为乙酰 CoA，继而通过丙二酰单酰 CoA 途径；而β-羟丁酸进入乳腺上皮细胞后直接转化为丁酰 CoA。在 FAS 的催化下，乙酰 CoA 或者丁酰 CoA 与乙酰 CoA 循环结合，使 FA 的碳链以 2 个碳原子的数量不断延长，并主要在形成 C16∶0 或者 C14∶0 时停止，从而形成中链 FA 和 C16∶0 FA。对于日粮经过瘤胃微生物的发酵作用产生的长链脂肪酸（Long chain fatty acid，LCFA）和部分 C16∶0 FA，经过小肠绒毛吸收进入血液，同机体脂肪组织分解产生的 FA 一起，形成非酯化脂肪酸（Nonesterified fatty acid，NEFA）或者与血浆脂蛋白如乳糜微粒或极低密度脂蛋白（Very low density lipoprotein，VLDL）结合，被乳腺上皮细胞摄取（张航，2014）。

影响奶牛乳汁中乳脂合成的因素很多，包括奶牛的品种、胎次、年龄、泌乳阶段、疾病等因素。当然除了非营养因素外，乳成分中的乳脂肪易受到日粮营养水平的影响，包括日粮精粗比、日粮中粗饲料类型、粗饲料来源等因素（Liu et al.，2016）。分子层面，乳脂肪合成相关基因受多种转录调控因子和核受体的调控，涉及固醇调节元件结合转录因子 1（Sterol regulatory element binding transcription factor 1，SREBF1）、固醇调节元件结合转录因子 2（SREBF2）和过氧化物酶体增殖物激活受体 γ（Peroxisome proliferator-activated receptor gamma，PPARγ）（Bionaz and Loor，2008），分别参与调控 TAG 和磷脂合成及多不饱和 FA 的生成，胆固醇的合成以及直接调控 LCFA 的摄取和转运、FA 从头合成和去饱和等过程中相关基因的表达。

4. 不同品种奶牛的三大乳成分含量

不同品种的奶牛，其产奶量和乳成分含量会出现较大差异（表 1-2）。其中娟姗牛乳脂含量最高，而爱尔夏牛的乳蛋白含量最高。相较之下，荷斯坦牛的乳脂、乳蛋白含量均为最低，而乳糖含量在几个品种的奶牛中变化不大。这一定程度上反映了遗传因素对产奶性能的影响，因此，改良品种可以有效地、有针对性地提高乳品质。

表 1-2　常见奶牛品种主要乳成分含量（%）

品种	乳蛋白	乳脂	乳糖
荷斯坦牛	3.4	3.1	4.8
娟姗牛	3.9	5.5	4.9

(续表)

品种	乳蛋白	乳脂	乳糖
西门塔尔牛	3.4	4.3	4.0
瑞士褐牛	3.6	4.0	5.0
爱尔夏牛	4.1	3.6	4.7

（资料来源：Polychroniadou，2007；孙悦等，2012；卢娜等，2018）

除了品种因素外，即使相同品种的牛在不同饲养环境和生理周期中的产奶量及原料乳品质都有所差别，母牛的年龄、胎次、健康状况、所处的泌乳阶段、产奶的季节、饲养条件和饲料组成等都和品种一样对原料乳品质产生明显影响。

（三）影响泌乳代谢的因素

1. 个体水平

奶牛产奶量受诸多因素的影响，从个体水平讲，奶牛泌乳调控的因素主要包括品种基因特性、营养搭配、饲养管理、内分泌系统以及机体内信号通路的调节等。泌乳期间产奶量和乳品质直接反映了奶牛品种的基因特征、机体代谢状态以及饲养管理等技术水平，对于奶牛的泌乳年限以及整体的经济效益具有深远影响（赵国丽等，2011）。为了满足泌乳的需求，营养物质直接或间接调节泌乳相关基因的表达。已有研究表明碳水化合物、脂肪、醇类、矿物质和维生素都参与基因表达调控。Park 等（Park，2005）研究了营养对奶牛乳腺发育和泌乳的调节作用，提出通过营养素的供给改变了乳腺发育和泌乳基因的表观遗传，并改善乳质量和提高乳产量。

然而，在相对固定的奶牛种群中，统一的机械化与模式化管理的条件下，改善乳品质的关键因素与激素和生长因子的协同作用密切相关。对泌乳的内分泌调节主要包括两类典型的激素，一类是促进泌乳的激素，在分娩前后活性增强（PRL、GH、T4 和 ACTH 等）；另一类是抑制泌乳的激素（E2 和 P4 等），在分娩前后活性降低。其中有一些激素是泌乳启动所特有的，主要包括 GH、PRL、E2 和 P4；而泌乳维持则主要由 PRL 和催产素发挥作用。另外乳腺外组织和乳腺自身也能分泌多种生长因子、转录因子、信号肽、激酶等，这些成分决定了奶牛物质代谢与转化吸收的效率，进而对激素调控泌乳机制具有重要作用，同时还对乳腺的结构发育以及泌乳性能产生影响（赵国丽等，2011，Svennersten-Sjaunja and Olsson，2005）。

E2 参与产前的泌乳启动，通过促进垂体前叶 PRL 的释放或通过刺激乳腺细胞膜上PRLR数目的增加，而间接启动泌乳。生理剂量的E2对维持泌乳有促进作用，而高剂量的E2对泌乳维持起抑制作用。P4抑制泌乳的启动，主要通过和GC竞争GCR来抑制GC的促乳作用；抑制由PRL诱导PRLR合成的过程（Djiane and Durand，1977）；亦或同时减弱GC和PRL的协同促乳作用。但是一旦泌乳开始，P4则对产奶量不再产生影响。PRL是主要的催乳性激素，只有持续地分泌PRL才能保证维持泌乳。PRL刺激乳腺上皮细胞时，Janus激酶2（JAK2）与信号下游的转录激活因子5（Signal transducer and activator of transcription 5，STAT5）蛋白结合，同时，在酪氨酸磷酸化信号通路的偶联作用下，进行转录调控作用。妊娠期，大量的E2和P4抑制PRL的作用；分娩后，E2和P4水平迅速下降，PRL分泌大量增加，乳腺开始泌乳。GC在奶牛泌乳启动方面似乎不起主要作用，但对奶牛泌乳维持是必需的（Tucker，2000）。对于反刍动物，GH可增加乳汁的生成，这种作用是否通过进入乳房的营养物质流量间接发生，还是直接作用于腺泡腔上皮细胞发生还不清楚。研究指出，E2通过刺激神经内分泌生长轴的作用，使生长激素的含量上升，从而调节IGF-1的生成和IGF-1结合蛋白的利用来促进泌乳。GH参与泌乳的启动和维持，与PRL在泌乳启动中协同发挥作用，其诱导的细胞分化是PRL促进乳蛋白合成的前提条件；生理水平的GC对于泌乳维持起促进作用，但高剂量的GC抑制泌乳（Tucker，2000）。催产素的主要作用是促进乳腺排乳，其作用于乳腺内的平滑肌，使平滑肌收缩产生压力，将乳汁由腺泡排入导管和乳窦中，吸吮时产生的负压使乳汁克服乳头括约肌的阻力，将乳汁排出。

2. 细胞水平

由于乳腺细胞的增殖及分化贯穿乳腺发育及其泌乳过程，前人已在细胞水平上进行了大量的乳腺上皮细胞活动的调控研究。研究表明，乳腺产奶量主要取决于乳腺上皮细胞数量、细胞的分泌能力和活力及血管系统发育程度3个方面（Baumrucker，1985，Capuco et al.，2003，Makar et al.，2003）。

在妊娠期间，动物乳腺上皮细胞在E2的作用下，细胞数量呈几何级数增长，表明乳腺妊娠期的发育决定乳腺上皮细胞的数量，进而决定奶牛后续的泌乳能力。乳腺上皮细胞的数量取决于生长和凋亡的动态变化。大量研究表明，乳腺细胞增殖和移除的失衡导致细胞数量的降低是影响高峰期后产奶量下降的重要原因。这涉及乳腺中IGF结合蛋白5（IGF binding protein 5，IGFBP5）和IGF-1之间的相对平衡。IGFBP5过表达可以抑制IGF-1分泌，导致细胞凋亡；相反，IGF-1过表达则会使细胞有丝分裂但不分化（Rosato et al.，2002）。另外，泌乳持续不仅与分泌细胞的数量有关，而且还取决于分泌细胞的活力。甚至有学者认为，泌乳高峰前产奶量的持续增加归根于乳腺上皮的持续分化和单个泌乳细胞泌乳活力的增加，而不是泌乳细胞数量的增加（Capuco et al.，2001），因为泌乳期奶牛乳腺上皮细胞增殖速率仅为每天 0.3% 时即可满足泌乳期分泌细胞的需求量（Stefanon et al.，2002）。乳腺血流量（Mammary blood flow，MBF）在调节乳腺的营养供应中起重要作用。一般情况下，奶牛 MBF 与其泌乳量成正比例关系，自然决定了奶牛需要有发达的血管系统。

3. 分子水平

泌乳期乳腺上皮细胞的代谢活动通过翻译及翻译后调控，受乳汁合成及分泌机制的即时调整，并受一些重要的泌乳基因转录调控的影响（Stefanon et al.，2002）。在调控合成乳脂、乳蛋白的过程中，JAK/STAT 信号转导途径引起广泛的关注。当 JAK 与相应的配体结合后形成激酶，使信号传递与 STAT5 蛋白的酪氨酸残基磷酸化，形成同源或异源二聚体或四聚体，在细胞核中与特定的 DNA 序列相结合，进而调控相关的基因转录，活化相应的靶器官，发挥生物学效应（Li and Rosen，1995）。STAT 家族对乳腺细胞发育和功能分化、免疫机制的调节、信号通路的调控等方面起重要的作用。在乳腺发育周期中，STAT 相关基因（STAT5/STAT3/STAT1）以连续激活的形式发挥作用（Wiseman and Werb，2002）。其中，STAT3 和 STAT5 基因表达量在泌乳期的乳腺组织中显著升高。STAT5 包含 STAT5a 和 STAT5b 两个亚型，STAT5a 基因影响乳腺腺泡形成，进而影响乳腺的发育，但对机体生长无影响，其可被 PRL 激活，并作为催乳素—乳蛋白信号（PRL/PRLR-JAK/STAT5）转导中的一个重要信号分子（Hennighausen and Robinson，2001）。典型的磷酸化-PRL 结合到 PRLR 上，诱导表面受体二聚体化，而导致受体相关的蛋白酪氨酸激酶的激活和磷酸化。这种磷酸化使 SHZ 位点暴露出来与细胞内信号分子包括 JAK、磷脂酰肌醇 3-激酶和 STAT 相互作用，进而激活 JAK/STAT5 信号通路，对乳腺发育及泌乳的调控发挥了重要作用。

另外，随着组学技术的兴起，基因组学、转录组学、蛋白质组学和代谢组学等成为研究反刍动物乳腺发育及泌乳机制的热门方法。Connor 等（Connor et al.，2008）应用基因芯片分析的方法发现增加挤奶频率后，奶牛乳腺内的差异表达基因在细胞增殖和分化、细胞代谢、营养物质转运及细胞外基质重建等过程显著富集，说明在泌乳期增加挤奶频率能够提高产奶量。Riley 等（Riley et al.，2008）采用功能基因组学的方法发现随着腺泡的形成，乳腺上皮细胞能够表达乳蛋白和乳脂合成相关基因,但是与乳糖合成相关的基因表达不明显。Finucane 等(Finucane et al., 2008)通过比较分娩前后乳腺表达谱来探究泌乳启动时乳腺内部的分子变化,发现产前和产后总共 389 个转录产物有显著差异,其中 105 个在产后表现上调,上调基因主要与转运功能、脂类和糖类代谢及细胞信号因子有关;另外 284 个表现下调,这些基因显著富集在细胞周期和细胞增殖、DNA 复制和染色体架构及微管相关过程,表明奶牛泌乳的启动伴随着细胞增殖的强烈抑制。陆黎敏等(2016)利用转录组学技术发现蛋氨酸和赖氨酸可以通过调节丝分裂原激活蛋白激酶 1(Mitogen-activated protein kinase 1,MAPK1)和真核生物延伸因子 1B(Eukaryotic elongation factor 1B,eEF1B)介导乳腺上皮细胞中哺乳动物雷帕霉素靶蛋白(Mammalian target of rapamycin,mTOR)信号转导通路,进而调节乳蛋白基因的表达。张航(2014)通过高通量转录组测序,发现了不同饲粮模式对奶牛乳脂肪合成以及长链 FA 的添加对奶牛乳腺上皮细胞乳脂肪合成的影响机制,完善了乳脂肪代谢的模型,为改善牛奶的品质提供理论依据。王炳(2016)通过奶牛动静脉血液差异代谢组研究发现,除了常规氨基酸、葡萄糖以及 FA 等在乳腺泌乳代谢中起到重要作用外,其他小分子物质,如氢化桂皮酸、前列腺素 A 等在奶牛泌乳中也很关键。

参考文献

Billmahanna,张月周. 1997. 奶牛饲养的 100 条基本原则 [J]. 中国奶牛(5):23-26.
李庆章. 2014. 奶牛乳腺发育与泌乳生物学 [M]. 北京:科学出版社.
卢娜,刘高飞,王雅晶,等. 2018. 不同品种奶牛产奶量、乳成分、血清生化指标与乳钙含量的相关性研究 [J]. 动物营养学报,30(8):3 302-3 310.
陆黎敏,黄建国,李庆章,等. 2016. MAPK1 和 eEF1B 对奶牛乳腺上皮细胞泌乳调控的作用及机理研究报告 [J]. 科技创新导报(8):170-170.
齐利枝,闫素梅,生冉,等. 2011. 奶牛乳腺中乳成分前体物对乳成分合成影响的研究进展 [J]. 动物营养学报,23(12):2 077-2 083.
史琳琳. 2013. 奶牛乳腺上皮细胞 JAK2-STAT5 和 mTOR 信号通路协同调控乳蛋白合成 [D]. 哈尔滨:东北农业大学.
孙悦,李铁柱,张莉,等. 2012. 乳肉兼用型西门塔尔牛乳化学组成及营养评价 [J]. 中国乳品工业,40(4):8-11.
王炳. 2016. 饲喂秸秆日粮奶牛泌乳性能低下的消化吸收与代谢机制研究 [D]. 杭州:浙江大学.
王哲. 2010. 过渡期奶牛生产疾病研究进展 [J]. 北方牧业(22):22-23.
张航. 2014. 不同日粮模式及长链脂肪酸对奶牛乳腺乳脂合成的影响及其机理研究 [D].

呼和浩特：内蒙古农业大学.

赵国丽，宫艳斌，韩元，等. 2011. 激素和生长因子调控奶牛乳腺发育的研究进展［J］. 中国奶牛，6：25-30.

赵萌. 2017. 中国荷斯坦牛不同泌乳阶段乳腺基因差异表达研究［D］. 泰安：山东农业大学.

赵晓民，徐小明. 2004. 雌激素受体及其作用机制［J］. 西北农林科技大学学报（自然科学版），32（12）：154-158.

Backwell, F. R., B. J. Bequette, D. Wilson, et al. 1996. Evidence for the utilization of peptides for milk protein synthesis in the lactating dairy goat *in vivo*［J］. Am J Physiol, 271（4 Pt 2）：R955-960.

Bauman, D. E., I. H. Mather, R. J. Wall, et al. 2006. Major advances associated with the biosynthesis of milk［J］. J Dairy Sci, 89（4）：1 235-1 243.

Baumrucker, C. R. 1985. Amino acid transport systems in bovine mammary tissue［J］. J Dairy Sci, 68（9）：2 436-2 451.

Bequette, B. J., F. R. Backwell, A. G. Calder, et al. 1997. Application of a U-13C-labeled amino acid tracer in lactating dairy goats for simultaneous measurements of the flux of amino acids in plasma and the partition of amino acids to the mammary gland［J］. J Dairy Sci, 80（11）：2 842-2 853.

Bequette, B. J., M. D. Hanigan, A. G. Calder, et al. 2000. Amino acid exchange by the mammary gland of lactating goats when histidine limits milk production［J］. J Dairy Sci, 83（4）：765-775.

Bionaz, M. and J. J. Loor. 2008. Gene networks driving bovine milk fat synthesis during the lactation cycle［J］. BMC Genomics, 9：366.

Cant, J. P., D. R. Trout, F. Qiao, et al. 2002. Milk synthetic response of the bovine mammary gland to an increase in the local concentration of arterial glucose［J］. J Dairy Sci, 85（3）：494-503.

Capuco, A. V., D. L. Wood, R. Baldwin, et al. 2001. Mammary cell number, proliferation, and apoptosis during a bovine lactation: relation to milk production and effect of bST［J］. J Dairy Sci, 84（10）：2 177-2 187.

Capuco, A. V., S. E. Ellis, S. A. Hale, et al. 2003. Lactation persistency: insights from mammary cell proliferation studies［J］. J Anim Sci, 81 Suppl 3：18-31.

Connor, E. E., S. Siferd, T. H. Elsasser, et al. 2008. Effects of increased milking frequency on gene expression in the bovine mammary gland［J］. BMC Genomics, 9：362.

Davis, S. R. and T. B. Mepham. 1976. Metabolism of L-（U-14C）valine, L-（U-14C）leucine, L-（U-14C）histidine and L-（U-14C）phenylalanine by the isolated perfused lactating guinea-pig mammary gland [J]. Biochem J, 156 (3): 553-560.

Djiane, J. and P. Durand. 1977. Prolactin-progesterone antagonism in self regulation of prolactin receptors in the mammary gland [J]. Nature, 266 (5603): 641-643.

Djonov, V., A. C. Andres, and A. Ziemiecki. 2001. Vascular remodelling during the normal and malignant life cycle of the mammary gland [J]. Microsc Res Tech, 52 (2): 182-189.

Finucane, K. A., T. B. McFadden, J. P. Bond, et al. 2008. Onset of lactation in the bovine mammary gland: gene expression profiling indicates a strong inhibition of gene expression in cell proliferation [J]. Funct Integr Genomics, 8 (3): 251-264.

Glasier, A. and A. S. McNeilly. 1990. Physiology of lactation [J]. Baillieres Clin Endocrinol Metab, 4 (2): 379-395.

Hennighausen, L. and G. W. Robinson. 2001. Signaling pathways in mammary gland development [J]. Dev Cell, 1 (4): 467-475.

Hurley, W. L. 1989. Mammary gland function during involution [J]. J Dairy Sci, 72 (6): 1 637-1 646.

Khol, J. L., P. J. Pinedo, C. D. Buergelt, et al. 2012. The collection of lymphatic fluid from the bovine udder and its use for the detection of *Mycobacterium avium sub sp. paratuberculosis* in the cow [J]. J Vet Diagn Invest, 24 (1): 23-31.

Kleinberg, D. L. 1997. Early mammary development: growth hormone and IGF-1 [J]. J Mammary Gland Biol Neoplasia, 2 (1): 49-57.

Kronfeld, D. S. 1982. Major metabolic determinants of milk volume, mammary efficiency, and spontaneous ketosis in dairy cows [J]. J Dairy Sci, 65 (11): 2 204-2 212.

Lamote, I., E. Meyer, A. M. Massart-Leen, et al. 2004. Sex steroids and growth factors in the regulation of mammary gland proliferation, differentiation, and involution [J]. Steroids, 69 (3): 145-159.

Li, S. and J. M. Rosen. 1995. Nuclear factor I and mammary gland factor (STAT5) play a critical role in regulating rat whey acidic protein gene expression in transgenic mice [J]. Mol Cell Biol, 15 (4): 2 063-2 070.

Liu, L., L. I. Zhang, Y. E. Lin, et al. 2016. 14-3-3gamma regulates cell viability and milk fat synthesis in lipopolysaccharide-induced dairy cow mammary epithelial cells [J]. Exp Ther Med, 11 (4): 1 279-1 287.

Makar, Z. N., G. G. Cherepanov, I. A. Boiarshinov, et al. 2003. Correlation between the organ blood flow, substrate absorption from blood, the activity of transport into mammary gland secretory cells and formation milk components in cow [J]. Ross Fiziol Zh Im I M Sechenova, 89 (8): 951-959.

Pang, W. W. and P. E. Hartmann. 2007. Initiation of human lactation: secretory differentiation and secretory activation [J]. J Mammary Gland Biol Neoplasia, 12 (4): 211-221.

Park, C. S. 2005. Role of compensatory mammary growth in epigenetic control of gene expression [J]. FASEB J, 19 (12): 1 586-1 591.

Piantoni, P. , K. M. Daniels, R. E. Everts, et al. 2012. Level of nutrient intake affects mammary gland gene expression profiles in preweaned Holstein heifers [J]. J Dairy Sci, 95 (5): 2 550-2 561.

Riley, L. G. , P. C. Wynn, P. Williamson, et al. 2008. The role of native bovine alpha-lact-albumin in bovine mammary epithelial cell apoptosis and casein expression [J]. J Dairy Res, 75 (3): 319-325.

Rosato, R. , D. Lindenbergh-Kortleve, J. Neck, et al. 2002. Effect of chronic thyroxine treatment on IGF-Ⅰ, IGF-Ⅱ and IGF-binding protein expression in mammary gland and liver during pregnancy and early lactation in rats [J]. Eur J Endocrinol, 146 (5): 729-739.

Shennan, D. B. and M. Peaker. 2000. Transport of milk constituents by the mammary gland [J]. Physiol Rev, 80 (3): 925-951.

Stefanon, B. , M. Colitti, G. Gabai, et al. 2002. Mammary apoptosis and lactation persistency in dairy animals [J]. J Dairy Res, 69 (1): 37-52.

Svennersten-Sjaunja, K. and K. Olsson. 2005. Endocrinology of milk production [J]. Domest Anim Endocrinol, 29 (2): 241-258.

Tucker, H. A. 2000. Hormones, mammary growth, and lactation: a 41-year perspective [J]. J Dairy Sci, 83 (4): 874-884.

Wilde, C. J. and C. H. Knight. 1989. Metabolic adaptations in mammary gland during the declining phase of lactation [J]. J Dairy Sci, 72 (6): 1 679-1 692.

Wiseman, B. S. and Z. Werb. 2002. Stromal effects on mammary gland development and breast cancer [J]. Science, 296 (5570): 1 046-1 049.

Zhao, F. Q. and A. F. Keating. 2007. Functional properties and genomics of glucose transporters [J]. Curr Genomics, 8 (2): 113-128.

Zhu, J. J. , J. Luo, H. F. Xu, et al. 2016. Short communication: Altered expression of specificity protein 1 impairs milk fat synthesis in goat mammary epithelial cells [J]. J Dairy Sci, 99 (6): 4 893-4 898.

第二章　microRNA 概述及其调控乳腺功能浅析

一、microRNA 概述

（一）microRNA 的发现与命名

microRNA（miRNA，微小 RNA）是一类在真核生物中保守、长度约为 18~25 核苷酸（nt）的单链非编码蛋白质小 RNA 分子（non-coding RNA，ncRNA），其本身不具有开放阅读框（Open reading frame，ORF）。miRNA 在各种生物中普遍存在，具有高度的保守性。在个体发育过程中参与基因表达调控，具有"管家"作用。最初在线虫体内被发现，近年来利用直接克隆和生物信息学方法已从动物、植物、培养细胞和病毒中克隆及预测了数万种 miRNA，并通过正反向遗传学技术、碱基互补靶标基因鉴定技术等，确定了 miRNA 基因的生理功能。经过近 10 年的研究，既往认为 miRNA 是"垃圾"转录产物的看法已发生转变，目前观点是其介导了细胞过程的功能调节，包括染色质重塑、转录、转录后修饰和信号转导。miRNA 参与的调控网络可以影响许多分子靶目标，以驱动特定的细胞生物反应和应答。因此，miRNA 在发育和疾病病程中充当生理进程的关键调节分子。研究表明 miRNA 与多种重要生命过程有关，可在生物发育、神经分化、器官形成以及一些疾病的发生过程中起调节作用。其发挥作用的方式简单讲是通过 miRNA 与靶基因 3′非翻译区（Untranslated Regions，UTR）抑制性结合，抑制该蛋白的合成或诱导该 mRNA 的降解，从而对基因的表达进行转录后调控。它们作为转录后调控因子，在某些特定生理时期及特定器官特异性表达峰度较高。miRNA 参与包括细胞间信号传递，细胞增殖、生长、分化、凋亡以及细胞代谢等多种生物过程。根据分析计算，miRNA

可能通过调控哺乳动物30%的基因，调节多达60%蛋白编码基因。

1993年，Victor Ambros实验室发现秀丽隐杆线虫（*Caenorhabditis elegans*，*C. elegan*）lin-4基因能编码一种小RNA，这种小RNA可以抑制lin-4蛋白的表达，从而调节线虫的发育（Lee et al., 1993）。他们推测这种抑制机制在于这种小RNA能与lin-4的mRNA 3′-UTR上的重复区域互补，发生在线虫第一幼虫期末尾的这种抑制作用将启动线虫第一幼虫期向第二幼虫期的发育转变，因此这种小RNA又被称为小分子时序性RNA。2000年，Gary Ruvkun（Reinhart et al., 2000）在线虫中发现了第二个miRNA，被命名为let-7，它的作用方式与lin-4很相似，通过与lin-47和lin-51的3′-UTR结合来抑制翻译，从而控制幼虫向成虫的转变。2001年10月，《Science》报道了3个实验室从线虫、果蝇和人体克隆的几十个类似*C. elegan*的lin-4的小RNA基因，并称之为miRNA（Lagos-Quintana et al., 2001, Lau et al., 2001, Lee and Ambros, 2001）。随后，关于对miRNA的研究开始兴起，多个研究组在多种生物物种鉴别出上百种miRNA。

随着越来越多的miRNA被鉴别出来，对其规定一个统一的命名规则显得尤为必要。除了最初发现的lin-4和let-7保留了命名规则确立前的名字之外，此后的miRNA，成熟体简写为miR，再根据物种名称及被发现的先后顺序加以阿拉伯数字（如hsa-miR-122），若有高度同源的miRNA，则在数字后加上英文小写字母（如hsa-miR-34a、hsa-miR-34b、hsa-miR-34c）。若是由不同染色体上的DNA序列转录而成，具有相同成熟体序列的miRNA则在后面加上阿拉伯数字加以区分（如hsa-miR-199a-1和hsa-miR-199a-2）。另外，如果miRNA前体的两臂分别产生miRNA，则根据臂前体的位置（5端或3端）在最后加上3p或5p，例如bta-miR-21-3p、bta-miR-21-5p，如果其中一种表达量高，则加后缀"*"，而另一种则正常书写（如hsa-miR-17*、hsa-miR-17）。

（二）microRNA的特点

miRNA广泛存在于真核生物中，与其他寡核苷酸相比，主要有3点不同：①没有ORF及蛋白质编码基因的特点，而是由不同于mRNA的独立转录单位表达的；②通常的长度约为22nt，但在3′端可以有几个碱基的长度变化；③成熟的miRNA 5′端有一磷酸基团，3′端为羟基，且具有独特的序列特征：其5′端第一个碱基对U有强烈的倾向性，而对G却有抗性，但第2~第4个碱基缺乏U，一般来讲，除第4个碱基外，其他位置碱基通常都缺乏C。

在已经发现的 miRNA 中大多数具有和其他参与调控基因表达的分子一样的特征，即在不同组织、不同发育阶段中 miRNA 的水平有显著差异。这类小 RNA 在表达上具有组织和时间的特异性，是调节其他功能基因表达的重要调控分子，在生物的生长发育过程中发挥着重要作用。一些 miRNA 呈时间发育特异性阶段性表达，在特定时间表达或在特定发育或生理阶段急剧上升或下降并在期间维持表达水平。另外一些 miRNA 表达具有细胞特异性和组织特异性。miRNA 基因表达的严格或不严格的时序性、表达水平的显著变化以及在所有组织和细胞中的特异性，都暗示着 miRNA 可能参与了深远而复杂的基因表达调控，并决定表型变化。

(三) microRNA 的形成

miRNA 在基因组上分布位置广泛，大多数 miRNA 基因与编码蛋白质基因距离比较远，一般来源于染色体的非编码区域，它们可能有自己的启动子可以进行独立的转录。另有一部分 miRNA 基因是位于蛋白质基因的内含子当中的，通常 miRNA 基因与内含子的转录方向是一致的，这就说明这些基因大多是与宿主蛋白基因共转录的，与宿主基因共享启动子和调控元件（Bartel，2004），然后再从这些蛋白质基因的内含子中剪切出来。并且同一类 miRNA 基因在不同生物体中的宿主基因往往是保守的同一类蛋白质基因，正是由于 miRNA 与其宿主蛋白基因的共表达，使其在进化过程中也得以保守地保存下来。

miRNA 是由 DNA 转录出来的，但是并不翻译为蛋白质。miRNA 的合成是一个包含多个步骤的复杂过程，每一步都受到精确调控。首先在细胞核中，miRNA 相关基因在 RNA 聚合酶 II 的作用下形成具有发夹结构的初级 miRNA （primary miRNA，pri-miRNA），所谓发夹结构，是由于单链 RNA 分子通过自身回折使得互补碱基对相遇形成氢键而成。初级 miRNA 一般长约 300~1 000 个碱基，其上的茎环结构会在细胞中被 RNaseIII 家族的核酸内切酶 Drosha-DGCR8 复合体裂解形成长约 60~70 个碱基的前体 miRNA（pre-miRNA），随后，pre-miRNA 被一个细胞核转运蛋白 exportin 5（EXP5）转运至细胞质中，再由另一种 RNaseIII 家族的 Dicer 酶剪切下来，除去茎环形成双链的 miRNA 复合体，后者被传递至 RNA 诱导沉默复合体（RNA-induced silencing complex，RISC）中，具有催化功能的 Argonaute（Ago）蛋白亚基参与选择 miRNA 复合体双链中稳定性较低的单链与 RISC 结合，形成成熟的 miRNA，另一条单链则被降解消除（Kim，2005，Zeng，2006）。Argonaute（Ago）蛋白家族成员是 RISC 功能的核心，它是 miRNA 诱导沉默所必需的，包含 4 种结构域：N 末端结构域、PAZ 结构域、MID 结构域和 PIWI 结构域。其中 PAZ 域可以结合成熟 miRNA 单链 3′端；PIWI 域在结构上类似于核糖核酸酶 H，其功能是解开双链 miRNA，根据不对称性原理，将其中 5′端在热力学上不稳定的链作为向导链，另一条链则被降解。然而，miRNA 复合体双链也存在都被保留下来的情况，此时就需要miRNA 的序号后面加上 5p 或者 3p 加以区分（Khvorova et al.，2003，Schwarz et al.，2003）。

（四）microRNA 的作用机理

自 1993 年，Lee 等（Lee et al.，1993）鉴定到第 1 个 miRNA（lin-4）以来，现已鉴定出数千种 miRNA，它们在细胞增殖、细胞分化、细胞凋亡、各种重大疾病和个体发育等多方面起重要作用。

当 miRNA 与 RISC 结合形成 miRNA 核糖蛋白复合物（microRNA ribonucleo-protein complex，miRNP）后，便可发挥其基因表达调控的作用。miRNA 可识别靶基因即编码蛋白的 mRNA 上的 3′-UTR 的结合位点，携带 RISC 发挥作用。

miRNA 对靶基因 mRNA 的作用，根据其与靶基因转录体序列互补的程度的不同可分为两种，即 mRNA 降解（切割）和翻译抑制。

在 miRNA 与靶基因 mRNA 序列完全互补的情况下，Ago2 可以裂解 mRNA，导致 mRNA 直接降解。这种方式在植物中较为普遍，靶基因 mRNA 断裂后，无 poly（A）的分子的 3′端加上多个 U，并很快降解，含 poly（A）的分子能稳定存在一段时间（如拟南芥 miR-171）。

当 miRNA 与靶基因 mRNA 不完全配对时，则发生 miRNA 介导的 mRNA 翻译抑制。与植物不同，由于动物体中 miRNA 与靶 mRNA 一般匹配程度不高（仅 seed 序列匹配），动物很少发生 mRNA 降解，通常是以翻译抑制的方式抑制靶基因，但也存在例外，miR-196 与其靶基因 HOXB8 几乎完全配对，直接导致了 mRNA 的降解（Yekta et al.，2004）。翻译抑制涉及一个重要蛋白GW182。GW182 是 RISC 上除 Ago 之外的另一个的核心组成部分，可以通过 N端的 GW 结构域结合 Ago 蛋白，而它的 C 端的沉默结构域（Silencing domain）可以形成一个大的平台用以招募其他辅助蛋白，如 PABP、CCR4-NOT 等，这些蛋白可以分别通过转录起始前抑制核糖体生成的方式阻止翻译起始和翻译延伸阶段核糖体前进的方式以中止翻译。

此外，P 小体（P body）的发现则说明 mRNA 的翻译抑制和降解并不是完全互斥的两种机制。P 小体是一种细胞质内的大分子聚合体，有研究表明，mRNA 在受到 miRNA 的抑制作用后并不立即降解，而是聚集在 P 小体内或附近，这些被抑制的 mRNA 会根据外界需求不同而做出不同反应，即解除抑制并开始翻译蛋白质或是转移到核糖体中彻底被降解（Yang et al.，2004，Brengues et al.，2005，Eulalio et al.，2007）。

（五）microRNA 的功能

每个 miRNA 可以有多个靶基因，而多个 miRNA 也可以共同调节同一个基因。因此，miRNA 的基因调控作用呈现出一个复杂的网络状结构，这样的结构会带来两个结果：首先单个具体的 miRNA 的功能将非常广泛，通过直接或者间接的调控，可以影响很多下游靶基因表达及相应生物学功能；而不同 miRNA 之间的相互配合又可以加强这种效果。但是，这样又会造成 miRNA 功能的稀释，使得每一个具体靶点能受到某个 miRNA 的影响可能会变得很小；而不同 miRNA 之间也可能存在功能的抵消，所以 miRNA 所提供的潜在调控回路是巨大的。有研究者认为 miRNA 是基因表达的"微调器"（Micromanagers of gene expression），主要作用是维持全身基因表达的稳态（Bartel and Chen，2004）。

最初在线虫中发现的 miRNA lin-4 和 let-7 即是通过结合靶基因 mRNA 从而抑制翻译进而抑制蛋白质合成。线虫早期发育的一个关键步骤是侧线细胞的分化，而在线虫第一幼虫期，其侧线细胞都是在同步进行分裂但并不分化，当发育进行到成熟期时，lin-4 则通过抑制靶基因使侧线细胞停止分裂，开始分化进入第二幼虫期（Alvarez-Garcia and Miska，2005）。随着研究的深入，除了 lin-4 和 let-7 之外，越来越多的 miRNA 对细胞分化和组织发育过程中的转录后调控作用被发现。每个 miRNA 都被认为可以调控多个基因，预计在高等真核生物中存在数百个 miRNA 基因，多个研究小组提供的证据表明，miRNA 可能作为多种生物过程的关键调控因子，包括早期发育、细胞增殖和细胞凋亡、脂肪代谢以及细胞分化发挥作用（Ambros，2003，Xu et al.，2003，Bartel，2004，Filipowicz et al.，2008）。另外 miRNA 在血细胞分化、同源异形基因调节、神经元的极性、胰岛素分泌、大脑形态形成、心脏发生、胚胎后期发育等过程中也发挥重要作用。例如，miR-273 和 lys-6 编码的 miRNA，参与线虫的神经系统发育过程（Vella and Slack，2005）；miR-430 参与斑马鱼的大脑发育（Takacs and Giraldez，2016）；miR-181 控制哺乳动物血细胞分化为 B 细胞（Blume et al.，2016）；miR-375 调节哺乳动物胰岛细胞发育和胰岛素分泌（Li，2014）；miR-143 在脂肪细胞分化中起作用（Esau et al.，2004）；miR-196 参与了哺乳动物四肢形成（Hornstein et al.，2005），miR-1 与心脏发育有关（Takaya et al.，2009）。

对 miRNA 的研究仍在不断增加，科学家开始认识到这些普遍存在的小分子在真核基因表达调控中有着广泛的作用。在线虫、果蝇、小鼠和人等物种中已经发现的数百个 miRNA 中的多数具有和其他参与调控基因表达的分子一样的特征——在不同组织、不同发育阶段中 miRNA 的水平有显著差异，这种 miRNA 表达模式具有分化的组织特异性和时序性（Differential spatial and temporal expression patterns）。

组织特异性表现在 miRNA 在同一物种的不同细胞或组织中表达量存在显著差异，比如 miR-171 在拟南芥的花序和花组织中表达量高，而在茎叶组织中不表达（Llave et al.，2002）。miR-12 等在组织培养的 S2 细胞（即 Schneider-2 细胞，从发育 20~24h 的果蝇胚胎中提取得到）中可检测到表达，miR-3、miR-4、miR-5、miR-6 却在该组织细胞中不表达（Aravin et al.，2003）。时序性表达则提示 miRNA 在生物发育进程甚至动物行为调节中发挥作用。例如 miR-3、miR-4、miR-5、miR-6、miR-7 等基因仅在果蝇早期胚胎形成时特异表达，而 miR-1、miR-8 和 miR-12 的表达量会随着果蝇幼虫的发育而急剧上升，其表达水平在成虫期稳定在高表达（Lagos-Quintana et al.，2001）；miR-9 和 miR-11 在果蝇发育的所有阶段都表达，但他们的含量却在成虫期急剧减少（Lagos-Quintana et al.，2001）。miRNA 表达的时序性和组织特异性表明，miRNA 的分布可能决定组织和细胞的功能特异性，也可能参与了复杂的基因调控，对组织的发育起重要作用。

（六）microRNA 靶基因的预测和鉴定

近年来，越来越多的新 miRNA 被发现，但其功能很多仍然尚不明确，因此鉴定 miRNA 的靶向基因意义重大。在动物研究中，因为绝大部分 miRNA 与靶基因并不是准确地互补，所以从众多的基因中找出 miRNA 的目标序列是个相当大的难题。并且通过实验方法确定 miRNA 的作用靶基因，由于所需成本太高、劳动强度大，且非常耗时而显得不太实际。因此，通过理论方法预测 miRNA 的靶向基因后再进行针对性功能研究，成为当前识别 miRNA 作用的较为理想的途径之一。

靶基因的预测算法主要依据种子序列的匹配后 miRNA-mRNA 互补形成双链的热动力学稳定性和 miRNA 靶基因位点的保守性等因素作为主要的原则而设计。随着生物信息学的发展，多种预测 miRNA 靶基因的计算机方法得以开发应用，目前比较常用的靶基因预测网站有 miRanda（http://www.microma.org）、TargetScan（http://www.Targetscan.org）以及 PicTar（http://

www.pictar.org）等（表2-1），但是这几种方法都有其局限性。比如PicTar网站为了提高预测的准确性，需要结合miRNA的表达量数据来预测潜在的miRNA靶基因位点（Krek et al.，2005），这就将大大增加预测的成本。

表2-1 动物中miRNA靶基因预测方法

预测方法	网址	检索范围	算法特点
miRanda	http://www.microrna.org/	人、果蝇、斑马鱼	序列匹配，双链结合自由能，物种间保守性
TargetScan/TargetScanS	http://www.targetscan.org/	人、小鼠、大鼠、狗	提出"miRNA种子区"的概念
RNAhybrid	http://bibiserv.techfak.uni-bielefeld.de/rnahybrid/	哺乳动物	快速准确计算miRNA-mRNA二聚体自由能
DIANA-microT	http://www.diana.pcbi.upenn.edu/	人、小鼠、大鼠、果蝇	考虑miRNA调控单个靶位点的情况
PicTar	http://pictar.bio.nyu.edu/	脊椎动物	区分"完全匹配种子区"与"不完全匹配种子区"
RNA22	http://cbcsrv.watson.ibm.com/rna22.html	哺乳动物	不考虑保守性，由mRNA入手预测相关miRNA

（资料来源：夏伟等，2009）

相对于预测，miRNA靶基因鉴定的方法并不多，目前常用的方法主要有RISC免疫共沉淀法、稳定同位素标记蛋白质谱法、miRNA-mRNA复合物分析法和荧光素酶报告基因法等，目前这几种方法中以荧光素酶报告基因法最为常用。

（1）荧光素酶报告基因检测法，首先将希望鉴定的miRNA靶基因3′-UTR片段构建到已经构建好的荧光素酶报告基因表达载体中，然后与miRNA一起转染进细胞，通过对荧光素酶活性进行分析，即可检测miRNA是否对靶基因有调控作用，但是3′-UTR合成成本较高，不适合大范围筛选靶基因，适合在miRNA调控靶基因基本确定后，进行最终确认。

（2）RISC免疫共沉淀法，该方法结合了PCR扩增和芯片以及测序技术，可以同时对一个miRNA的所有靶基因进行鉴定。Ago蛋白家族是一类既能结合到mRNA又能结合到miRNA的蛋白，是一个进化上高度保守的碱性蛋白家族，这个蛋白家族包括许多成员。在RISC中Ago蛋白是非常重要的组成部分。Ago蛋白由4个结构域组成：N末端结构域、PAZ结构域、MID结构域和PIWI结构域；Ago蛋白可能参与Dicer酶进入RISC装配过程。在miRNA和Ago2超表达的细胞中，收集Ago2蛋白的免疫共沉淀复合物，对其进行PCR扩增和芯片检测，并结合测序技术确认 miRNA 靶基因。

（3）稳定同位素标记蛋白质谱法，这是由 Vinther 等人（Vinther et al.，2006）建立的用于鉴定 miRNA 通过对蛋白质翻译过程调控所靶向的靶蛋白。该方法比用 RISC 免疫沉淀法的可靠性高，它直接鉴定受调控蛋白水平，但是不适合表达量较低的蛋白质。

（4）miRNA-mRNA 复合物分析法，该方法根据 miRNA 与靶基因之间互补的原理，以结合在靶基因上的 miRNA 作为引物，以靶基因 mRNA 为模板进行两次反转录合成，随后再次进行克隆测序，确定 miRNA 靶基因。

对 miRNA 进行靶基因的预测和鉴定是研究 miRNA 功能的基础，随着生物技术的发展，通过对 miRNA 与靶基因相互作用机制的研究，使得有更多参数考虑进来，预测的灵敏度和精确度也可得到提高；与此同时验证方法也在不断更新，对预测结果的实验鉴定也将变得更加快速和便捷。

（七）microRNA 的检测技术

1. 组织特异性克隆

miRNA 的大小一般在 20~25 个核苷酸，而且其表达具有组织和时间特异性。实验中很容易被丢失，在一般 mRNA 建立的 cDNA 文库中，不可包含 miRNA。传统克隆技术是最早被应用于 miRNA 检测领域的方法之一。早期大量基因的获得都是通过这种直接克隆方法，在目前已发现的中大部分都是通过该方法克隆测序、鉴定得到。利用这个特点，可应用其他的策略专门从组织总 RNA 中富集序列很小的 RNA，建立它们的表达文库：从细胞组织中提取总 RNA，进行大小分级，收集大小在 25 个核苷酸或者更小的 RNA 分子，利用 T4 连接酶，直接将人工合成的引物连接到 RNA 上后，用 PCR 反转录扩增这些序列，扩增产物随后克隆到表达载体上测序，然后用这些序列去检索基因组数据库。这样还可以找到这些基因在基因组中的位置。欠缺是需要的初始样本量较大（几百微克 RNA），且并不是所有序列都能得到准确克隆。Long 等（Long and Chen，2009）在牛的不同组织中鉴定 31 种 miRNA。

2. 生物信息学方法

miRNA 是从具有茎环二级结构的前体加工而来。前体可能是由于加工过程迅速而寿命极短，在实验过程中很难检测到它们的存在。克隆得到的 miRNA 序列通过检索基因组数据库，找到它在基因组中的位置，和周围基因组序列比较，发现它们具有相似的前体结构，它们位于编码基因间或者内含子反向重复区域。一些 miRNA 基因在进化上比较保守。这种特点构成了生物信息学筛选的基础。设计以前体 RNA 二级结构为基础的计算机程序，扫描基因组序列鉴定潜在的 miRNA 基因，或者利用比较基因组学的方法，使 miRNA 得以预测和发现。研究人员利用计算机辅助的比对和预测的软件，根据 miRNA 的保守性、前体茎环结构、可能形成的二级结构等，已经应用于很多哺乳动物基因组，分析寻找潜在的 miRNA 及预测 miRNA 靶基因，取得了较好的效果。

目前靶基因预测规则主要分两大类，第一类即认为 miRNA 5′端 6~8 个核苷酸序列与 miRNA 3′-UTR 端某段序列完全匹配，这 6~8 个碱基区域被称为"种子"序列或者是"种子"匹配序列。尽管已有一些 miRNA 与他们各自的靶基因之间是通过"种子"完全匹配而起作用的，但是这并不是必需条件。根据 miRNA 和 mRNA 复合体之间自由能计算出来的热力学稳定性也是决定 miRNA 作用位点的因素之一。目前大部分的 miRNA 靶位点预测法就是根据种子配对的 miRNA-mRNA 复合体之间的热力学稳定性 2 个主要因素进行预测。除以上规则之外还需要考虑其他的因素，如序列之间的相互依赖或是蛋白的辅助因子；另外一类的预测规则是多种基因组之间的保守性分析。除了公认的 3′-UTR 上存在可能的靶位点，最近有报道表明一些 miRNA 靶位点可能还位于编码区域中。因此在预测 miRNA 靶基因时，必须将这些因素都考虑进去。

目前开发的一些靶基因预测网站如 miRanda（http：//www.micrirna.org）、TargetScan（http：//www.targetscan.org）和 PicTar（http：//www.pictar.org）等都是可以用来预测 miRNA 靶位点，但是都有其局限性。如 PicTar 网站为了提高预测的准确性，需要结合 miRNA 的表达量数据来预测潜在 miRNA 靶基因位点。目前各种预测法则层出不穷，通过特定的分析预测软件能使我们更深入地了解 miRNA 的生物过程，并且更能提高靶基因预测的可信度。

3. 印迹杂交技术（Northern blot）

印迹杂交技术（Northern blot）是最早应用在 miRNA 定量检测中的经典探针杂交方法（Sempere et al.，2004）。该方法运用标记的 DNA 探针与硝酸纤维素膜上的 miRNA 进行互补杂交，通过显影检测目标条带。Northern blot 印记分析常采用同位素、荧光或纳米金标记 DNA，此过程操作娴熟，可探知被检测 miRNA 的分子大小、凸显其丰度，且对仪器要求简单，因此，一直被用于 miRNA 检测。锁核酸（Locked nucleic acid，LNA）探针检测方法是基于 Northern blot 的新型检测方法，LNA 是一种新的双环寡聚核苷酸类似物，能够显著提高 miRNA 检测的敏感度和特异性（Varallyay et al.，2007，2008）。运用 LNA 对 Northern 印迹杂交技术进行参数优化，已广泛应用于 miRNA 检测过程中。LNA 杂交技术用来检测 miRNA，更直观展示出 miRNA 的表达方式，是了解 miRNA 的时空表达谱更方便的方法。

4. 实时荧光定量 PCR 技术（qRT-PCR）

实时荧光定量 PCR 是高灵敏检测低表达 miRNA 最常见的方法之一，尤其针对样本 miRNA 表达量低、样本间基因差异小等情况，其可以达到单分子检测能力。该方法是在 PCR 反应体系中加入特殊的荧光基团，经由荧光信号来实时定量观察 PCR 的全进程，再根据标准曲线进行未知模板的定量分析。

目前，利用 qRT-PCR 技术定量检测 miRNA 的方法，从 cDNA 合成角度，主要包括茎环 RT-PCR 方法（stem-loop RT-PCR）和 poly（A）加尾 RT-PCR 方法。

茎环 RT-PCR 方法：对于成熟 miRNA 反转录过程采用茎环结构引物进行，用 3′末端所含的与 miRNA 反向互补的茎环引物进行 miRNA 片段的逆转录，新合成 miR-cDNA 可用于实时定量 PCR 扩增。此茎环状结构引物对成熟的 miRNA 3′端具有特异性，能够将比较短的 miRNA 扩展，并且具有通用的 3′引物位点进行实时 PCR。该技术也被认为是先形成一种空间阻碍以阻止对前体 miRNA 进行 PCR 引导，再利用实时 PCR 进行高特异性的定量检测 miRNA 的表达水平，该方法最大的优势在于特异性较高。

Poly（A）加尾法：在 poly（A）聚合酶的作用下，在 miRNA 的 3′端加上一段寡聚腺苷酸的尾巴，形成一个与 mRNA 相似的结构，再用 5′端带有 oligo（dT）的通用引物反转录生成 miR-cDNA。与茎环 RT-PCR 法相比，poly（A）加尾法能一次性进行所有 miRNA 的加尾反应，检测特异性及灵敏度都较高。

从检测角度，则主要包括探针法和染料法两大类。探针法中常用的探针包括 TaqMan 探针、Cychng 探针、杂交探针、分子信标等，通过在 PCR 反应中使用标记荧光染料的基因特异寡核苷酸探针来检测产物。目前应用最成熟、最广泛的是 TaqMan 探针。TaqMan 探针法虽然特异性高，重复性好，但其成本昂贵，且只适合于特定目标的检测。而荧光染料法则以使用 SYBR Green I 为主要代表，SYBR Green I 是一种能结合于双链 DNA 分子小沟区域的具有绿色激发波长的染料，只有和双链 DNA 结合后才发荧光。变性时，DNA 双链分开，不发出荧光；复性和延伸时，形成双链 DNA，SYBR Green I 发出荧光，在此阶段采集荧光信号。虽然其对引物特异性的要求较高，但其简便易行、价格便宜，且灵敏度高，具有广泛的适用性。

5. 基因芯片技术

经典的芯片技术是用特殊设计的探针和杂交方法大通量鉴定基因及其表达量等。芯片上的探针目前是通过商业合成或者自行定制合成的，将带有荧光标记的序列杂交到芯片，以获取表达信号。miRNA 基因芯片技术是一种更理想的快速有效的检测 miRNA 表达图谱的方法。微阵列芯片是 miRNA 高通量分析方法的一种，能实现定时定量检测多个 miRNA 样品。微阵列芯片最常用的是通过聚合酶延伸的方法产生信号，这一技术是 Nelson 等（Nelson et al., 2004）在 2004 年发展的一种名为基于阵列 RNA 引物介导的 Klenow 酶反应（RAKE）的检测技术，即将反义 DNA 探针固定在芯片上，通过与 5′端标记有荧光分子的 miRNA 杂交进行检测。其缺点是不能用于新 miRNA 的鉴定，且随着 miRNA 的不断发现和补充，芯片的更新要求较高。但是，随着技术的不断更新，微阵列芯片检测技术也有很多改进。该方法将多个已知序列的探针与 miRNA 杂交的芯片固定在固相支持物上，根据杂交后检测到的信号强度及数据分析，从而构建特异 miRNA 的表达谱，常用于 miRNA 的初步筛选。芯片检测可以同时检测大量的样本，根据实验需要进行样本分析，并且具有较高的探针的敏感性、特异性和稳定性。

TaqMan-base 芯片技术是一类非常普遍的用于表达谱分析的技术。具有颈环结构的引物能将 miRNA 延长以便于 qRT-PCR 检测。此外，这些引物能减少错配，诸如检测到基因组 DNA 或 pre-miRNA，提高 miRNA 引物复合物的稳定性，从而提高效率和检测灵敏度。该种芯片具有反转效率高、能区分序列高度相近的 miRNA 以及区分成熟体 miRNA 和前体 miRNA 等一系列优点。使用 TaqMan-base Low Denstiy（TLDA）芯片时，qRT-PCR 是在一张微流体芯片上进行，这个芯片可以同时扩增个 384 个 miRNA。在新的 Open Array 平台上，一张芯片上面可以同时进行 3 个样品 754 个 TaqMan qRT-PCR 反应。总之，TaqMan-base 芯片技术具有高敏感性、高特异性、高检测效率和低成本等特点。

6. Bead-based 技术

Bead-based 技术克服了芯片技术的不足，它与芯片的不同之处在于其在磁珠上标记独特的 DNA 标签序列，可以辨别结合有特定嵌合探针的微球，这样就可以结合特定的 miRNA。为了防止非特异结合，选择标签序列时需要注意与其他已知的 DNA/RNA 以及其他可能在本次实验中出现的序列区分开。miRNA 的特异性是完全由与 miRNA 互补的生物素嵌合探针和独特的标签序列决定。

在 miRNA 和探针杂交以后，miRNA—探针杂交复合体便结合到有特殊标签的磁珠上。生物素嵌合探针可以用荧光标记，根据磁珠上结合的微球以及荧光量便可以检测到 miRNA。

7. 新一代测序技术

传统的克隆方法费时费力，芯片技术虽然可以达到高通量，但是很难发现新的序列，因此 miRNA 检测表达谱的另一应用就是大规模测序技术，无论 miRNA 是否被报道，也无论 miRNA 的种属，大规模测序几乎可以检测所有的样品。新一代测序技术（Next generation sequence，NGS，也称为第二代测序技术），其最显著的特征就是高通量以及低成本，一次能对几十万到几百万条序列进行分析，使得对一个特定的转录组测序或基因组深度测序变得方便易行。随着各种新一代分子生物学技术如基因芯片、高通量测序技术、转录组测序技术以及表观遗传组等的产生，为寻找复杂数量性状的和深入挖掘其相应潜在的分子遗传机理提供了基础和保证。

该技术平台包括 illumina 合成测序技术、454 焦磷酸测序技术和 SOLID 连接测序技术等（Rothberg and Leamon，2008）。高通量测序方法，是现今研究 miRNA 表达谱的标志性方法。使用该技术首先要建立一个小 RNA 库，因此在 miRNA 两端要连接上 5′和 3′的接头。在 Illumina 测序方法中，扩增只需在传统的水相中进行（Morin et al.，2010），其中一个 PCR 扩增引物包含一个能辨别不同样品来源的标签，因此在一个测序单元里可以同时检测 48 个样品。在 454 焦磷酸测序技术和 SOLID 连接测序系统中，需要将模板连接在磁珠上，并且在油包水的环境中扩增以获得文库。Illumina 合成测序技术和 454 焦磷酸测序技术都是边合成边测序，但原理并不相同。前者采用带有荧光标记的核苷酸，这些核苷酸是"可逆终止子"，它只容许每个循环掺入单个碱基，读取每一轮反应所聚合上去的核苷酸种类（Shendure et al.，2004），而 454 焦磷酸测序技术是以焦磷酸测序为基础，由 4 种酶催化的同一反应体系中的酶级联化学发光反应完成。不同于边合成边测序，SOLID 连接测序技术是边连接边测序，荧光标记的探针一旦与模板互补，便与测序引物连接。这些探针能每次识别两个模板序列，每个模板读两次，这样就大大提高了测序的精确性。

高通量测序技术的发展为基因组学研究提供了极大便利，在很大程度上降低了研究所需的时间和成本。它的高通量使得在转录组和全基因组水平上的全面分析成为可能。同时，它还可以检测到表达丰度极低的信号分子，这也大大方便了对于基因组信息缺乏的物种的研究。在深度测序中，挑战最大的是生物信息学分析，需要从海量的数据中挑出 miRNA 序列，还要区分 miRNA 与其他小 RNA 或降解产物，随之而来的便是大量的生物信息学分析工具。目前常用的研究方法，使用高通量测序技术全面分析 miRNA 表达谱特征，挖掘差异表达的 miRNA，通过 Gene Ontology（GO）功能富集分析和 Kyoto encyclopedia of gene and genomes（KEGG）通路富集分析初步探索这些 miRNA 参与的生物学功能和通路，为深入探讨 miRNA 生物学功能提供依据。

8. 纳米读数技术

纳米读数技术是近年来在检测其他 RNA 成功后，才应用到 miRNA 检测领域的。这个技术的基础是利用单链 DNA 分子与各种标记有不同荧光素的 RNA 片段杂交，这些合成的 RNA 片段根据荧光素顺序排列建立一个分子条码。报告探针随后与 RNA 结合并检测。这个技术目前已经成功的应用于 mRNA 及 miRNA 表达谱的检测。通过 miRNA 标签，单链 DNA 序列与 miRNA 3′端连接从而检测到 miRNA。一个同时与 miRNA 和 miRNA 标签互补的"桥"序列在连接阶段用于特异性检测。移除"桥"后，miRNA 和 miRNA 标签复合物与一个颜色编码的报告探针和一个捕获探针结合。该技术的主要优势是不需要扩增和反转录，无须使用酶，简化了数据分析工作流程（Geiss et al., 2008）。

二、microRNA 对乳腺功能的调控浅析

（一）奶牛 microRNA 的研究进展

奶牛泌乳是一个相当复杂的过程，其受到动物的遗传因素、所处的环境、营养供给以及自身生理病理状态等诸多因素的影响。多年来，人们在遗传学、生理学和形态学水平上对乳腺发育的复杂调控进行了广泛的研究。上文提到的 miRNA 的时序性表达和组织特异性表达都与奶牛生长发育乃至泌乳周期的整个过程密不可分，因此 miRNA 对奶牛泌乳的调控作用受到越来越多的关注。

最新的 miRBase 数据库（V.19.0）中就报道了牛的 766 条 pre-miRNA，编码 842 条成熟体 miRNA，其中大部分牛的 miRNA 序列是通过与其他物种的同源性比对而得到的。Coutinho 等（Coutinho et al., 2007）利用同源性信息以及 miRBase 中报道的其他物种的 miRNA，预测到了 334 条牛的 miRNA，之后又构建了 5 个 cDNA 文库用传统克隆技术分别验证了牛免疫组织和胚胎组织中这些 miRNA 的表达，结果有 100 个预测的 miRNA 在这些组织中被检测到。Long（Long and Chen, 2009）和 Jin（Jin et al., 2009）两个实验组也都运用了同源性比较和构建小 RNA 文库的方法分别鉴定了 31 条和 29 条牛的 miRNA，并且

用 real-time PCR 方法进行了验证。甚至还有研究者用异源的（人、大鼠、小鼠）miRNA 芯片去检测奶牛卵母细胞中 miRNA，以期发现新的牛 miRNA，结果在奶牛卵母细胞上检测到了 59 种 miRNA（Tesfaye et al.，2009）。Gu 等（Gu et al.，2007）利用传统的克隆测序方法在牛的乳腺组织和脂肪组织中检测发现了 59 种 miRNA。2009 年时 Strozzi 等（Strozzi et al.，2009）用生物信息学方法对所有在 miRBase 里报道的 miRNA 与牛的基因组进行比对，又发现了 249 种 miRNA 能在牛的基因组上找到。随着高通量技术的运用，对已发现的 miRNA 的验证以及新的 miRNA 的发现提供了很大的发展空间。Huang 等（Huang et al.，2011）通过 Solexa 测序和生物信息学技术分别在荷斯坦牛的睾丸和卵巢中鉴定出 100 个和 104 个新的 pre-miRNA，122 个和 136 个成熟 miRNA，还发现其中 6 个 miRNA 似乎是牛特异的。Tripurani 等（Tripurani et al.，2010）构建奶牛卵巢的 miRNA 文库，测序获得 16 个新的牛 miRNA。这些研究大大丰富了牛的 miRNA 信息，但是相对于其他物种如人、小鼠来说，牛的 miRNA 发现还远远不够，对其具体功能的研究也急需深入。

目前对乳腺的研究多数集中在基因、生理学及形态学上，尤其是在乳腺病理状态下，例如 miRNA 在乳腺癌中所发挥的作用。而关于 miRNA 在正常乳腺发育中调控的报道则相对比较匮乏。

（二）microRNA 与乳腺发育

乳腺发育的不同时期如胚胎期、青春前期、青春后期、怀孕期和泌乳期都会对动物的产奶量和乳品质产生不同程度的影响。过去对于 miRNA 在乳腺组织正常发育过程中的作用的研究报道并不是很多，且都是在离体状态下进行的。近几年，随着检测技术的提高和检测成本的降低，对动物正常乳腺组织上的 miRNA 研究呈增多态势。Greene 等（Greene et al.，2010）用 miRNA 芯片技术在对包含有小鼠乳腺祖细胞亚型的细胞系中研究发现 miR-205 的表达量较高，提示其可能参与调控细胞的形态和细胞增殖，同时 miR-205 还可以作为小鼠乳腺中分离的祖细胞的特征标志物。Liu 等（Liu et al.，2004）应用基因芯片技术对不同组织中 miRNA 的表达进行了研究，结果表明 miRNA 的表达具有组织特异性，某些 miRNA 只在特定的组织中具有高表达，例如 miR-1b-2、miR-99b 在脑组织中具有高表达，而 miR-133a 和 miR-133b 在骨骼肌中具有高表达。在这项研究中，在其他 21 种被测组织中，分别有 34~187 种 miRNA 被检测到。而在人的乳腺组织中仅有 23 种 miRNA 被检测到，其构成了乳腺组织中 miRNA 特异的表达谱。Wang 等（Wang and Li，2007）应用 miRNA 基因芯片技术检测小鼠乳腺发育、泌乳及退化过程中 miRNA 基因的表达图谱，发现内源性 miRNA 在乳腺的表达具有组织特异性，对不同发育时期小鼠乳腺组织 miRNA 表达图谱分析表明，约有 38 种鼠源性 miRNA 差异表达。Avril（Avril-Sassen et al., 2009）等应用 Bead-based 方法对小鼠出生后乳腺发育过程中的 16 个时间点的 318 个 miRNA 的表达进行了研究。在小鼠乳腺发育过程中有约 1/3（102 个）miRNA 被检测到，它们的表达方式呈现为不同时间段的 7 个表达簇的形式。总体上来说，在泌乳期和退化早期 miRNA 的表达显著下降。对于大多数检测到的 miRNA，其预测的靶 mRNA 的表达没有变化；部分 miRNA 的预测靶 mRNA 表达与 miRNA 的表达呈现负相关，提示其在发育过程中的潜在功能。

  miRNA 对乳腺上皮细胞的调节作用部分可体现为增殖和凋亡，由于 miRNA 种类繁多，且多种 miRNA 与多种靶基因的相互作用交错呈网状，所以不可能将 miRNA 对乳腺发育是促进还是抑制作用一概而论，需要针对具体 miRNA 的种类具体分析。例如曾有报道 miRNA 能够维持乳腺上皮细胞表型，并且促进激素诱导的乳腺上皮细胞的分化（Nagaoka et al., 2013）；当然 miRNA 对于乳腺发育作用的报道多数体现在抑制方面，即 miRNA 对其靶基因的直接的负向调节。例如 Tanaka 等（Tanaka et al., 2009）发现在小鼠乳腺上皮细胞系中，miR-101 通过抑制 Cox-2 的表达调节乳腺上皮细胞的增殖，控制乳腺的发育；李慧铭（2013）研究了 miR-142-3p 在转录和翻译水平调控小鼠乳腺上皮细胞中催乳素受体（Prolactin receptor, PRLR）的表达，直接或间接影响乳腺上皮细胞中固醇调节元件结合蛋白 1（Sterol-regulatory element binding proteins1, SREBP1）、蛋白激酶 B1（Protein kinase B α, PKB1, 也称为 AKT1）、雷帕霉素靶蛋白（Mammalian target of rapamycin, mTOR）、核糖体蛋白 S6 蛋白激酶 1（Ribosomal protein S6 kinase 1, S6K1）、信号转导与转录激活因子 5（Signal transducer and activator of transcription 5, STAT5）等泌乳信号基因的表达，调控乳腺上皮细胞的增殖与泌乳。与之类似的，孙霞（2015）发现 miR-139 可以靶向作用生长激素受体（Growth-hormone receptor, GHR）和胰岛素样生长因子 1 受体（Rnsulin-like growth factor 1 receptor, IGF-1R）蛋白及其下游信号通路，显著下调泌乳相关信号通路蛋白 STAT5、p-STAT5、过氧化物酶体增殖物激活受体 γ（Peroxisome proliferative activated receptor gamma, PPARγ）、SREBP1、细胞周期蛋白 D1（Cyclin D1）、p-70S6K、p-p70S6K、AKT1、p-AKT1、mTOR、p-mTOR 的表达，显著抑制奶牛乳腺上皮细胞增殖。崔巍等

(2011)通过脂质体转染技术改变 miRNA-126 在小鼠乳腺上皮细胞中的表达量从而确定 miRNA-126 对小鼠乳腺上皮细胞的影响，结果表明在 miRNA 沉默后，细胞增殖能力提高，β-酪蛋白表达增加，乳糖浓度增加，孕酮受体（Progesterone receptor，PR）表达增强，并证明 miR-126 通过抑制靶蛋白 PR 表达，进而抑制乳腺上皮细胞增殖并导致泌乳量变化。此外，miR-129-5p 能够抑制其荧光素酶活性，同时通过抑制 IGF-1 的表达，进而抑制小鼠乳腺上皮细胞增殖和活力（丁巍等，2011）。Shimono 等（Shimono et al.，2009）也发现了 miR-200c 可以抑制乳腺细胞的分化，抑制导管的生成。

以往为数不多的对 miRNA 调节正常乳腺发育作用的研究中，都是应用乳腺细胞系或者是离体实验的方法进行的。Ucar 等（Ucar et al.，2010）第一次在动物体内实验中证实 miRNA 在乳腺发育过程中发挥了关键作用。通过同源重组将小鼠的 miR-212 和 miR-132 基因敲除，发现虽然正常乳腺发育所必需的激素、生长因子和蛋白质并不缺乏，但是由于缺乏 miR-212 和 miR-132，小鼠的乳导管完全无法发育。乳腺移植实验，证明了 miR-212 和 miR-132 表达于乳腺的间质组织中，而非乳腺上皮细胞中。在 miR-212 和 miR-132 作用机制的研究中，研究者证实 miR-212 和 miR-132 对基质金属蛋白酶 9（Matrix metalloproteinase-9，MMP-9）的生成起负调控作用，miR-212 和 miR-132 缺失导致生成较多的 MMP-9 蛋白，其积聚在乳导管附近，激活肿瘤生长因子 β（Tumor growth factor-β，TGF-β）信号通路从而抑制乳导管的正常生长。

上述文献提示了 miRNA 对乳腺多方面的影响，不论是促进还是抑制作用，都在乳腺泌乳周期中发挥重要的调控功能，这种时序性的表达差异提示 miRNA 存在特异的表达谱特征。Li 等（Li et al.，2012）研究了牛乳腺 miRNA 的表达谱特征，观察了泌乳和非泌乳牛的 miRNA 表达谱差异，从而促进了对 miRNA 类型及其可能的泌乳机制的了解，其研究表明 miRNA 的表达谱随动物生理期的变化而变化。Wang 等（Wang et al.，2012）测定了奶牛乳腺在泌乳周期不同阶段的几种重要 miRNA 表达模式，同样表明与不同生物学功能基因转录调控相关的 miRNA 表达随着泌乳期的不同而发生改变。Gu（Gu et al.，2007）在荷斯坦奶牛的脂肪组织和乳腺组织内分离了 59 个差异性表达的 miRNA，其中的 miR-21、miR-23a、miR-24 以及 miR-143 都在奶牛的乳腺组织内高表达。李真等（2012）研究了奶牛乳腺泌乳期和非泌乳期 miRNA 的差异表达谱，在检测到的 69 种差异 miRNA 中，有 45 种 miRNA 在泌乳期表达显著下调，说明 miRNA 在奶牛泌乳过程中存在调控作用，并且构建了 miRNA 与泌乳相关基因的调控网络，揭示 miRNA 可能通过多条途径调控奶牛泌乳。

（三）microRNA 与泌乳调控

奶牛的泌乳过程不仅依靠乳腺的活动，还需要调动整个机体来完成，当乳腺生成并分泌乳汁时，需要动用机体大量的血液以保证足够的养分供给。Chen (Chen et al.，2010) 通过对比牛血清和牛乳中的 miRNA 表达谱发现，牛乳的 miRNA 的总量是血清中的两倍，同时鉴定出牛乳中特异性存在的 47 个 miRNA，这说明乳腺细胞中存在自己专属的 miRNA。

泌乳过程涉及的调控因素很多，包括遗传、营养、生理状况、环境因素等多方面。以营养为例，乳中的营养成分主要是在乳腺腺泡和乳导管的分泌上皮细胞内利用血液中的一些前体物合成的，包括葡萄糖、乙酸、β-羟丁酸、氨基酸和脂肪酸等。可见涉及糖代谢、氨基酸代谢和脂肪酸代谢的 miRNA 调节作用十分广泛。尤其重要的是，泌乳的过程中需要合成大量的蛋白质，其中酪蛋白作为乳汁中的主要组成成分，其表达量也受到多种 miRNA 的调控影响，进而影响到产乳量和乳品质，例如上文提到的 miR-142-3p，其通过靶向调控 PRLR 表达来影响其下游信号通路 JAK2/STAT5，间接影响酪蛋白的合成和分泌（李慧铭，2013）。影响酪蛋白表达的 miRNA 还有 let-7 和 miR-221 等，都属于负向调节其靶基因从而抑制酪蛋白的表达（陆黎敏等，2009；冯丽等，2012）。除了酪蛋白，Liao (Liao et al.，2010) 等发现了 miR-214 可以调控多个物种的乳腺上皮细胞中乳铁蛋白的表达。当然，miRNA 对泌乳功能的调控也体现为对营养物质摄取的调节。此外，miR-155 可以激活 STAT3，增加己糖激酶 2（Hexokinase 2，HK2）的转录，并能靶向抑制 CCAAT 增强子结合蛋白 β（CCAAT enhancer binding protein β，C/EBPβ，miR-143 的转录激活剂），使 miR-143 抑制 HK2 的作用减弱，最终上调 HK2 的表达（蒋帅等，2012）。

人们对 miRNA 功能的认识还存在大量的未知区域，尤其是在奶牛泌乳调控的研究上仍处于起步阶段，通过继续深入研究 miRNA 对泌乳的调控，发掘更多的泌乳相关 miRNA，从而进一步了解 miRNA 对乳腺发育及泌乳的调控机理，对提高乳品的产量和质量具有深远意义。

参考文献

崔巍，王春梅，李庆章，等. 2011. miR-126 对小鼠乳腺上皮细胞增殖及泌乳功能的影响 [J]. 中国乳品工业，(3)：19-21，47.

丁巍，等. 2011. miR-129-5p 调节小鼠乳腺上皮细胞内 Igf-1 的表达 [J]. 中国生物化学与分子生物学报, 6.

冯丽等. 2012. let-7g 对小鼠乳腺发育和泌乳相关功能基因 Tgfbr1 的作用及其机理 [J]. 中国兽医学报 01：105-109, 131.

蒋帅，张凌飞，王恩多，等. 2012. A novel miR-155/miR-143 cascade controls glycolysis by regulating hexokinase 2 in breast cancer cells [C] // 生命的分子机器及其调控网络——2012 年全国生物化学与分子生物学学术大会摘要集..

李慧铭. 2013. miR-142-3p 对小鼠乳腺发育和泌乳重要功能基因 Prlr 的表达调控 [D]. 哈尔滨：东北农业大学.

李真. 2012. 奶牛乳腺组织中 miRNA 表达谱研究以及与泌乳相关 miRNA 的鉴定 [D]. 杭州：浙江大学.

陆黎敏，等. 2009. miR-221 对小鼠乳腺上皮细胞增殖和泌乳功能的影响 [J]. 中国生物化学与分子生物学报 05：65-69.

孙霞. 2015. miR-139 对奶牛乳腺上皮细胞泌乳的调节作用 [D]. 哈尔滨：东北农业大学.

夏伟，曹国军，邵宁生. 2009. MicroRNA 靶基因的寻找及鉴定方法研究进展 [J]. 中国科学（C 辑：生命科学），39 (1)：121-128.

Alvarez-Garcia, I. and E. A. Miska. 2005. MicroRNA functions in animal development and human disease [J]. Development, 132 (21)：4 653-4 662.

Ambros, V. 2003. MicroRNA pathways in flies and worms：growth, death, fat, stress, and timing [J]. Cell, 113 (6)：673-676.

Aravin, A. A., M. Lagos-Quintana, A. Yalcin, et al. 2003. The small RNA profile during Drosophila melanogaster development [J]. Dev Cell, 5 (2)：337-350.

Avril-Sassen, S., L. D. Goldstein, J. Stingl, et al. 2009. Characterisation of microRNA expression in post-natal mouse mammary gland development [J]. BMC Genomics, 10：548.

Bartel, D. P. 2004. MicroRNAs：genomics, biogenesis, mechanism, and function [J]. Cell, 116 (2)：281-297.

Bartel, D. P. and C. Z. Chen. 2004. Micromanagers of gene expression：the potentially widespread influence of metazoan microRNAs [J]. Nat Rev Genet, 5 (5)：396-400.

Blume, J., S. Z. Lage, K. Witzlau, et al. 2016. Overexpression of V alpha 14J alpha 18 TCR promotes development of iNKT cells in the absence of miR-181a/b-1 [J]. Immunol Cell Biol, 94 (8)：741-746.

Brengues, M., D. Teixeira, and R. Parker. 2005. Movement of eukaryotic mRNAs between polysomes and cytoplasmic processing bodies [J]. Science, 310 (5747)：486-489.

Chen, X., C. Gao, H. Li, et al. 2010. Identification and characterization of microRNAs in raw milk during different periods of lactation, commercial fluid, and powdered milk products [J]. Cell Res, 20 (10): 1 128-1 137.

Coutinho, L. L., L. K. Matukumalli, T. S. Sonstegard, et al. 2007. Discovery and profiling of bovine microRNAs from immune-related and embryonic tissues [J]. Physiol Genomics, 29 (1): 35-43.

Esau, C., X. Kang, E. Peralta, et al. 2004. MicroRNA-143 regulates adipocyte differentiation [J]. J Biol Chem, 279 (50): 52 361-52 365.

Eulalio, A., I. Behm-Ansmant, and E. Izaurralde. 2007. P bodies: at the crossroads of post-transcriptional pathways [J]. Nat Rev Mol Cell Biol, 8 (1): 9-22.

Filipowicz, W., S. N. Bhattacharyya, and N. Sonenberg. 2008. Mechanisms of post-transcriptional regulation by microRNAs: are the answers in sight [J]? Nat Rev Genet, 9 (2): 102-114.

Geiss, G. K., R. E. Bumgarner, B. Birditt, et al. 2008. Direct multiplexed measurement of gene expression with color-coded probe pairs [J]. Nat Biotechnol, 26 (3): 317-325.

Greene, S. B., P. H. Gunaratne, S. M. Hammond, et al. 2010. A putative role for microRNA-205 in mammary epithelial cell progenitors [J]. J Cell Sci, 123 (Pt 4): 606-618.

Gu, Z., S. Eleswarapu, and H. Jiang. 2007. Identification and characterization of microRNAs from the bovine adipose tissue and mammary gland [J]. FEBS Lett, 581 (5): 981-988.

Hornstein, E., J. H. Mansfield, S. Yekta, et al. 2005. The microRNA miR-196 acts upstream of Hoxb8 and Shh in limb development [J]. Nature, 438 (7068): 671-674.

Huang, J., Z. Ju, Q. Li, et al. 2011. Solexa sequencing of novel and differentially expressed microRNAs in testicular and ovarian tissues in Holstein cattle [J]. Int J Biol Sci, 7 (7): 1 016-1 026.

Jin, W., J. R. Grant, P. Stothard, et al. 2009. Characterization of bovine miRNAs by sequencing and bioinformatics analysis [J]. BMC Mol Biol, 10: 90.

Khvorova, A., A. Reynolds, and S. D. Jayasena. 2003. Functional siRNAs and miRNAs exhibit strand bias [J]. Cell, 115 (2): 209-216.

Kim, V. N. 2005. MicroRNA biogenesis: coordinated cropping and dicing [J]. Nat Rev Mol Cell Biol, 6 (5): 376-385.

Krek, A., D. Grun, M. N. Poy, et al. 2005. Combinatorial microRNA target predictions [J]. Nat Genet, 37 (5): 495-500.

Lagos-Quintana M., R. Rauhut, W. Lendeckel, et al. 2001. Identification of novel genes coding for small expressed RNAs [J]. Science, 294 (5543): 853-858.

Lau, N. C., L. P. Lim, E. G. Weinstein, et al. 2001. An abundant class of tinyRNAs with probable regulatory roles in Caenorhabditis elegans [J]. Science, 294 (5543): 858-862.

Lee, R. C., R. L. Feinbaum, and V. Ambros. 1993. The C. elegans heterochronic gene lin-4 encodes small RNAs with antisense complementarity to lin-14 [J]. Cell, 75 (5): 843-854.

Lee, R. C. and V. Ambros. 2001. An extensive class of small RNAs in *Caenorhabditis elegans* [J]. Science, 294 (5543): 862-864.

Li, X. L. 2014. miR-375, a microRNA related to diabetes [J]. Gene, 533 (1): 1-4.

Li, Z., H. Liu, X. Jin, et al. 2012. Expression profiles of microRNAs from lactating and non-lactating bovine mammary glands and identification of miRNA related to lactation [J]. BMC Genomics, 13: 731.

Liao, Y., X. Du, and B. Lonnerdal. 2010. miR-214 regulates lactoferrin expression and pro-apoptotic function in mammary epithelial cells [J]. J Nutr, 140 (9): 1 552-1 556.

Liu, C. G., G. A. Calin, B. Meloon, et al. 2004. An oligonucleotide microchip for genome-wide microRNA profiling in human and mouse tissues [J]. Proc Natl Acad Sci USA, 101 (26): 9 740-9 744.

Llave, C., Z. Xie, K. D. Kasschau, et al. 2002. Cleavage of Scarecrow-like mRNA targets directed by a class of Arabidopsis miRNA [J]. Science, 297 (5589): 2 053-2 056.

Long, J. E. and H. X. Chen. 2009. Identification and characterics of cattle microRNAs by homology searching and small RNA cloning [J]. Biochem Genet, 47 (5-6): 329-343.

Morin, R. D., Y. Zhao, A. L. Prabhu, et al. 2010. Preparation and analysis of microRNA libraries using the Illumina massively parallel sequencing technology [J]. Methods Mol Biol, 650: 173-199.

Nagaoka, K., H. Zhang, G. Watanabe, et al. 2013. Epithelial cell differentiation regulated by MicroRNA-200a in mammary glands [J]. PLoS One, 8 (6): e65 127.

Nelson, P. T., D. A. Baldwin, L. M. Scearce, et al. 2004. Microarray-based, high-throughput gene expression profiling of microRNAs [J]. Nat Methods, 1 (2): 155-161.

Reinhart, B. J., F. J. Slack, M. Basson, et al. 2000. The 21-nucleotide let-7 RNA regulates developmental timing in Caenorhabditis elegans [J]. Nature, 403 (6772): 901-906.

Rothberg, J. M. and J. H. Leamon. 2008. The development and impact of 454 sequencing [J]. Nat Biotechnol, 26 (10): 1 117-1 124.

Schwarz, D. S., G. Hutvagner, T. Du, et al. 2003. Asymmetry in the assembly of the RNAi enzyme complex [J]. Cell, 115 (2): 199-208.

Sempere, L. F., S. Freemantle, I. Pitha-Rowe, et al. 2004. Expression profiling of mammalian microRNAs uncovers a subset of brain-expressed microRNAs with possible roles in murine and human neuronal differentiation [J]. Genome Biol, 5 (3): R13.

Shendure, J., R. D. Mitra, C. Varma, et al. 2004. Advanced sequencing technologies:

methods and goals [J]. Nat Rev Genet, 5 (5): 335-344.

Shimono, Y., M. Zabala, R. W. Cho, et al. 2009. Downregulation of miRNA-200c links breast cancer stem cells with normal stem cells [J]. Cell, 138 (3): 592-603.

Strozzi, F., R. Mazza, R. Malinverni, et al. 2009. Annotation of 390 bovine miRNA genes by sequence similarity with other species [J]. Anim Genet, 40 (1): 125.

Takacs, C. M. and A. J. Giraldez. 2016. miR-430 regulates oriented cell division during neural tube development in zebrafish [J]. Dev Biol, 409 (2): 442-450.

Takaya, T., K. Ono, T. Kawamura, et al. 2009. MicroRNA-1 and microRNA-133 in spontaneous myocardial differentiation of mouse embryonic stem cells [J]. Circ J, 73 (8): 1 492-1 497.

Tanaka, T., S. Haneda, K. Imakawa, et al. 2009. A microRNA, miR-101a, controls mammary gland development by regulating cyclooxygenase-2 expression [J]. Differentiation, 77 (2): 181-187.

Tesfaye, D., D. Worku, F. Rings, et al. 2009. Identification and expression profiling of microRNAs during bovine oocyte maturation using heterologous approach [J]. Mol Reprod Dev, 76 (7): 665-677.

Tripurani, S. K., C. Xiao, M. Salem, et al. 2010. Cloning and analysis of fetal ovary microRNAs in cattle [J]. Anim Reprod Sci, 120 (1-4): 16-22.

Ucar, A., V. Vafaizadeh, H. Jarry, et al. 2010. miR-212 and miR-132 are required for epithelial stromal interactions necessary for mouse mammary gland development [J]. Nat Genet, 42 (12): 1 101-1 108.

Varallyay, E., J. Burgyan, and Z. Havelda. 2007. Detection of microRNAs by Northern blot analyses using LNA probes [J]. Methods, 43 (2): 140-145.

Varallyay, E., J. Burgyan, and Z. Havelda. 2008. MicroRNA detection by northern blotting using locked nucleic acid probes [J]. Nat Protoc, 3 (2): 190-196.

Vella, M. C. and F. J. Slack. 2005. *C. elegans* microRNAs [J]. WormBook: 1-9.

Vinther, J., M. M. Hedegaard, P. P. Gardner, et al. 2006. Identification of miRNA targets with stable isotope labeling by amino acids in cell culture [J]. Nucleic Acids Res, 34 (16): e107.

Wang, C. and Q. Li. 2007. Identification of differentially expressed microRNAs during the development of Chinese murine mammary gland [J]. J Genet Genomics, 34 (11): 966-973.

Wang, M., S. Moisa, M. J. Khan, et al. 2012. MicroRNA expression patterns in the bovine mammary gland are affected by stage of lactation [J]. J Dairy Sci, 95 (11): 6 529-6 535.

Xu, P., S. Y. Vernooy, M. Guo, et al. 2003. The drosophila microRNA Mir-14 suppresses cell death and is required for normal fat metabolism [J]. Curr Biol, 13 (9): 790-795.

Yang, Z., A. Jakymiw, M. R. Wood, et al. 2004. GW182 is critical for the stability of GW bodies expressed during the cell cycle and cell proliferation [J]. J Cell Sci, 117 (Pt 23): 5 567-5 578.

Yekta, S., I. H. Shih, and D. P. Bartel. 2004. MicroRNA-directed cleavage of HOXB8 mRNA [J]. Science, 304 (5670): 594-596.

Zeng, Y. 2006. Principles of micro-RNA production and maturation [J]. Oncogene, 25 (46): 6 156-6 162.

# 第二部分 microRNA 调控乳腺泌乳研究

第三章 奶牛乳腺发育相关 microRNA 研究

一、概 述

2008年12月，农业部发布的《乳用动物健康标准》中指出："乳用动物是指用于生产供人类食用或加工用生鲜乳的奶牛、奶山羊等动物"。奶牛是人类最早驯化的动物之一，现今奶牛是畜牧养殖业中的重要经济动物之一。牛乳是人类极其重要的食物来源，营养价值全面并且具有保健功能，奶牛的乳产量和乳品质是衡量养殖水平和经济效益的重要标准。乳腺是乳用动物的生产器官，可以将营养素转化为乳成分并形成乳汁，乳是由乳腺自身合成和分泌的。

哺乳动物乳腺是动物体中少有的能够反复经历发育、功能分化和退化的组织之一，乳腺的发育早在胚胎期就已经开始。乳腺是复杂的分泌器官，主要由乳腺组织和结缔组织组成。它们由许多不同的细胞类型组成：上皮细胞从乳头生长到由脂肪细胞形成的脂肪垫，并由血管内皮细胞、成纤维细胞和免疫细胞浸润。人们通常认为体积较大的乳房产乳能力也较高，事实并非如此，因为体积较大的乳房可能含有更多结缔组织和脂肪组织。乳腺组织的数量，即乳腺上皮细胞的数量，是制约乳房产乳能力的因素之一。奶牛乳腺的发育始于胚胎早期，乳导管和泌乳组织在奶牛青春期和妊娠期开始发育，乳房细胞的大小和数量在前5个泌乳期里均持续有所增加，而产奶量也相应地提高，在幼崽胎儿第2个月乳头就开始形成，其发育一直持续到幼崽胎儿发育的第6个月。当幼崽胎儿发育到6个月时，乳房已经发育完全。奶牛有4个不同的乳区，包含韧带中间体、乳头和乳池。在一个乳区中形成的牛乳不能转移到另外一个乳区。乳房的左右两侧也被中间韧带隔开，而前部和后部被分隔得更加明显。牛乳在乳腺细胞里合成，而乳腺上皮细胞以单层形式排列，位于腺泡的球形结构基膜上。每个腺泡直径约为50~250μm，多个腺泡组成小叶。在两次排乳之间，乳不停地在腺泡区域合成并储存于腺泡、乳导管和乳房乳池中。60%~80%的牛乳都储存在腺泡和细小乳导管中，只有20%~40%储存于乳池。

乳腺发育及泌乳过程中重要功能基因的表达变化是调节乳腺生长、发育、分化以及乳汁合成、分泌、转运等重要生理过程的基础。microRNA（miRNA）是一种广泛存在的、对基因表达进行转录后调控的小分子RNA。大量研究证实，miRNA参与乳腺发育、泌乳和退化过程以及乳合成产生的诸多调节途径。泌乳研究的首要目的是改善奶牛生产能力。奶牛泌乳机理的研究可以作为一个泌乳模型应用于反刍动物，或者可以直接应用于生产上改善奶牛的乳产量和乳品质。将miRNA和奶牛泌乳功能联系起来进行研究可以从一个全新角度去阐释奶牛泌乳机制，发掘与泌乳相关的分子机理，探寻深层次的小分子调控网络。因此，对乳腺发育和泌乳重要功能miRNA的筛选及功能鉴定对奶牛产奶性能的改善、促进我国奶业的发展有积极作用。本章就有关miRNA在奶牛乳腺发育中作用和机制的研究做一概述，为未来此领域的研究提供依据。

二、乳腺的生长发育

奶牛业的主要目标是培育健康青年母牛，并且该母牛拥有能够合成和分泌大量优质乳的乳腺。为了达到这一目标，乳腺组织的发育是关键。乳腺是动物成年后历经增殖、分化、凋亡的唯一器官。哺乳动物乳腺发育过程经历胚胎期、青春期、妊娠期、泌乳期及干奶期5个阶段（Macias and Hinck，2012）。

（一）乳腺的发生

在胚胎发育后期，哺乳动物的乳腺开始发育于乳腺原基。在胚胎发生过程中，这些变化是由来自间质的信号引导的。首先在胚胎中发生的是外胚层形成一条乳腺线并分解成平片。受上皮/间充质相互作用的调节，产生出生时腺体的基本导管结构（Oftedal，2002b，a）。在胚胎中，乳腺有两个细胞室，上皮细胞室和周围的基质室。这些组织在胚胎学上分别来自外胚层和中胚层。乳腺腺体的发育一般始于胚胎第10天，在胚胎腹表面形成从前肢芽到后肢芽的从前到后的多层外胚层的双侧条纹（乳纹）。随后，乳腺线在可重复的位置分解成两对位片。在组织学上，乳腺板表现为外胚层的增厚板，由几层柱状细胞组成，这些细胞不是由细胞增殖产生的，而是由外胚层细胞迁移和随后聚集到乳腺线处的表面团簇形成的。在发育的下一个阶段，乳腺板扩张形成一个圆形的细胞球，下降到下一层间充质。当一根茎形成，可以将乳腺芽和表皮连接起来时，这个细胞球继续下降。上皮周围是致密的间充质，由一薄层成纤维细胞组成。位于上皮细胞的实索从乳腺芽延伸，并通过这种浓缩的间充质生长到脂肪垫前体间充质，在这个阶段是前脂肪细胞的一个小集合。一旦上皮芽到达脂肪垫，它就开始通过分末梢芽进行分支。几个芽形成多个乳腺树，在没有激素影响的情况下在乳头处汇合，这种形态在青春期之前基本保持静止。

(二) 青春期前后乳腺发育

出生时，乳腺腺体只是一个基本的导管系统，但它具有生产乳的潜力。胎儿暴露在母体激素环境下，会导致婴儿乳腺中乳物质的表达。随着这些内分泌影响的消退，乳腺经历一段与全身发育同步的异速生长期，直到青春期出现膨胀性增生，在激素和生长因子的影响下填满脂肪垫。终末芽（Terminal end buds, TEB）是生长管顶端的棒状结构，通过终末芽顶端单层帽细胞的增殖和前体上皮细胞的作用，穿透脂肪垫。原发性导管结构由 TEB 分支产生，并受周围基质的调节。TEB 的帽状细胞分化为肌上皮细胞，形成环绕内腔细胞的管状导管双层的外层（Williams and Daniel, 1983）。次生枝从初级导管侧向萌发，直到树状导管发展到占可用脂肪基质的 60%，为在妊娠激素影响下发生的填充留下了充足空间。

在乳腺组织生长的特定阶段，乳腺组织生长发育异常迅速（生长速度比身体的其他部位快 2~4 倍），即异速生长。在青春期早期，大部分乳腺组织的生长发育体现在结缔组织、导管和脂肪组织垫的生长，在初情期前乳腺生长是异速生长。主要由于在青春期早期，性激素刺激乳腺导管向结缔组织与乳腺脂肪中延伸并分支。研究人员把乳腺与身体的其他部位生长速度相似称作等速生长，初情期乳腺开始等速生长。在这一领域的大多数研究中，研究人员关注的是在初情前期、初情后期和妊娠期青年母牛乳腺生长发育的重要性。在青春期和成年期，垂体和卵巢释放的循环激素提供了额外的指导性输入。在青春期后期，肌上皮细胞和管腔上皮细胞由乳腺分化形成，在周期性卵巢刺激下，乳腺会形成短的第三级分支。乳腺上皮细胞主要有两种类型：基底型和腔型。基底上皮由产生腺体外层的肌上皮细胞和供应不同细胞类型的少量干细胞组成。管腔上皮形成导管和分泌小泡，包含由其激素受体状态决定的细胞群。管腔上皮和肌上皮一起产生双层管状结构，当外层肌上皮细胞收缩从内层腺泡管腔细胞挤乳时，管腔上皮可以在泌乳期间发挥功能。

初情期前的激素水平和营养水平对未来的产奶量有显著影响。在经历了初情期后的早期乳腺生长发育阶段之后，发情周期中的雌激素继续刺激乳腺的生长发育。但是在每次发情周期的黄体期，经历了黄体退化后大部分乳腺生长发育停止。因此，初情期后和妊娠之前的发情周期数会影响乳腺整体的生长发育。在初情期后的乳腺发育中营养起了重要作用，同时能量的摄入也起特别关键的作用。

（三）妊娠期乳腺发育

一般来说，哺乳动物的乳腺是在妊娠期间开始发育的，大部分乳腺生长发育在妊娠期进行，奶牛就属于这类动物。除青春期生长，妊娠期、泌乳期、退化期的转变和维持也都是在激素的调节下发生。青春期开始分支形态发生，这需要生长激素（Growth hormone，GH）和雌激素（Estrogen，E），以及胰岛素样生长因子 1（Insulin-like growth factor 1，IGF-1），以创造一个导管树，填补脂肪垫。妊娠时，黄体酮（Progesterone，P）和催乳素（Prolactin，PRL）的联合作用产生腺泡，但只有在妊娠激素的影响下，腺泡芽才会完全发育，形成能够分泌乳汁的结构单位。侧枝进一步形成终末导管，产生终末导管小叶单位，其中包括许多盲端导管，称为腺泡。在乳腺分支周围富含脂肪细胞构成的基质，腺泡嵌入基质中形成小叶。

乳腺的生长是从怀孕到产犊的一个连续、指数的生长过程，妊娠后期实质组织的量增加最多，妊娠期也是乳腺发育变化最明显的时期。

典型的结构特征为大量乳腺小叶腺泡在妊娠期开始发育。进入妊娠期，乳汁分泌性细胞开始发育，因此这一阶段是决定泌乳期乳腺中分泌细胞的数量和乳产量的重要时期。妊娠期奶牛乳腺的最佳发育需要 E 和 P 的协同作用。妊娠期，奶牛乳腺组织中表达雌激素受体（Estrogen receptor，ER）和黄体酮受体（Progesterone receptor，PR）。在妊娠期同时提高 E 和 P 的含量，乳腺细胞数目以几何级数增加，乳腺小叶腺泡发育。在奶牛中，整个妊娠期 P 含量维持在高水平，而 E 则在妊娠后半期显著增加。因此，妊娠前期奶牛乳腺发育主要是导管的生长和小叶腺泡形成。在妊娠的第 5～第 6 个月，乳房明显增大。这些变化是由于乳导管的延长、乳腺泡的形成和脂肪垫中脂肪细胞的减少所导致，在妊娠期间乳腺上皮细胞完成分化，随后开始乳成分的合成。而妊娠后期，导管持续发育，但更重要的是乳腺小叶腺泡的生长。在妊娠的最后一个月，乳腺腺泡表现出分泌活性，由于分泌物质的积累，乳房开始增大。

在妊娠期间，乳腺发育虽然主要原因是血液中 E 和 P 浓度同时增加所致，但营养对乳腺的生长发育同样发挥作用。乳腺是一种哺乳动物特有的腺体，当然乳腺分泌细胞除了合成乳组分外也可以选择性吸收乳组分,研究表明,高水平的营养对提高未来的泌乳潜力和改善乳腺发育是有益的。在妊娠过程中,乳腺发育加速。尤其在妊娠晚期,乳腺发育最快,同时这一时期也是胎儿发育最快的阶段。

(四) 泌乳期乳腺发育

在奶牛的一生当中,相对而言身体的大多数部位生长发育较早,而乳腺的生长发育在母牛妊娠期和泌乳早期才表现出最大的生长发育潜力。在泌乳早期乳腺继续生长发育,但是对反刍动物而言,这部分生长发育在整个乳腺发育中所占的比例不超过10%(Stein et al.,2007)。

泌乳期乳腺细胞的数目是决定乳产量的主要因素。奶牛乳腺中乳腺细胞的数目在分娩后持续增加。乳腺净重和乳腺中总DNA含量在泌乳早期持续增加。研究表明在奶牛乳腺中,乳腺细胞内DNA含量从分娩前10日到分娩后10日增加65%(Akers et al.,1981)。DNA的增加代表着乳腺分泌细胞数量的增加,而这种增加影响了产奶量的高低。在猪中也发现类似的结果,至少在泌乳的前3周时间乳腺总的DNA增加。在泌乳期间乳腺的生长发育是一个需要深入研究的领域,细节将在后续一章探讨。高峰泌乳(产犊后45~60日)后,产奶量逐渐下降。高峰产奶量的高低依赖于乳腺分泌细胞的数量,泌乳持久力(高峰产奶量)依赖于这些乳腺分泌细胞继续保持活力的能力。

乳腺腺泡在哺乳期间分泌乳汁,其分泌的乳汁可以给哺乳动物新生的幼体提供营养物质、代谢和免疫信息,乳腺导管与腺泡相通并于乳头开口,而与分支导管连接的腺泡与乳池通过粗导管相通并开口于乳头。开始分娩的奶牛,其乳腺开始分泌乳汁,在产量迅速到达高峰并维持一段时间后开始逐渐下降(Hurley,1987)。

(五) 奶牛乳腺退化

当哺乳期进入尾声,对乳的需求逐渐减少会引发乳腺退化过程,从而使腺体重塑到妊娠前的状态(Holst et al.,1987)。乳腺退化是乳腺组织从泌乳状态过渡到非泌乳状态的自然过程,从分化成熟状态到类似怀孕前的未分化状态,它的特征是乳汁分泌量降低、乳房压力增高、乳腺上皮细胞发生凋亡及免疫应答的改变(Jaggi et al.,1996)。所有变化均可归因于激素和基因表达调控。Dado-Senn等(Dado-Senn et al.,2018)应用RNA测序技术发现有3 315个在奶牛泌乳晚期和退化早期表达存在差异的基因,其中,880种在乳腺退化过程中高表达;在退化早期,合成代谢和合成乳成分相关基因下调,细胞死亡、细胞骨架分解和免疫应答相关基因上调。

从形态学上看，停止排乳导致乳腺组织发生快速变化，启动乳腺退化过程（Hurley，1989）。在乳腺退化时，细胞外基质和腺泡基底膜分解，腺泡结构完整性被破坏，乳腺上皮细胞大量死亡（Green and Streuli，2004，Watson and Kreuzaler，2011）。在啮齿类动物自然断奶或人工离乳时可引发乳腺退化（Prince et al.，2002），退化分为2个阶段：第一阶段由频繁或完全离乳引起的乳汁在乳腺内积聚触发，分泌细胞少量凋亡，乳腺结构保持完整，可由再次吮吸乳汁恢复泌乳（Li et al.，1997，Marti et al.，1997，Simpson et al.，1998）；第二阶段是不可逆过程，大量细胞凋亡，腺泡瓦解，组织发生重塑（Baxter et al.，2007，Watson and Kreuzaler，2011）。第一阶段受局部因素而不是全身激素调控，退化的第二阶段和体内催乳激素水平下降有关，由体内系统性激素控制（Lund et al.，1996）。在反刍动物干奶期最初时，乳腺上皮细胞发生凋亡数量最多。乳腺的退化是可再生性退化，因为退化的乳腺组织可以通过怀孕再次发育（Quarrie et al.，1994，Wilde et al.，1999，Capuco et al.，2003）。

从乳合成角度看，在退化的早期，主要是乳腺分泌物的组成发生变化，表明乳汁合成和分泌机制发生改变（Hurley and Rejman，1986，Hurley，1987，Rejman et al.，1989）。乳汁分泌物组成的变化主要包括乳糖含量快速下降，显示乳糖合成以及相关的转运机制在停止排乳后迅速降低。然而，在退化的早期阶段，乳汁中总蛋白含量增加，这可能一方面由于乳汁分泌物中水分被再吸收造成，另一方面由于乳铁蛋白、血清白蛋白和免疫球蛋白的浓度增加所致。乳铁蛋白是退化期乳腺分泌物中的主要蛋白质成分（Rejman et al.，1989）。在退化期，乳铁蛋白合成增加，相反乳汁中特异性蛋白——酪蛋白的合成则降低（Hurley and Rejman，1993，Hurley et al.，1994）。

对奶牛而言，乳腺细胞与退化相关超微结构的变化在停止排乳48小时内即可启动。最明显的变化是乳腺上皮细胞内有大量郁积空泡形成，这是由于细胞内乳脂肪滴和分泌囊泡的积累所致。Zwick等（Zwick et al.，2018）发现在乳腺退化期由于脂肪细胞过度增长引起脂肪组织增多，脂肪细胞内含有源自上皮细胞的乳脂，脂肪细胞在乳汁形成和乳腺上皮重组方面有一定的作用。这些空泡结构至少持续至退化14日，通常在乳腺退化28日消失。在这一阶段，乳腺腺泡腔的面积减小，而腺泡间基质面积增加。乳腺中液体体积减小实际发生在退化的第3~第7日，这可能是由于腺泡腔体积减小所致。到乳腺退化第28日，存留的塌陷腺泡结构要比泌乳期乳腺腺泡小，只具有很小的腔。在奶牛乳腺的整个退化期，乳腺腺泡结构一直存在。奶牛乳腺退化期的组织学和超微结构显示，乳腺退化过程没有发生明显的组织学变化。在奶牛乳腺退化期，组织的超微结构变化反映的是乳腺分泌状态的变化，而不是组织结构的降解。这可能是由于奶牛在退化期表现出典型的妊娠期状态，而妊娠期乳腺上皮细胞凋亡被抑制。

在奶牛中，自体吞噬过程仅在停止挤奶后最初2日内发生。在啮齿类动物乳腺退化过程中，自体吞噬细胞结构的形成是退化期的典型特征（Helminen and Ericsson，1971）。乳腺退化期自噬在调节细胞存亡的平衡上也发挥关键作用。Wärri 等（Wärri et al.，2018）发现在乳腺不可逆退化期，抑制乳腺自噬可以较早诱导细胞凋亡，加快乳腺退化；增强自噬可以减弱细胞凋亡，通过维持乳腺分泌上皮延长可逆退化期（Zarzynska et al.，2007，Zarzynska and Motyl，2008）。研究表明，和凋亡现象一样，在奶牛干奶期的乳腺细胞自噬现象增强，在乳腺细胞内观察到大量的自噬吞噬体，并推测可能由干奶期细胞缺乏催乳因子、促生长途径被抑制和转化生长因子 β1（Transforming growth factor β1，TGF-β1）表达增高引起，抑制促生长途径可引起生长激素受体（Growth hormone，GHR）、IGF-1 受体 α 亚基表达降低，IGF 结合蛋白 4（IGF binding protein 4，IGFBP-4）和 IGFBP-5 表达增高（Motyl et al.，2007）。Lamote 等（Lamote et al.，2004）发现在奶牛的干奶期除生长因子，如 IGF-1、表皮生长因子（Epidermal Growth Factor，EGF）、TGF-β1 外，性激素可能也对乳腺自噬有调节作用，在奶牛妊娠期产生较多类固醇激素，此外 ERα、ERβ 和 P4 的表达也增高，这可能促进 TGF-β1 表达增加，并诱导自噬发生（Schams et al.，2003，Lamote et al.，2004，Zarzynska et al.，2005）。

总体来说，退化期奶牛乳腺组织发生的组织学变化主要特点为：由于乳腺上皮细胞更新所致腺泡上皮细胞损失很少，颗粒性白细胞入侵；没有明显的凋亡特征出现，这可能与巨噬细胞入侵有效地清除细胞碎片有关；与啮齿类相比，乳腺上皮细胞脱离基膜很有限；腺泡间结缔组织和成纤维细胞增加，细胞外基质重建增加，腺泡内空间减少，乳蛋白合成和分泌功能相关的胞质细胞器如高尔基体和小囊泡减少，与代谢相关的细胞器，如核糖体，无明显变化。

三、奶牛乳腺 microRNA 的预测、筛选与鉴定

miRNA 在转录后水平迅速灵敏地调节着基因的表达，广泛参与细胞发育、分化、增殖、凋亡、代谢、重大疾病等多种生物学过程。随着人们对 miRNA

及其靶基因性质和特点的深入了解，以及物种基因组信息的完善，有更多的miRNA和靶基因被发现。奶牛乳腺是一个比较特殊的分泌器官，它是可以在动物出生后周期性的进行生长发育、功能完善、退化重建过程的器官之一。乳腺主要的功能就是泌乳，各种研究表明乳腺泌乳是不同时期各种激素调控的结果。但是乳品质的高低与产奶动物所处的环境、营养供给以及自身的状态密切相关。为了提高奶牛的产奶量和提升乳品质，研究者们从不同的角度进行了大量的研究。2009年，牛全基因组测序完成后，与奶牛健康、疾病、乳品质相关的功能基因研究逐渐成为热点，有关奶牛乳腺miRNA的研究也较其他反刍动物多。

近年来，随着miRNA研究的深入，各种miRNA检测技术层出不穷，但主要还是分为3类。一是传统的克隆方法，这也是最早被应用于检测miRNA领域的方法之一；二是测序技术，实现了高通量筛选新的miRNA；第三是生物信息学及计算机预测方法，该法最具效率，应用最广，为高通量筛选提供技术保证，已成为寻找和鉴定miRNA及靶基因的主要方法。牛miRNA鉴定有助于miRNA功能和调控的比较基因组分析。

（一）基因克隆法

最初发现的牛miRNA是通过基因筛选获得lin-4和let-7，但由于效率低下，目前已不采用此方法。之后，人们通过直接克隆获得miRNA：首先分离纯化得到小分子量RNA，然后分别在其5′和3′端连接RNA接头，根据接头序列设计反转录引物进行反转录反应，得到cDNA单链并进行PCR扩增，挑选单克隆测序，其缺点是很难克隆到表达量很低的miRNA，一些大RNA分子降解的碎片同样有可能被分离克隆。陈海漩等人（2008）通过分子克隆从牛脑和肝组织中得到了13条新的miRNA，这种方法具有速度快和通量大的特点，能够获得一些表达量低且无法克隆到的miRNA。

早在2007年，Gu等（Gu et al.，2007）构建了牛脂肪miRNA cDNA文库，从该文库中随机挑选的175个克隆的测序得到了154个长度至少为13nt的序列（较短的序列没有意义）。同时该团队也建立了牛乳腺miRNA cDNA文库，共对120个克隆进行测序，并得到104个有效序列。将这些序列与miRBase数据库进行比较发现，154个脂肪组织miRNA中的133个和104个乳腺miRNA序列中的96个与已知的哺乳动物miRNA相同或仅存在1个或2个核苷酸不同。这些牛小RNA序列被认为是牛miRNA，并以其人类或小鼠的同源基因命名。对这2个文库中229个牛miRNA序列的聚类分析显示，有54个独特的miRNA，其中

23个是从脂肪组织克隆获得的，9个是从乳腺克隆获得的，22个是从两个组织克隆获得的。通过对 GenBank 中的牛基因组数据库进行比对，发现了52个 miRNA 的潜在前体。根据 RNA 折叠程序 m-fold 的预测，所有这些假定的 miRNA 前体都能形成稳定的发夹结构，并且预测发夹结构符合 miRNA 生物发生标准，进一步支持相应的小 RNA 序列是牛 miRNA。

通过克隆和测序方法从牛乳腺组织和脂肪组织中克隆鉴定出的59个不同的 miRNA，其中 miR-21、miR-23a、miR-24 和 miR-143 在奶牛乳腺组织中大量表达，提示这些 miRNA 可能在乳腺发育和功能中发挥重要作用。研究发现7组 miRNA 基因在牛基因组中位置非常接近。因为紧密定位的基因可以共享相同的顺式调控元件，这7组中的 miRNA（包括 miR-15b 和 miR-16，miR-17、miR-19a 和 miR-19b，Let-7a 和 Let-7f，miR-23a 和 miR-24，miR-23b 和 miR-2b，miR-497 和 miR-195，以及 miR-99b、Let-7e 和 miR-125）可能在牛的同一组织中或同一发育阶段或生理阶段表达，这可能是由于 miR-23 和 miR-24 在牛中具有相似的组织分布模式。其中5个和已知的哺乳动物的 miRNA 是不同源的，绝大多数有 3′和/或 5′末端变异体。核糖核酸酶保护试验表明 miR-23a 和 miR-24 基因紧密位于同一染色体上，在不同组织中共表达。研究结果与其他哺乳动物中已知的 miRNA 同源，支持 miRNA 序列在进化上是保守的这一观点。

同年，研究者将人类 miRNA 环状序列与牛基因组草图序列进行比对，从牛胚胎、胸腺、小肠和淋巴结的小 RNA 组分中测序出5个组织特异性 cDNA 文库，以验证这些预测并鉴定出新的 miRNA，该研究共鉴定出334个预测的牛 miRNA（Coutinho et al.，2007）。共有107个序列与已知的人类 miRNA 相一致，其中100个序列与 miRNA 相匹配，其他7个序列为与人 miRNA 互补链表达的新 miRNA。另有22个无匹配序列也显示了特征的 miRNA 二级结构。基于序列同源性的表达分析显示，某些 miRNA 优先在某些组织中表达，而 bta-miR-26a 和 bta-miR-103 在所有组织中都是普遍存在的。与之前 Gu 等（Gu et al.，2007）研究相比较，这两项研究中有34个 miRNA 是相同的，它们是从脂肪组织和乳腺中克隆的。这种部分重叠反映了一些 miRNA 在多个组织中普遍存在，而其他 miRNA 在组织间差异表达，甚至可能是组织特异性的，这些结果支持了 miRNA 基因表达调控的物种差异主要发生在表达和加工水平。

（二）基因芯片及高通量测序技术

相对于传统克隆方法的费时费力，高效、快速的大规模测序技术逐渐应用到奶牛乳腺 miRNA 的筛选上来。早在 2009 年牛的基因组信息被公布以后，其 miRNA 的研究较其他的反刍动物多。目前，最新的 miRBase 数据库（http：//www.mirbase.org/）（V22.1）中收录了牛的 1 064 条 pre-miRNA，编码 1 025 条成熟体 miRNA，其中大部分牛的 miRNA 序列是通过与其他物种的同源性比对而得到的。

Coutinho 等人（Capuco et al.，2003）利用同源性信息以及 miRBase 中报道的其他物种 miRNA 预测到了 334 条牛的 miRNA，之后又构建了 5 个 cDNA 文库，用传统克隆技术分别验证了牛免疫组织和胚胎组织中这些的表达，结果有 100 个预测的 miRNA 在这些组织中被检测到。Long（Long and Chen，2009）和 Jin（Jin et al.，2009）两个实验组也都运用了同源性比较和构建小 RNA 文库的方法分别鉴定了 31 条和 29 条牛的 miRNA，并且用 qRT-PCR 进行了验证。甚至还有研究者用异源（人、大鼠、小鼠）miRNA 芯片去检测奶牛卵母细胞中 miRNA 以期发现新的牛 miRNA，结果在奶牛卵母细胞上检测到了 59 条 miRNA。随着高通量技术的运用，对已发现 miRNA 的验证以及继续发现新的 miRNA 提供了很大的发展空间。Glazov 等（Glazov et al.，2010）用高通量测序技术研究了病毒感染奶牛后 miRNA 的表达谱，除了鉴定了 219 条已知的 miRNA 外还发现了 268 条新的 miRNA。Tripurani 等（Tripurani et al.，2010）构建奶牛卵巢的 miRNA 文库，测序获得 16 个新的牛 miRNA。Huang 等（Huang et al.，2011）通过 Solexa 测序和生物信息学技术分别在荷斯坦牛的睾丸和卵巢中分别鉴定了个 100 和 104 个新的 pre-miRNA，122 个和 136 个成熟 miRNA，还发现其中 6 个 miRNA 似乎是牛特异的。这些研究大大丰富了牛的 miRNA 信息，但是相对于其他物种如人、小鼠来说，牛的 miRNA 发现还远远不够，对其具体功能的研究也急需深入。

李真等（2012 年）采用 Solexa 高通量测序技术检测泌乳期和干奶期奶牛乳腺组织样本，共获得 884 个奶牛乳腺 miRNA 序列，其中已知序列 283 条，保守序列 96 条，新发现序列 505 条，同时获得 2 个时期 miRNA 的差异表达谱。在检测到的 69 条差异 miRNA 中，有 45 条 miRNA 在泌乳期表达显著下调，表明 miRNA 在奶牛泌乳过程中存在重要的调控作用。Li 等（Li et al.，2014）对泌乳期和非泌乳期荷斯坦奶牛乳腺组织进行研究，发现 283 个已知 miRNA 和 74 个新 miRNA。其中 56 个差异表达的 miRNA，推测可能参与泌乳调节。

2015 年，刘飞和他的同事运用新一代 Solexa 高通量测序技术对来自一头西门塔尔公牛和一头荷斯坦母牛的多个组织的小 RNA 进行混池测序，对测序结果进行了生物信息学分析，共鉴定了604条miRNA，其中429条为牛的已知miRNA，175条为新预测的miRNA。并随机选取了一条成熟miRNA：bta-miR-2346-5p和2条新预测的miRNA：novel-miR-48和novel-miR-86，采用茎环RT-PCR进行验证，该研究有利于发掘更多牛miRNA的信息及新miRNA序列。

2016年，金晶等人通过高通量测序，在泌乳期高乳品质奶牛（H）和泌乳期低乳品质奶牛（L）乳腺组织中miRNA进行差异表达分析，与miRNA数据库比对，得到56个差异表达的miRNA。已有研究者使用生物信息学预测方法（整合miREvo和miRDeep2这两个miRNA预测软件）和直接克隆方法鉴定牛miRNA，并进行新miRNA预测和分析，此外通过差异表达分析筛选出组间差异的miRNA，对获得的56个差异表达miRNA进行靶基因预测，进一步利用DAVID对靶基因进行GO（Gene Ontology）和信号通路富集分析。经过对靶基因的筛选，发现了4个已报道与乳蛋白、乳脂紧密相关的功能基因：CSN3、SCD、LALBA和DGAT2。靶基因聚集的生物学功能多数参与了蛋白质和脂肪代谢，乳腺发育和分化以及免疫功能。应用生物信息学相关软件预测到这56个miRNA可能调控9 476个靶基因。靶基因主要富集在MAPK信号通路、甘油磷酸脂质代谢、缺氧诱导因子1和磷脂酰肌醇3激酶—蛋白激酶B信号转导通路。结果显示，靶基因主要富集在糖类代谢、脂肪代谢、蛋白质代谢、细胞凋亡以及免疫相关通路。

除乳腺外，乳中也有miRNA的存在。2012年，Izumi等（Izumi et al., 2012）通过基因芯片方法分别检测健康荷斯坦牛初乳与常乳，结果共检测到102个miRNA，其中初乳中有100个，常乳中含53个，有51个miRNA在初乳与常乳中都存在。该团队还筛选出一些与免疫和发育密切相关的miRNA进行荧光定量PCR验证，包括miR-15b、miR-27b、miR-34a、miR-106b、miR-130a、miR-155和miR-223等，结果全部为阳性，并且初乳中的表达水平显著高于常乳，暗示这些miRNA与器官发育和免疫功能调节有关。乳中miRNA将在后续的章节中详细论述。

（三）计算机预测法和生物信息学方法

miRNA通过直接断裂靶点miRNA或抑制翻译在转录后水平调节基因表达，虽然通过克隆、遗传筛选、试验性的方法发现了miRNA的部分成员，但是由于效率低、费时、成本高等缺点使得这些方法受到了限制，因此，计算机方法便得到了发展。计算机方法用来识别miRNA主要依靠miRNA以下几个主要特征：发卡二级结构、高度保守性、高度最小折叠的自由能指数（Minimal free energies index，MFEI），在辨别 miRNA 作用靶点上计算机方法也起着重要作用，一些以网络和非网络为基础的计算机软件公开应用于 miRNA 及其靶点的预测。

miRNA 预测的生物信息学方法主要有比较基因组方法、结构序列分析方法和机器学习方法。赵东宇等（2008）根据预测效果与理论基础综合分析以上 3 类方法并进行比较发现预测效果准确性依次为 65%、80% 和 90%。但是，机器学习方法需要一定的计算机基础。目前研究一般通过比较基因组学和结构序列分析方法预测牛的新 miRNA 分子，并通过实时荧光定量 PCR 技术进行验证，为研究奶牛重要性状基因表达调控及其性状形成机制提供有价值的前期基础。陈海漩等（2008）通过生物信息学方法获得了 147 条牛的候选 miRNA 和 11 条山羊的候选 miRNA。2010 年，穆松等根据 NCBI 数据库中的牛 EST、GSS 信息以及猪、家犬、人、大猩猩和小家鼠 5 种哺乳动物的已经注册 miRNA 分子信息，预测牛新的候选 miRNA，通过碱基错配、二级结构、A+U 含量、自由能大小等分析候选序列特征，得到了 17 条牛新的候选 miRNA，这说明根据 miRNA 的保守性和物种之间基因组的同源性，用生物信息学理论和方法筛选、寻找新的 miRNA 候选序列的方法能够在较短时间里寻找出一定量的新 miRNA 分子，速度快、通量大，是一条行之有效的在生物体内寻找到更多 miRNA 分子的新思路和途径。崔晓钢等（2015 年）根据 miRNA 分子序列具有一定保守性，将人、小鼠、绵羊、猪和狗 5 种哺乳动物已知的 miRNA 分子与 NCBI 中牛的全基因组序列（UMD3.1）对比，获得牛 miRNA；随机选取部分预测的 miRNA 进行实时定量 PCR 验证。结果，基于物种间序列同源比对共计预测到 44 条新的牛 miRNA，选取其中 4 条 miRNA，通过实时定量 PCR 方法，发现他们在泌乳期中国荷斯坦牛乳腺、心、子宫和肝组织中均有表达。结果表明，基于比较基因组学和生物信息学预测新的 miRNA 分子是可行的。

在生物学实验中，应用芯片技术通过杂交能够发现大量的 miRNA 分子，但是无法直接得到 miRNA 前体序列、基因位置和靶基因等信息。而通过生物信息学方法，除了在对比过程中就能了解前体信息外，还能了解到其靶基因信息，具有许多优越性。

随着 RNA 家族不断壮大，通过计算机预测和生物信息学方法可获得大量 miRNA 信息。目前认为 1 个 miRNA 能调节多个靶基因，而 1 个靶基因也能被 1 个或多个 miRNA 调节。南雪梅等（2013）总结了目前能够对 miRNA 靶基因进行预测的数据库和软件，主要包括 miRBase（http：//mirbase. org/index.

shtml)、TargetScan(http://www.targetscan.org/)、microRNA.org(http://www.microrna.org/microrna/home.do)、starBase(http://starbase.sysu.edu.cn)、PITA(http://genie.weizmann.ac.il/pubs/mir07/mir07_data.html)、PicTar(http://pictar.mdcberlin.de/)、RNA22(http://cbcsrv.watson.ibm.com/rna22.html)、miRGator(http://mirgator.kobic.re.kr:8080/MEXWebApp/)、miRDB(http://mirdb.org)、RNAhybrid(http://bibiserv.techfak.uni bielefeld.de/rnahybrid/)、miRecords(http://mirecords.biolead.org/)、miRWalk(http//:zmf.umm.uni-heidelberg.de/),这些生物学数据库和软件为 microRNA 的靶基因预测鉴定验证指引了方向。同时可利用 DAVID(http//:David.abcc.ncifcrf.gov)、KEGG(http//:www.genome.jp/keg/pathway.html)、Gene Ontology(http//:geneontology.org/)进行生物学功能注释及通路富集的分析。

  miRBase 是查询 miRNA 序列、注释和预测基因靶标的综合性数据库。能够通过关键词或序列在线搜索已知的 miRNA 和靶基因信息,还可搜索相关生物体中已验证的 miRNA 并预测同源物序列。目前数据库中记录有 38 589 个 miRNA。2009 年 Strozzi 等 (Strozzi et al., 2009) 用生物信息学方法对所有 miRBase 在里报道的 miRNA 与牛的基因组进行比对,又发现了 249 条 miRNA 能在牛的基因组上找到。TargetScan 数据库通过 miRNA 种子区域匹配保守性位点预测候选靶基因,能与 UCSC (http//:genome.ucsc.edu/) 全基因组比对,通过靶基因 3′-UTR 及其同源物进行匹配分析,在开放阅读框 (Open reading frame, ORF) 中也能检测到保守区相应的位置。miRWalk 是一个综合性数据库,提供人类、小鼠和大鼠等的 miRNA 靶基因预测及靶基因结合位点的信息。该数据库记录了基因组全长序列上的 miRNA 结合位点和靶标互作的信息,同时能够对启动子、蛋白质编码区 (Coding sequence region, CDS)、5′-UTR 区及 3′-UTR 区进行比对。DAVID 数据库是常用的基因生物信息学分析工具之一,能够进行系统的功能注释信息分析,主要有 GO 注释、KEGG 注释、蛋白相互作用、疾病以及生物代谢通路分析等。Gene Ontology 数据库是从分子水平、细胞水平、生物体系统全面分析的计算模型,主要包括分子功能、细胞组分、生物学过程 3 个方面。

  若对 miRNA 功能进行研究,可使用在线工具数据库获得 miRNA 碱基序列、染色体定位和靶标预测。为降低靶基因的假阳性率,取多个数据库预测靶基因的交集做进一步分析。候选靶基因功能富集分析利用 David 及 Gene Ontology 进行靶基因的功能研究，以奶牛基因组作为背景基因，对单个 miRNA、靶基因、细胞组分、分子功能、生物学过程等进行富集分析。同时对靶基因 KEGG 信号通路富集分析，并用软件附带 Fisher 精确检验，得到 P 值，以 $P<0.01$ 为阈值，从而得出 KEGG 信号通路功能富集信息。

四、奶牛乳腺发育相关 microRNA 研究

奶牛乳腺发育与泌乳是一个复杂的过程，受到众多调节因素的支配。在奶牛乳腺周而复始的发育与泌乳过程中，有大量的激素、细胞因子和营养素参与调节。其中，参与调节的主要激素有 PRL、GH、E、P、肾上腺皮质激素（Adrenocortical hormones）、松弛素、胰岛素（Insulin，INS）等；而参与调节泌乳过程的细胞因子主要有 IGF、EGF、成纤维细胞生长因子（Fibroblast growth factor，FGF）、转化生长因子（Transforming growth factor，TGF）、瘦素、甲状旁腺素相关蛋白等；参与调节泌乳过程的主要营养素有氨基酸、脂肪酸、葡萄糖等。总之，乳腺发育和泌乳是一个极其复杂，受多方面、多层次调控的生物网络过程，这个过程由内分泌激素、生长因子以及营养物质等互相协同、共同调节。多年来，在遗传学、生理学及形态学水平上，乳腺的复杂调控得到了广泛的研究。miRNA 调控在乳腺发育过程中至关重要。随着生物信息学的发展，miRNA 以其独特的调控模式和表达特性迅速成为生物学领域的研究热点。

（一）乳腺特异的 microRNA 表达谱

乳腺是动物成年后历经增殖、分化、凋亡的唯一器官。哺乳动物乳腺发育大致可分为胚胎期、青春期、妊娠期、泌乳期和退化期 5 个阶段。乳腺发育和泌乳活动这种形态生理特征在哺乳动物中最为突出。在泌乳期时，分泌细胞的多少决定奶牛的产奶能力。随着奶牛的妊娠、哺乳及哺乳结束，奶牛乳腺组织也周而复始地进行着生长发育与退化的过程。乳腺是哺乳动物所特有的腺体，其功能是泌乳。miRNA 广泛存在于真核生物的各种细胞或组织器官的不同发育阶段，在动物发育进化过程中高度保守，具有空间—时间这一固定的表达模式，但这种表达模式在不同组织的不同发育阶段中却存在差异。由于 miRNA 广泛参与不同生理过程，通过转录后基因沉默来调节基因表达的研究正受到广泛关注。了解乳腺发育和泌乳与 miRNA 的关系是必要的，正常发育乳腺的 miRNA 表达谱分析有利于我们理解乳腺的生物学功能，miRNA 的表达谱检测分析是理解乳腺发育和泌乳机理的重要步骤。

研究发现在乳腺发育的不同阶段，miRNA 表达的种类和数量上存在着差

异。不同物种乳腺在不同发育阶段的 miRNA 表达谱显示，miRNA 是乳腺发育的重要调节因子。Silveri L 等（Silveri et al.，2006）对人和小鼠的组织进行 miRNA 的表达谱分析及 Northern blot、real-time PCR 验证，发现某些 miRNA 的表达是具有组织特异性的。其中在检测的 161 种 miRNA 中，人乳腺特异表达 23 种 miRNA，包括 let-7a1、let-7b、miR-23a、miR-23b、miR-24、miR-26a、miR-26b、miR-30b、miR-30c、miR-30d、miR-92、miR-92-2、miR-100-1/2、miR-103、miR-107、miR-146、miR-191、miR-197、miR-205、miR-206、miR-213、miR-214、miR-221。在检测的 22 种 miRNA 中，小鼠乳腺特异表达 9 种 miRNA，包括 let-7a、let-7b、let-7c、miR-26a、miR-26b、miR-242、miR-145、miR-30b、miR-30d。乳腺发育中 miRNA 研究是必要的，因为乳汁中 miRNA 来源于乳腺，可以作为健康乳腺的生物标志物。此外，Modepalli V 等（Modepalli et al.，2014）研究发现袋鼠的泌乳循环过程中有些 miRNA 表达处于较高水平，如 miR-191、miR-184、miR-181、miR-148、miR-375 和 let-7 家族成员（7f、7a 和 7i）。

李冉等（2016）对乳腺组织、全乳、乳脂和乳清中的 miRNA 进行比较分析，共发现 188 个 miRNA，并发现了一些新的 miRNA。其中，乳脂与乳腺组织相比较 miRNA 种类相似。对这些组分中高表达 miRNA 的功能研究表明，miRNA 作为乳腺功能的调节因子对健康产奶有促进作用。

Wang 等（Wang et al.，2012）发现多数 miRNA 在奶牛泌乳期的表达显著高于干奶期，比如 miR-221、miR-33b、miR-31 等，提示 miRNA 对相关功能基因的调控与泌乳阶段有关。

Bu 等（Bu et al.，2015）对牛乳腺上皮细胞中 miRNA 进行了研究，发现了 388 个已知的 miRNA 和 38 个未发现的 miRNA，其中包括 bta-miR-21 在内的 7 个 miRNA 具有组织表达特异性。不同物种乳腺特异 miRNA 表达谱的研究为后续乳腺发育及泌乳生物学的研究提供了新的视角和研究基础。

Zhen 等（Li et al.，2012b）通过测序数据分析用从牛乳腺中分离的小 RNA 构建两个 miRNA 文库，并用基因组分析仪测序，分别从哺乳期和非哺乳期文库中获 15 089 573 和 18 079 366 个序列。泌乳/非泌乳比值为 83.5%，说明这两个文库具有很好的代表性。在过滤掉低质量序列后，从泌乳文库共获得 13 711 046 个序列，从非泌乳文库获得 17 068 043 个序列。从原始读取过滤获得 RNA 参考序列包括 mRNA、rRNA、tRNA、snRNA、snoRNA 和 Rfam。研究共检测到 885 个前体 miRNA 编码的 921 个成熟 miRNA，其中 884 个是唯一序列,而544个(61.5%)在哺乳期和非哺乳期这两个时期均有表达。根据它们的时期分布,这些miRNA被分为3类:283个miRNA与miRBase数据库中登记的已知bta-miRNA相匹配;96个miRNA在其他哺乳动物中证实存在,但尚未在牛中鉴定;505个miRNA被定位到bta基因组,随着扩展的基因组序列有可能形成发夹。

Gu等人(Gu et al.,2007)构建了牛脂肪组织和乳腺组织小RNA的cDNA文库,共对120个克隆进行了测序,得到104个序列。这些序列与miRBase比较显示,154个脂肪和104个乳腺小RNA序列中有96个与已知哺乳动物miRNA相同或仅有1个或2个核苷酸不同,有54个独特的miRNA,其中23个是从脂肪组织克隆的,9个是从乳腺克隆的,22个是从两个组织克隆的。并从荷斯坦奶牛脂肪组织和乳腺组织中分离到了59个差异表达的miRNA,其中miR-21、miR-23a、miR-24和miR-143在奶牛乳腺组织中大量表达。

miRNA属于内源性非编码小调节RNA分子,在调控特定细胞增殖、分化、凋亡和代谢进程等方面起着重要作用。这种时序性小RNA可从时间和空间上精确控制生物各阶段的发育,miRNA具有组织表达分布的特异性和时间特异性。在处于不同发育阶段的乳腺组织细胞和同一发育阶段的不同类型乳腺细胞中表达的miRNA的种类和丰度都不相同,这直接反映了miRNA与乳腺发育的调控状态和特定功能的维持有关。

(二)microRNA在乳腺发育中的作用

乳腺是少数几个可以重复经历生长、功能分化和退化过程的器官之一,乳腺作为哺乳动物具有的特殊腺体,具有泌乳功能;在哺乳动物生殖周期中,乳腺的功能性分化是至关重要的。乳腺发育的过程受到众多调控基因、激素和细胞因子的作用,从而形成复杂的调控网络。近年来,研究发现miRNA作为重要机制参与这一生理过程。miRNA作为广泛存在的转录后调控机制,主要靶向于信号分子、结点蛋白及信号蛋白的调控机制。随着miRNA的发现和研究深入,miRNA在乳腺中调控发育泌乳功能的研究也逐步展开。研究miRNA对乳腺生长发育、泌乳及退化的调控机制,了解miRNA相应作用的靶位点,对泌乳生物学与乳腺功能研究以及乳品生产具有重要的科学理论意义和生产实际意义。

1. miRNA在乳腺干细胞中的作用

miRNA对于乳腺的正常发育具有至关重要的作用,主要表现在它可以调控乳腺干细胞的周期分化和去分化、乳导管和腺泡的正常发育以及乳腺上皮细胞的增殖和分化，从而调控乳腺发育。胚胎期的乳腺发育和乳腺的周期性分化与去分化的过程中，少量乳腺干细胞留存在乳腺基质中，它的存在保证了乳腺在退化与泌乳之间的成功转化。

有研究表明，Sdassi 等（Sdassi et al.，2009）应用克隆的方法在乳腺中发现了 24 个乳腺发育的相关 miRNA 基因并鉴定了其中 6 个，发现它们有一定的组织特异性。Avril-Sassen 等研究者（Avril-Sassen et al.，2009）利用 miRNA 芯片技术分析新生小鼠乳腺发育的相关 miRNA，发现在乳腺发育时期 miRNA 多为在导管壁上多个 miRNA 成簇共表达，如 miR-17-92 家族，miR-25 和 miR-150。

miRNA 可以调控乳腺干细胞和祖细胞的增殖和分化。鼠乳腺上皮细胞系 Comma-D 中有一定数量的有自我更新能力的祖细胞，Ibarra 等（Ibarra et al.，2007）已分离出这种祖细胞。比较这种祖细胞与 Comma-D 细胞系的 miRNA 表达发现，祖细胞中 miR-205 和 miR-22 高表达，let-7 和 miR-93 低表达；通过 let-7 沉默实验和 let-7 过表达实验，证实了 let-7 的存在抑制了这种祖细胞在混合培养中所占的比例。其他研究表明，miR-205 在保持乳腺上皮干细胞的增殖和分化中也起着一定的作用。Sdassi 等（Sdassi et al.，2009）研究人员利用 miRNA 芯片技术筛选发现在包含小鼠乳腺祖细胞亚型的 Comma-D-βGeo 细胞系中，miR-205 表达量较高，并可以调控细胞的增殖和细胞大小；还可作为在正常小鼠乳腺细胞中分离祖细胞的标志物。

2. miRNA 在乳腺发育中的作用

miRNA 对乳腺导管和腺泡的正常发育也至关重要；miRNA 对激素及其受体、细胞因子、转录蛋白的作用及其对细胞生长、增殖、凋亡的调控，在乳腺发育泌乳过程中起着十分重要的作用。miRNA 对乳腺发育的调控可大大增加我们对正常乳腺发育过程的了解。最初 miRNA 对乳腺的研究主要集中于对小鼠乳腺的研究。Ucar 等（Ucar et al.，2010）通过同源重组构建了 miR-212/132 缺失小鼠，发现 miR-212/132 缺失会导致小鼠乳导管完全无法发育，并证实 miR-212/132 通过负调控基质金属蛋白酶 9（Matrix metalloproteinase-9，MMP-9）表达而引起上皮基质相互作用障碍而影响乳腺发育。这项研究也为乳腺在体的 miRNA 过表达和沉默实验提供了参考。Tanaka 等人发现在小鼠乳腺上皮细胞系中，miR-101a 通过对靶基因环氧化酶 2（Cyclooxygenase 2，Cox-2）的调控可以抑制小鼠乳腺上皮细胞的增殖来干预乳腺发育，并间接调控 β-酪蛋白的表达（Tanaka et al.，2009）。

随着生产发展的需要，近年来，miRNA 对牛乳腺发育调控作用的机制研究受到越来越多的关注。乳腺在周期性去分化和分化的过程中，其上皮细胞也发生着周期性的增殖和凋亡。大量研究证实 miRNA 对奶牛乳腺发育与泌乳有调节作用。

（1）miR-15a

miRNA 对乳腺上皮细胞增殖和分化具有一定的调节作用。Li 等（Li et al.，2012a）利用体外细胞培养和 qPCR 等技术研究 miR-15a 在乳腺发育过程中的作用，结果发现，miR-15a 的靶基因为 GHR，通过抑制其表达限制奶牛乳腺上皮细胞的增殖和酪蛋白的分泌。miR-15a 和最早发现位于人类染色体 13q14 上。bta-miR-15a 位于牛 12 号染色体 18 887 743bp 和 18 887 825bp 之间（Gu et al.，2007），在细胞发育、细胞周期和死亡中起重要作用。

Li 等（Li et al.，2012a）利用 miRNA 预测软件，预测 GHR 基因是 bta-miR-15a 的潜在靶点，以牛乳腺上皮细胞系为体外细胞模型，探讨 bta-miR-15a 对牛乳腺上皮细胞的作用。qRT-PCR 检测转染 bta-miR-15a 后 bta-miR-15a 和 GHR 的表达变化：在牛乳腺上皮细胞中转染 miR-15a mimic 后 GHRmRNA 表达降低；Western blot 方法检测 GHR 蛋白和酪蛋白的表达，结果显示 miR-15a 的超表达抑制 GHR 蛋白和酪蛋白。为了确定 bta-miR-15a 是否能影响细胞活力，使用电子库尔特计数器（CASTY-TT）对细胞进行了检测，bta-miR-15a 可抑制乳腺上皮细胞的增殖和活力。以上结果表明，bta-miR-15a 过表达降低了牛乳腺上皮细胞酪蛋白的表达，降低了细胞数量和活力，提示 bta-miR-15a 可能在乳腺生理中起重要作用。因此，bta-miR-15a 可以调节荷斯坦奶牛乳腺的发育。

此外，bta-miR-15a 和 bta-miR-16a 还可以调节免疫和炎症反应。Zhihua Ju 等（Ju et al.，2018）对 bta-miR-15a 和 bta-miR-16a 的表达模式和组织定位进行了研究，发现 bta-miR-15a 和 bta-miR-16a 在乳腺炎感染奶牛乳腺组织和血液中性粒细胞中的表达水平显著高于健康奶牛。通过原位杂交检测 bta-miR-15a 和 bta-miR-16a 的组织定位，发现它们在乳腺组织的导管细胞和腺泡细胞中均有表达，其中乳腺炎奶牛乳腺组织中的表达信号强于健康奶牛乳腺组织。此外，还确定 CD163 为 bta-miR-15a 和 bta-miR-16a 的靶基因，荧光素酶报告基因方法分析表明 bta-miR-15a、bta-miR-16a 和 bta-miR-15a~16a 簇导致 CD163 3′-UTR 载体的荧光素酶活性显著降低。同时，在 bta-miR-15a~16a 簇存在下，荧光素酶活性较单一 bta-miR-15a 或 bta-miR-16a 质粒有显著降低。这表明 bta-miR-15a~16a 簇对靶基因 CD163 荧光素酶报告基因活性的抑制作用可能比单个 miRNA 更为有效。CD163 是一种潜在的炎症标志物和治疗靶点，可直接清除促炎症配体，为产生抗炎血红素代谢产物的途径提供动力。抗炎细胞因子可增强 CD163 表达，可被促炎细胞因子下调。该研究揭示了奶牛乳腺炎与 bta-miR-15a/16a 基因表达的关系，提示 bta-miR-15a~16a 簇可能通过与荷斯坦奶牛 CD163 靶基因结合而发挥抗乳腺炎作用。

此外，也有研究表明 miR-15a-3p 和 miR-15b-3p 在健康和乳腺炎感染牛乳腺组织中表达存在显著差异（Li et al., 2014）。该团队采用 qPCR 法检测 miR-15a-3p 和 miR-15b-3p 在健康奶牛乳腺和乳腺炎感染奶牛乳腺中的差异表达，研究发现乳腺炎感染组 miR-15a-3p 表达较健康组升高 3.34 倍；miR-15b-3p 在乳腺炎感染乳腺组织中的表达明显低于正常乳腺组织。

（2）miR-484

研究证实，miR-484 可靶向作用于牛己糖激酶 2（Hexokinase 2，HK2）mRNA 的 3′-UTR 序列，通过抑制己糖激酶的活力，下调细胞对葡萄糖摄取能力（李真，2012）。

（3）miR-145

根据 miRBase 数据库（registry 20）报告已证实的牛 miRNA 前体有 798 个，成熟体有 783 个。bta-miR-145 的成熟体的序列为 5′GUCCAGUUUUCCCAG-GAAUCCCU3′，成熟体的序列在各个物种间非常保守。bta-miR-145 主要位于牛的 7 号染色体正向链，与其成簇分布的有 bta-miR-143，两者相距仅 1 329bp。利用 MEGA 5.05 软件对牛、人、小鼠、猪、兔的 miRNA-145 及 bta-miR-143 的前体进行种系发育分析，可知牛和人、猪的 miRNA-145 同源关系较近，和其他物种的同源关系远。bta-miR-145 与同簇的 bta-miR-143 同源关系较远。

Coutinho 等（Coutinho et al., 2007）最先报道在奶牛中 miR-145 的发现，他们检测了牛胚胎、胎牛胸腺、小肠和淋巴结中的 miRNA 表达谱，结果发现 miR-145 在胎牛小肠中的表达量远远高于胸腺和淋巴结。2007 年 Gu 等首次在非妊娠、非泌乳的荷斯坦奶牛乳腺组织中发现了 miR-145 的存在。Wang 等（Wang et al., 2012）在对不同泌乳阶段乳腺组织中 miRNA 的表达谱进行检测时发现，miR-145 在分娩前后，即泌乳启动阶段，表达变化差异显著。图 3-1 为干奶期（分娩前 30 天）、分娩早期（分娩后 7 天）和早期泌乳阶段（分娩后 30 天）荷斯坦奶牛乳腺组织 miR-145 的表达谱。应用 Ingenuity Pathway

Analysis 分析 miRNA 靶标发现：在牛乳腺组织中，miR-145 可能靶向 ESR1（雌激素受体 α），提示 ESR1、MYC、TP53 的网络可能受 miR-145 的上调控制。这提示 bta-miR-145 可能在奶牛泌乳启动或乳成分合成过程中发挥一定作用。

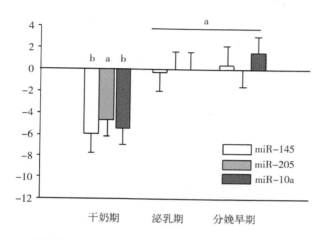

图 3-1　分娩前后牛乳腺组织 miRNA-145 表达谱（Wang et al.，2012）

李文清等（2014）以原代奶牛乳腺上皮细胞为研究对象，分别转染 bta-miR-145 模拟物（mimic）、bta-miR-145 抑制剂（inhibitor），采用实时定量 PCR 方法检测与 IGF-1R-PI3K-Akt/mTOR 信号通路相关的 15 个基因表达的变化。结果表明：bta-miR-145 过表达和抑制表达没有引起预测靶标 IGF-1R、胰岛素受体底物 1（Insulin receptor substrate，IRS1）、β-酪蛋白（CSN2）基因的 mRNA 表达量发生显著变化；bta-miR-145 抑制表达后引起真核起始因子 4E（Eukaryotic initiation factor 4E，EIF4E）、溶质转运家族 3 成员 2（Solute carrier family 3 member 2，SLC3A2）、SLC7A1 基因 mRNA 表达量发生显著上调。bta-miR-145 过表达引起显著下调的基因有：Akt3、EIF4E，bta-miR-145 抑制表达引起显著上调的基因有：SLC3A2、SLC7A1、EIF4E，它们的交集为 EIF4E。EIF4E 是一种帽子结合蛋白，可以特异性地识别 mRNA 的 5′端帽子结构，在真核生物翻译起始过程中发挥重要作用。研究人员认为 PI3K-Akt/mTOR 信号通路调节可以通过 EIF4E 来提高 mRNA 的翻译起始效率。尽管 EIF4E 基因不在 TargetScan 6.2 预测的 bta-miR-145 的靶标范围，但是通过 RNA hybrid 数据库表明 bta-miR-145 与 EIF4E 存在潜在结合位点，其结合位点的最小自由能小于 -0.0627 kJ/mol。

李文清等（2014）为了研究 bta-miR-145 过表达和抑制表达是否会影响其他 miRNA 表达，采用 RT-qPCR 的方法对 bta-miR-145 过表达或抑制后 bta-miR-214、bta-miR-181a、bta-miR-21 的表达进行检测，发现 bta-miR-181a 与 bta-miR-145 呈相同的表达趋势，bta-miR-214 与 bta-miR-145 呈相反的表达趋势，bta-miR-21 基本不受 bta-miR-145 过表达和抑制表达的影响。

绪欣等（2018）研究发现，在被金黄色葡萄球菌感染的乳腺组织，机体开启自我防护产生炎症，bta-miR-145 表达下调，从而释放了其对聚束蛋白 1（Fascin 1，FSCN1）基因的干扰作用，FSCN1 表达上调促进乳腺上皮细胞增殖，力图恢复细菌侵袭后损坏的乳腺细胞组织。为探究 bta-miR-145 在 Mac-T 中的功能，研究人员在 Mac-T 中过表达和干扰 bta-miR-145，并检测其过表达和干扰效果，结果显示：bta-miR-145 在牛乳腺上皮细胞系中过表达情况下可以显著降低白细胞介素 12（Interleukin 12，IL12）的分泌量和 TNFα 的分泌量，显著增加干扰素 γ 的分泌量。与此同时，过表达 miR-145 后牛乳腺上皮细胞的增殖能力被抑制。miR-145 过表达或抑制表达后，FSCN1 的 mRNA 表达均发生显著变化，且 bta-miR-145 过表达可以引起 FSCN1 蛋白表达的显著下调。FSCN1 基因 mRNA3′-UTR 存在确实的 bta-miR-145 的靶向结合位点，并且下调 FSCN1 的活性。故 bta-miR-145 可靶向调控 FSCN1。Mac-T 细胞系 FSCN1 敲除可使 IL12 分泌量发生显著上调，而 TNFα 的分泌量却显著下调。

（4）miR-221

在早先的研究中有报道，miR-221 存在于 X 染色体上，对细胞增殖有积极影响，并已在乳和脂肪细胞中被鉴定，在调节正常乳腺上皮细胞层次和乳腺癌干细胞中发挥重要作用（杜小航，2018；初美强，2017）。bta-miR-221 与早期泌乳相比在泌乳高峰时高表达（李文清等，2014）。

Jiao 等（Jiao et al., 2019）将不同浓度的 bta-miR-221 模拟物和抑制剂添加到 6 孔培养板中转染牛乳腺上皮细胞培养 48 小时后，用 3-（4,5-二甲基噻唑-2-基）-2,5-二苯基四唑溴化铵法（MTT）和流式细胞仪检测 bta-miR-221 对细胞增殖的影响。发现分析显示，添加 100pmol/L bta-miR-221 模拟物后，细胞增殖明显受到抑制。与对照组相比，转染 bta-miR-221 模拟物转染组牛乳腺上皮细胞活力显著降低，而 bta-miR-221 抑制剂则显著提高牛乳腺上皮细胞活力，表明 bta-miR-221 可使奶牛乳腺上皮细胞增殖受到抑制，导致活性降低。为了阐明其分子机制，研究人员利用生物信息学预测工具筛选了 bta-miR-221 可能的靶向候选基因。双荧光素酶分析显示，bta-miR-221 通过直接结合于 STAT5a、STAT3 和 IRS1 的 3′-UTR 发挥作用。随后 Western blot 分析表明，转染 bta-miR-221 模拟物可显著降低 STAT5a 和 IRS1 mRNA 和蛋白质水平上的表达，且 bta-miR-221 可通过调控 IRS1 影响 PI3K-AKT-mTOR 信号通路的激活，研究发现 bta-miR-221mimic 可显著降低 JAK-STAT 和 PI3K-AKT/mTOR 信号通路中受 STAT5a 和 IRS1 调控的下游基因细胞因子信号传导抑制蛋白 3（Suppressor of cytokine signaling 3，SOCS3）、AKT3 和 mTOR 的表达水平。因此，bta-miR-221 可能通过调控 JAK-STAT 和 PI3K-AKT/mTOR 信号通路中的 STAT5a 和 IRS1 等关键基因来调控牛乳腺上皮细胞的增殖，这在奶牛的乳腺发育及泌乳过程中具有重要作用。

（5）miR-24

在非反刍动物中，miR-24 参与前脂肪细胞分化、肝脏脂质和血浆三酰甘油的合成，但其在反刍动物乳腺中的作用尚不清楚。在牛中，miR-24 分别来源于 2 处转录位点，miR-24-1 产生于 8 号染色体，miR-24-2 则产生于 7 号染色体。

李惠侠等（2010）应用 stem loop 荧光定量-PCR 方法检测 miR-24 的表达，发现奶牛乳腺上皮细胞表达 miR-24，高温处理组 miR-24 表达有上升趋势，但和正常温度组差异不显著。奶牛乳腺上皮细胞受到反复高温刺激后，细胞出现明显的凋亡或坏死现象，抑制内源性 miR-24 的表达从表型上可以缓解高温诱发的乳腺上皮细胞大量凋亡或坏死（图 3-2），机理可能在于沉默内源 miRNA-24 表达可以抑制凋亡因子 caspase-8 和 caspase-3 表达，从而缓解高温诱导下奶牛乳腺上皮细胞凋亡率，促进细胞的生长发育。

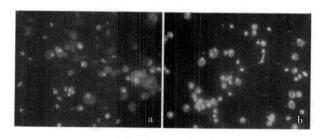

图 3-2 Hoechst33342/PI 荧光染色细胞（李惠侠等，2010）
a. 对照组；b. miRNA-24 inhibitor 转染组

Wang 等（Wang et al.，2015）测定了 4 个不同泌乳期山羊乳腺组织中 miR-24 的表达，研究发现 miR-24 在泌乳高峰期表达高于干奶期。miR-24 在山羊乳腺上皮细胞中的过度表达或下调严重影响脂肪酸谱，特别是 miR-24 增加了不饱和脂肪酸浓度。miR-24 的作用还包括调节三酰甘油含量和脂肪酸合成酶（Fatty acid synthase，FASN）、固醇调节元件结合蛋白 1（Sterol-regulatory element binding protein 1，SREBP1）、硬脂酰辅酶 A 去饱和酶（Stearoyl-CoA desaturase，SCD）、线粒体甘油-3-磷酸酰基转移酶（Glycerol-3-phosphate acyltransferasemitochondrial，GPAM）和乙酰辅酶 A 羧化酶（Cetyl-CoA carboxylase，ACACA）的表达变化。荧光素酶报告基因方法分析证实，FASN 是 miR-24 的靶点。

曹巧巧等（2017）研究发现奶牛乳腺上皮细胞（MAC-T）中 bta-miR-24-3p 能够靶向 MEN1 基因 3′-UTR，并负向调控 MEN1 基因表达；bta-miR-24-3p 能够促进 MAC-T 细胞增殖，并能促进细胞周期由 G0/G1 期向 S 期进行；bta-miR-24-3p 过表达时也能够负向调控乳蛋白合成相关通路基因及酪蛋白激酶的表达；此外 bta-miR-24-3p 可负向调控包括 PI3K/AKT/mTOR 信号通路及 JAK2/STAT5 信号通路在内的与乳蛋白合成相关因子的表达，进而负向调控奶牛乳腺上皮细胞内乳蛋白的合成。

（6）miR-152

miR-152 是 miR-148/miR-152 家族的一员。miR-148/miR-152 家族包括 miR-148a、miR-148b、miR-152。成熟的 miR-148a、miR-148b 和 miR-152 的长度约 21~22nt，它们有着相同的种子序列（UCAGUGCA），这个序列是和靶基因 mRNA 结合的重要区域。王杰等（2015）在高乳品质、低乳品质和干奶期奶牛乳腺组织中，应用 qRT-PCR 方法检测发现，与低乳品质和干奶期奶牛乳腺组织相比，高乳品质奶牛乳腺组织中 miR-152 表达量最高，推测它可能在奶牛乳腺泌乳和发育过程发挥重要的作用。

王杰等（2014）为确定 miR-152 对奶牛乳腺上皮细胞中乳蛋白合成的影响，应用脂质体转染技术，改变 miR-152 在奶牛乳腺上皮细胞的表达量，采用 real-time PCR、Western blot、细胞活力分析等技术探索 miR-152 对奶牛乳腺上皮细胞增殖及泌乳功能的影响。结果显示，沉默 miR-152 可使 SOCS3 表达增强。SOCS3 蛋白家族是 JAK/STAT5 信号通路激活的靶基因产物，特异性地负反馈抑制 JAK/STAT5 通路的活化，从而抑制乳蛋白的合成。沉默 miR-152 可使 p-STAT5、p-mTOR、S6K1、Cyclin D1 表达减弱，细胞增殖能力减低，β-酪蛋白分泌减少。说明 miR-152 在奶牛乳腺上皮细胞调控的靶基因是 SOCS3，通过抑制其表达发挥直接作用，还可通过调控 JAK-p-STAT5-p-mTOR-S6K1-

Cyclin D1 信号转导而促进乳蛋白的合成和乳腺上皮细胞增殖。

王杰等（2014）还发现了 DNA 甲基转移酶 1（DNA methyltransferase 1, DNMT1）是 miR-152 的靶基因，miR-152 能与 DNMT1mRNA 的 3′-UTR 区域互补结合，抑制 DNMT1 表达。从而降低乳腺上皮细胞基因组 DNA 的甲基化水平和甲基转移酶的活力。miR-152 通过调节 DNMT1 的表达，进而调节与乳蛋白、乳糖和乳脂分泌相关的泌乳信号通路分子，提高细胞的活力及促进细胞增殖并促进奶牛乳腺上皮细胞 β-酪蛋白、乳糖和和甘油三酯的合成。

（7）miR-21

已有研究表明，奶牛乳腺干奶期和泌乳早期 miR-21 的表达存在差异，miR-21 在牛泌乳早期表达明显高于干奶期（Wang et al., 2012），但其调控泌乳周期的分子机制尚不完全清楚。

Zhang X 等（Zhang et al., 2019）采用 MTT 法和流式细胞仪检测 miR-21-3p 对牛乳腺上皮细胞（BMECs）的作用，结果表明 miR-21-3p 能显著促进细胞存活和增殖（图 3-3）。双荧光素酶、RT-qPCR 和 Western blot 结果表明 IGFBP5 是 miR-21-3p 的靶基因，lncRNA 可以作为竞争性内源 RNA（ceRNA）结合 miRNA 靶基因，降低 miRNA 调控作用。根据该团队研究人员先前的 lncRNA 序列数据和生物信息学分析，lncRNA nonBTAT017009.2 可能与 miR-21-3p 相关，并且其表达被 miR-21-3p 的超表达所特异性抑制（Yang et al., 2018）。相反，nonBTAT017009.2 的过度表达显著降低了 miR-21-3p 在 BMEC 中的表达水平，而 miR-21-3p 的靶基因 IGFBP5 表达显著上调。此外，miR-21 的启动子区含有两个 STAT3 结合位点，双荧光素酶报告分析显示，STAT3 过度表达显著降低了 miR-21 启动子活性。提示转录因子 STAT3 可能是影响 miR-21-3p 调控过程的上游调节因子，STAT3 的过度表达显著抑制 miR-21-3p 的表达，而 IGFBP5 的 mRNA 表达较对照组明显增加。此外，基因调控和 JASPAR 软件预测的 IGFBP5 启动子区中没有 STAT3 结合位点。

Laurent Galio 等（Galio et al., 2013）研究发现，在绵羊妊娠早期 miR-21 在正常乳腺管腔细胞增殖时强烈表达。miR-21 在妊娠前半期的高丰度表达，对应于乳腺妊娠前半期的急速增殖，提示其在妊娠期乳腺发育过程中发挥一定作用。

（8）miR-146

牛 miR-146（bta-miR-146）家族包含两个结构相似的成员：bta-miR-146a（GenBank 编号：NR_ 031031）和 bta-miR-146b（GenBank 编号：NR_

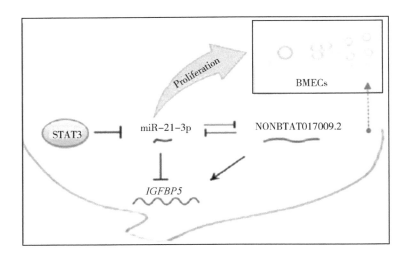

图 3-3 miR-21-3p 在牛乳腺上皮细胞增殖中的调控网络（Zhang et al., 2019）

031033）。它们与人类的同类基因高度同源。据报道，bta-miR-146a 和 bta-miR-146b 在感染亚临床乳腺炎、临床乳腺炎和实验性乳腺炎的牛乳腺组织中表达水平显著上调，并通过调节潜在的靶基因参与多种免疫途径，提示 bta-miR-146a 在乳腺炎症的调节中起重要作用。然而，这一功能的具体细节尚待阐明。牛乳腺上皮细胞（BMEC）是抵抗病原菌的第一道防线，在感染过程中对炎症反应和先天免疫起着重要的启动和调节作用。Wang 等（Wang et al., 2016）选择 9 头泌乳中期两岁荷斯坦奶牛，经无菌手术取乳腺组织标本。实验分为 3 组：健康奶牛（$n=3$）、亚临床乳腺炎奶牛（$n=3$）和临床乳腺炎奶牛（$n=3$），采用 RNA-seq 和 qRT-PCR 试验方法检测发现，大肠杆菌和金黄色葡萄球菌组注射后 7 天乳腺中的 bta-miR-146a 和 bta-miR-146b 均显著上调（图 3-4），两种 miRNA 在外周血中的表达水平没有改变。研究人员猜测 bta-miR-146a 和 bta-miR-146b 调节靶基因（如 TRAF6 或 IRAK1），参与多种免疫途径，调节奶牛乳腺的炎症反应。

随后该团队（Wang et al., 2017）采用双荧光素酶报告法证实 bta-miR-146a 直接靶向肿瘤坏死因子受体相关因子 6（TNF receptor associated factor 6，TRAF6）基因的 3'-UTR。为了阐明 bta-miR-146a 在先天性免疫应答中的作用，将 bta-miR-146a 的模拟物或抑制剂转染到脂多糖刺激的 BMEC 中，通过 Toll 样受体（Toll-like receptors，TLR）4/核因子 κB（Nuclear factor-κB，NF-κB）信号途径

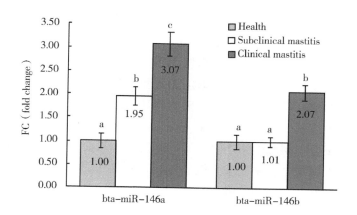

图 3-4 bta-miR-146a 和 bta-miR-146b 在荷斯坦奶牛不同乳腺组织中的相对表达（Wang et al., 2016）

Health, 健康组；Subclinical mastitis, 隐性（亚临床性）乳腺炎组；Clinical mastitis, 乳腺炎组

激活先天性免疫应答。于转染后 48 小时，采用实时定量 RT-PCR 和 Western blot 方法检测相关基因和蛋白的表达，结果表明，bta-miR-146a 显著抑制牛 TRAF6 的 mRNA 和蛋白表达，并最终抑制下游 NF-κB mRNA 和蛋白的表达。因此，在脂多糖刺激 BMEC 后，NF-κB 依赖性炎症介质如 TNFα、IL-6 和 IL-8 的产生受到抑制。研究表明，bta-miR-146a 通过下调 TLR4/TRAF6/NF-κB 通路，对牛的炎症和先天免疫起到负反馈调节作用，揭示了 bta-miR-146a 对牛乳腺感染免疫应答的潜在调节机制，可能为乳腺炎的治疗提供一个潜在的靶点。

五、发育相关 microRNA 在奶牛生产中的应用前景

miRNA 的发现是对 RNA 研究的一个突破，同时也为人们提供了一种全新的角度来认识生物基因和基因表达调节的本质。它是生物体内源的小 RNA 分子，研究表明它们在生物体内不仅仅是代谢的产物，而是机体转录成的调控分子，它们参与生物体的生长、发育、衰老、死亡等生物学进程，随着研究的深入，miRNA 将在生命起源和物种进化、基因表达调控的复杂性微调、疾病发生和发展的机制等方面起到更为深远的作用。

从 miRNA 的研究水平来看，目前在牛属中已经鉴定出多种 miRNA，但 miRNA 维持奶牛乳腺健康、调节奶牛乳腺发育和泌乳的功能、改善奶牛乳品质的作用机理方面的研究并不多见。牛奶已经逐渐成为人们生活中必不可少的一

部分，尤其是婴幼儿，因此，加强这方面的研究必将成为以后奶牛研究的重点。乳腺是乳用动物的生产器官，可以将营养素转化为乳成分并形成乳汁，是多产奶和产好奶的首要条件。因此，乳用动物的乳腺重在健康发育和功能正常。从人类的营养需求和动物福利出发，如何最大化地提高乳产量和乳质量又不影响泌乳乳用动物的机体健康、繁殖能力和生产寿命，一直是乳腺发育与泌乳生物学研究的重要科学使命。随着奶牛全基因组信息的完成以及山羊全基因测序工作的有效开展，乳用动物乳腺 miRNA 相关研究得以不断深入，这必将带动整个乳腺发育与泌乳生物学研究的快速发展，其前沿研究领域也将逐渐趋向于泌乳功能基因组学、泌乳核心信号转导途径及其调节研究等，进而深刻揭示乳腺发育与泌乳的基因调节机理。

参考文献

陈海滪，严忠海，龙健儿，等. 2008. 应用生物信息学寻找山羊新的 microRNA 分子及其实验验证 [J]. 遗传，30（10）：1 326-1 332.

崔晓钢. 2015. 基于 RNA-seq 与 small RNA-seq 进行奶牛产奶性状功能基因挖掘及生物信息学预测牛新 miRNA [D]. 北京：中国农业大学.

金晶，王学辉，王春梅，等. 2016. 应用高通量测序技术检测与奶牛乳产量和乳质量调控相关的 miRNA [J]. 中国生物化学与分子生物学报，32（6）：706-713.

李真. 2012. 奶牛乳腺组织中表达谱研究以及与泌乳相关的鉴定 [D]. 杭州：浙江大学.

林德麟，陈婷，黎梦，等. 2016. 乳中 miRNA 的研究进展 [J]. 畜牧兽医学报，47（9）：1 739-1 748.

刘飞，杨继业，孙志颖，等. 2015. 牛多个组织 microRNA Solexa 测序与生物信息学分析 [J]. 中国畜牧兽医，42（6）：1 409-1 416.

穆松，钟金城，陈智华，等. 2010. 牛基因组中新的 microRNA 预测及分析 [J]. 中国草食动物科学，30（1）：8-11.

赵东宇，王岩，罗迪，等. 2008. 生物信息学中的 microRNA 预测研究 [J]. 吉林大学学报（信息科学版），26（3）：276-280.

Akers, R. M., D. E. Bauman, A. V. Capuco, et al. 1981. Prolactin regulation of milk secretion and biochemical differentiation of mammary epithelial cells in periparturient cows [J]. Endocrinology, 109 (1): 23-30.

Arroyo, J. D., J. R. Chevillet, E. M. Kroh, et al. 2011. Argonaute2 complexes carry a population of circulating microRNAs independent of vesicles in human plasma [J]. Proc Natl Acad Sci USA, 108 (12): 5 003-5 008.

Avril-Sassen, S., L. D. Goldstein, J. Stingl, et al. 2009. Characterisation of microRNA expression in post-natal mouse mammary gland development [J]. BMC Genomics, 10: 548.

Baxter, F. O., K. Neoh, and M. C. Tevendale. 2007. The beginning of the end: death signaling in early involution [J]. J Mammary Gland Biol Neoplasia, 12 (1): 3-13.

Bu, D. P., X. M. Nan, F. Wang, et al. 2015. Identification and characterization of microRNA sequences from bovine mammary epithelial cells [J]. J Dairy Sci, 98 (3): 1 696-1 705.

Capuco, A. V., S. E. Ellis, S. A. Hale, et al. 2003. Lactation persistency: insights from mammary cell proliferation studies [J]. J Anim Sci, 81 Suppl, 3: 18-31.

Chekanova, J. A., B. D. Gregory, S. V. Reverdatto, et al. 2007. Genome-wide high-resolution mapping of exosome substrates reveals hidden features in the Arabidopsis transcriptome [J]. Cell, 131 (7): 1 340-1 353.

Chen, X., C. Gao, H. Li, et al. 2010. Identification and characterization of microRNAs in raw milk during different periods of lactation, commercial fluid, and powdered milk products [J]. Cell Res, 20 (10): 1 128-1 137.

Coutinho, L. L., L. K. Matukumalli, T. S. Sonstegard, et al. 2007. Discovery and profiling of bovine microRNAs from immune-related and embryonic tissues [J]. Physiol Genomics, 29 (1): 35-43.

Dado-Senn, B., A. L. Skibiel, T. F. Fabris, et al. 2018. RNA-Seq reveals novel genes and pathways involved in bovine mammary involution during the dry period and under environmental heat stress [J]. Sci Rep, 8 (1): 11 096.

Galio, L., S. Droineau, P. Yeboah, et al. 2013. MicroRNA in the ovine mammary gland during early pregnancy: spatial and temporal expression of miR-21, miR-205, and miR-200 [J]. Physiol Genomics, 45 (4): 151-161.

Glazov, E. A., P. F. Horwood, W. Assavalapsakul, et al. 2010. Characterization of microRNAs encoded by the bovine herpesvirus 1 genome [J]. J Gen Virol, 91 (Pt 1): 32-41.

Green, K. A. and C. H. Streuli. 2004. Apoptosis regulation in the mammary gland [J]. Cell Mol Life Sci, 61 (15): 1 867-1 883.

Gu, Z., S. Eleswarapu, and H. Jiang. 2007. Identification and characterization of microRNAs from the bovine adipose tissue and mammary gland [J]. FEBS Lett, 581 (5): 981-988.

Helminen, H. J. and J. L. Ericsson. 1971. Effects of enforced milk stasis on mammary gland epithelium, with special reference to changes in lysosomes and lysosomal enzymes [J]. Exp Cell Res, 68 (2): 411-427.

Holst, B. D., W. L. Hurley, and D. R. Nelson. 1987. Involution of the bovine mammary gland: histological and ultrastructural changes [J]. J Dairy Sci, 70 (5): 935-944.

Huang, J., Z. Ju, Q. Li, et al. 2011. Solexa sequencing of novel and differentially expressed microRNAs in testicular and ovarian tissues in Holstein cattle [J]. Int J Biol Sci, 7 (7): 1 016-1 026.

Hurley, W. L., M. Aslam, H. M. Hegarty, et al. 1994. Synthesis of lactoferrin and casein by explants of bovine mammary tissue [J]. Cell Biol Int, 18 (6): 629-637.

Hurley, W. L. 1987. Mammary function during the nonlactating period: enzyme, lactose, protein concentrations, and pH of mammary secretions [J]. J Dairy Sci, 70 (1): 20-28.

Hurley, W. L. 1989. Mammary gland function during involution [J]. J Dairy Sci, 72 (6): 1 637-1 646.

Hurley, W. L. and J. J. Rejman. 1986. beta-Lactoglobulin and alpha-lactalbumin in mammary secretions during the dry period: parallelism of concentration changes [J]. J Dairy Sci, 69 (6): 1 642-1 647.

Hurley, W. L. and J. J. Rejman. 1993. Bovine lactoferrin in involuting mammary tissue [J]. Cell Biol Int, 17 (3): 283-289.

Ibarra, I., Y. Erlich, S. K. Muthuswamy, et al. 2007. A role for microRNAs in maintenance of mouse mammary epithelial progenitor cells [J]. Genes Dev, 21 (24): 3 238-3 243.

Izumi, H., M. Tsuda, Y. Sato, et al. 2015. Bovine milk exosomes contain microRNA and mRNA and are taken up by human macrophages [J]. J Dairy Sci, 98 (5): 2 920-2 933.

Izumi, H., N. Kosaka, T. Shimizu, et al. 2012. Bovine milk contains microRNA and messenger RNA that are stable under degradative conditions [J]. J Dairy Sci, 95 (9): 4 831-4 841.

Izumi, H., N. Kosaka, T. Shimizu, et al. 2013. Purification of RNA from milk whey [J]. Methods Mol Biol, 1024: 191-201.

Jaggi, R., A. Marti, K. Guo, et al. 1996. Regulation of a physiological apoptosis: mouse mammary involution [J]. J Dairy Sci, 79 (6): 1 074-1 084.

Jiao, B. L., X. L. Zhang, S. H. Wang, et al. 2019. MicroRNA-221 regulates proliferation of bovine mammary gland epithelial cells by targeting the STAT5a and IRS1 genes [J]. J Dairy Sci, 102 (1): 426-435.

Jin, W., J. R. Grant, P. Stothard, et al. 2009. Characterization of bovine miRNAs by sequencing and bioinformatics analysis [J]. BMC Mol Biol, 10: 90.

Ju, Z., Q. Jiang, G. Liu, et al. 2018. Solexa sequencing and custom microRNA chip reveal repertoire of microRNAs in mammary gland of bovine suffering from natural infectious mastitis [J]. Anim Genet, 49 (1): 3-18.

Kosaka, N., H. Izumi, K. Sekine, et al. 2010. microRNA as a new immune-regulatory agent in breast milk [J]. Silence, 1 (1): 7.

Lamote, I., E. Meyer, A. M. Massart-Leen, et al. 2004. Sex steroids and growth factors in the regulation of mammary gland proliferation, differentiation, and involution [J]. Steroids, 69 (3): 145-159.

Lee, R. C., R. L. Feinbaum, and V. Ambros. 1993. The C. elegans heterochronic gene lin-4 encodes small RNAs with antisense complementarity to lin-14 [J]. Cell, 75 (5): 843-854.

Li, H. M., C. M. Wang, Q. Z. Li, et al. 2012a. MiR-15a decreases bovine mammary epithelial cell viability and lactation and regulates growth hormone receptor expression [J]. Molecules, 17 (10): 12 037-12 048.

Li, M., X. Liu, G. Robinson, et al. 1997. Mammary-derived signals activate programmed cell death during the first stage of mammary gland involution [J]. Proc Natl Acad Sci USA, 94 (7): 3 425-3 430.

Li, Z., H. Liu, X. Jin, et al. 2012b. Expression profiles of microRNAs from lactating and non-lactating bovine mammary glands and identification of miRNA related to lactation [J]. BMC Genomics, 13: 731.

Li, Z., H. Zhang, N. Song, et al. 2014. Molecular cloning, characterization and expression of miR-15a-3p and miR-15b-3p in dairy cattle [J]. Mol Cell Probes, 28 (5-6): 255-258.

Long, J. E. and H. X. Chen. 2009. Identification and characteristics of cattle microRNAs by homology searching and small RNA cloning [J]. Biochem Genet, 47 (5-6): 329-343.

Lund, L. R., J. Romer, N. Thomasset, et al. 1996. Two distinct phases of apoptosis in mammary gland involution: proteinase-independent and-dependent pathways [J]. Development, 122 (1): 181-193.

Macias, H. and L. Hinck. 2012. Mammary gland development [J]. Wiley Interdiscip Rev Dev Biol, 1 (4): 533-557.

Marti, A., Z. Feng, H. J. Altermatt, et al. 1997. Milk accumulation triggers apoptosis of mammary epithelial cells [J]. Eur J Cell Biol, 73 (2): 158-165.

Modepalli, V., A. Kumar, L. A. Hinds, et al. 2014. Differential temporal expression of milk miRNA during the lactation cycle of the marsupial tammar wallaby (*Macropus eugenii*) [J]. BMC Genomics, 15: 1012.

Motyl, T., M. Gajewska, J. Zarzynska, et al. 2007. Regulation of autophagy in bovine mammary epithelial cells [J]. Autophagy, 3 (5): 484-486.

Oftedal, O. T. 2002a. The mammary gland and its origin during synapsid evolution [J]. J Mammary Gland Biol Neoplasia, 7 (3): 225-252.

Oftedal, O. T. 2002b. The origin of lactation as a water source for parchment-shelled eggs [J]. J Mammary Gland Biol Neoplasia, 7 (3): 253-266.

Prince, J. M., T. C. Klinowska, E. Marshman, et al. 2002. Cell-matrix interactions during development and apoptosis of the mouse mammary gland *in vivo* [J]. Dev Dyn, 223 (4): 497-516.

Quarrie, L. H., C. V. Addey, and C. J. Wilde. 1994. Local regulation of mammary apoptosis in the lactating goat [J]. Biochem Soc Trans, 22 (2): 178S.

Rejman, J. J., W. L. Hurley, and J. M. Bahr. 1989. Enzyme-linked immunosorbent assays of bovine lactoferrin and a 39-kilodalton protein found in mammary secretions during involution [J]. J Dairy Sci, 72 (2): 555-560.

Schams, D., S. Kohlenberg, W. Amselgruber, et al. 2003. Expression and localisation of oestrogen and progesterone receptors in the bovine mammary gland during development, function and involution [J]. J Endocrinol, 177 (2): 305-317.

Sdassi, N., L. Silveri, J. Laubier, et al. 2009. Identification and characterization of new miRNAs cloned from normal mouse mammary gland [J]. BMC Genomics, 10: 149.

Silveri, L., G. Tilly, J. L. Vilotte, et al. 2006. MicroRNA involvement in mammary gland development and breast cancer [J]. Reprod Nutr Dev, 46 (5): 549-556.

Simpson, K., D. Shaw, and K. Nicholas. 1998. Developmentally-regulated expression of a putative protease inhibitor gene in the lactating mammary gland of the tammar wallaby, Macropus eugenii [J]. Comp Biochem Physiol B Biochem Mol Biol, 120 (3): 535-541.

Stein, T., N. Salomonis, and B. A. Gusterson. 2007. Mammary gland involution as a multi-step process [J]. J Mammary Gland Biol Neoplasia, 12 (1): 25-35.

Strozzi, F., R. Mazza, R. Malinverni, et al. 2009. Annotation of 390 bovine miRNA genes by sequence similarity with other species [J]. Anim Genet, 40 (1): 125.

Tanaka, T., S. Haneda, K. Imakawa, et al. 2009. A microRNA, miR-101a, controls mammary gland development by regulating cyclooxygenase-2 expression [J]. Differentiation, 77 (2): 181-187.

Tripurani, S. K., C. Xiao, M. Salem, et al. 2010. Cloning and analysis of fetal ovary microRNAs in cattle [J]. Anim Reprod Sci, 120 (1-4): 16-22.

Ucar, A., V. Vafaizadeh, H. Jarry, et al. 2010. miR-212 and miR-132 are required for epithelial stromal interactions necessary for mouse mammary gland development [J]. Nat Genet, 42 (12): 1 101-1 108.

Vinther, J., M. M. Hedegaard, P. P. Gardner, et al. 2006. Identification of miRNA targets with stable isotope labeling by amino acids in cell culture [J]. Nucleic Acids Res, 34 (16): e107.

Wang, H., J. Luo, Z. Chen, et al. 2015. MicroRNA-24 can control triacylglycerol synthesis in goat mammary epithelial cells by targeting the fatty acid synthase gene [J]. J Dairy Sci,

98 (12): 9 001-9 014.

Wang, M., S. Moisa, M. J. Khan, et al. 2012. MicroRNA expression patterns in the bovine mammary gland are affected by stage of lactation [J]. J Dairy Sci, 95 (11): 6 529-6 535.

Wang, X. P., Z. M. Luoreng, L. S. Zan, et al. 2016. Expression patterns of miR-146a and miR-146b in mastitis infected dairy cattle [J]. Mol Cell Probes, 30 (5): 342-344.

Wang, X. P., Z. M. Luoreng, L. S. Zan, et al. 2017. Bovine miR-146a regulates inflammatory cytokines of bovine mammary epithelial cells via targeting the TRAF6 gene [J]. J Dairy Sci, 100 (9): 7 648-7 658.

Wärri, A., K. L. Cook, R. Hu, et al. 2018. Autophagy and unfolded protein response (UPR) regulate mammary gland involution by restraining apoptosis-driven irreversible changes [J]. Cell Death Discov, 4: 40.

Watson, C. J. and P. A. Kreuzaler. 2011. Remodeling mechanisms of the mammary gland during involution [J]. Int J Dev Biol, 55 (7-9): 757-762.

Wilde, C. J., C. H. Knight, and D. J. Flint. 1999. Control of milk secretion and apoptosis during mammary involution [J]. J Mammary Gland Biol Neoplasia, 4 (2): 129-136.

Williams, J. M. and C. W. Daniel. 1983. Mammary ductal elongation: differentiation of myoepithelium and basal lamina during branching morphogenesis [J]. Dev Biol, 97 (2): 274-290.

Yang, B., B. Jiao, W. Ge, et al. 2018. Transcriptome sequencing to detect the potential role of long non-coding RNAs in bovine mammary gland during the dry and lactation period [J]. BMC Genomics, 19 (1): 605.

Zarzynska, J., B. Gajkowska, U. Wojewodzka, et al. 2007. Apoptosis and autophagy in involuting bovine mammary gland is accompanied by up-regulation of TGF-beta1 and suppression of somatotropic pathway [J]. Pol J Vet Sci, 10 (1): 1-9.

Zarzynska, J., M. Gajewska, and T. Motyl. 2005. Effects of hormones and growth factors on TGF-beta1 expression in bovine mammary epithelial cells [J]. J Dairy Res, 72 (1): 39-48.

Zarzynska, J. and T. Motyl. 2008. Apoptosis and autophagy in involuting bovine mammary gland [J]. J Physiol Pharmacol, 59 Suppl, 9: 275-288.

Zhang, X., Z. Cheng, L. Wang, et al. 2019. MiR-21-3p Centric Regulatory Network in Dairy Cow Mammary Epithelial Cell Proliferation [J]. J Agric Food Chem, 67 (40): 11 137-11 147.

Zwick, R. K., M. C. Rudolph, B. A. Shook, et al. 2018. Adipocyte hypertrophy and lipid dynamics underlie mammary gland remodeling after lactation [J]. Nat Commun, 9 (1): 3 592.

第四章 奶牛乳腺泌乳相关 microRNA 研究

奶牛乳腺发育与泌乳是一个复杂的过程，受到众多调节因素的支配。在奶牛乳腺周而复始的发育与泌乳过程中，有大量的激素、细胞因子和营养素参与调节。其中，参与调节的主要激素有催乳素（Prolactin，PRL）、生长激素（Growth hormone，GH）、雌激素（Estrogen，E）、黄体酮（Progesterone，PG）、肾上腺皮质激素（Adrenocortical hormones，ACTH）、松弛素（Relaxin）、胰岛素（Insulin）等；而参与调节泌乳过程的细胞因子主要有胰岛素样生长因子（Insulin like growth factor，IGF）、表皮生长因子（Epidermal growth factor，EGF）、成纤维细胞生长因子（Fibroblast growth factor，FGF）、转化生长因子（Transforming growth factor，TGF）、瘦素（Leptin）、甲状旁腺素相关蛋白（Parathyroid hormone related protein，PTHrP）等；参与调节泌乳过程的主要营养素有氨基酸、脂肪酸、葡萄糖等。总之，乳腺发育和泌乳是一个受多方面、多层次调控的极其复杂的生物网络过程，这个过程由内分泌激素、生长因子以及营养物质等互相协同，共同调节。多年来，在遗传学、生理学及形态学水平上，乳腺的复杂调控得到了广泛的研究。miRNA 调控在乳腺发育过程至关重要。随着生物信息学的发展，miRNA 以其独特的调控模式和表达特性迅速成为生物学领域的研究热点。

一、奶牛乳腺泌乳特点

（一）奶牛乳腺泌乳期发育特点

奶牛乳腺是一个比较特殊的分泌器官，它主要的功能就是泌乳，泌乳是各种激素作用于已发育的乳腺而引起的。乳腺含有实质和间质，实质由乳腺叶组成，含有大量腺泡和导管。大多数动物的乳腺发育是在妊娠期完成的。分娩后乳腺开始泌乳，乳腺小叶内充满许多大的腺泡，腺泡腔内的分泌物以及结缔组织中的毛细血管逐渐增多，进入泌乳期。乳腺组织中的腺泡均由单层的乳腺上皮细胞组成，乳腺组织的分泌细胞——乳腺上皮细胞以血液中各种营养物质为原料，在细胞中生成乳汁后，分泌到腺泡腔中的过程，称为乳汁分泌。腺泡的表面包被有一层肌上皮细胞，因而可在血液催产素的刺激下产生收缩，使腺泡中的乳汁流入导管系统。腺泡腔中的乳汁，通过乳腺组织的管道系统，逐级汇集起来，最后经乳腺导管和乳头管流向体外，这一过程称为排乳；乳汁分泌和排乳这两个性质不同而又相互联系的过程称为泌乳。泌乳启动是指乳腺器官由非泌乳状态向泌乳状态转变的功能性变化过程，即乳腺上皮细胞由未分泌状态转变为分泌状态所经历的一系列细胞学变化的过程，这个过程通常出现在妊娠后期和分娩前后。产奶量在一个泌乳周期中呈现规律性变化。乳腺实质的发育过程中，将在脂肪垫上完成导管系统的生长、分支及部分生长调节物质合成和作用等过程。乳腺间质由脂肪垫、纤维结缔组织、脂肪组织、神经、淋巴管、血管等组成，起支持和保护腺体的作用。

奶牛妊娠周期为270~280天，乳腺进过青春期和妊娠期二次发育以适应产奶的需要；发育直至妊娠晚期，乳腺已基本发育成为一个完全分化成熟的器官，但乳腺的发育仍未停止，腺泡开始产生功能——具有泌乳活性。泌乳的成功需要至少3种不同事件：①产前的腺泡上皮细胞增殖；②这些细胞生化和结构分化；③乳成分的合成和分泌。实际上，奶牛妊娠中后期乳成分就开始合成即生乳第一阶段分泌性分化，分娩后乳汁大量分泌即生乳第二阶段分泌激活。妊娠晚期，奶牛乳腺泌乳功能启动，乳腺上皮细胞也具备合成和分泌乳汁的功能，乳腺开始泌乳。分娩时，乳汁的生成需要大量生理性变化相互协调，例如乳腺腺泡的适当发育、腺泡分泌细胞适时的生化和结构分化、所需物质的供应代谢调整、有规律的挤奶或吮吸都是必要的。泌乳周期是以乳汁开始分泌为开始标志，下一次生产后进入干奶期为其结束标志。根据奶牛的不同生理特性，一般将整个泌乳周期划分为6个阶段，即泌乳初期、泌乳盛期、泌乳中期、泌乳后期、干奶早期和干奶后期。

在泌乳初期16~120天，乳腺上皮细胞的功能分化到达极点时，细胞功能和形态高度极化，细胞之间紧密连接，泌乳期乳腺上皮细胞数目是决定乳产量的主要因素。随着泌乳时间增加，产后腺体首先经历进一步生长导致产后6~8周达到泌乳高峰，到达泌乳高峰期时奶牛产奶量一般会达到顶峰。顶峰过后，120~250天为泌乳中期，250天后为泌乳末期，其间产奶量缓慢下降。有研究显示，此时大部分腺体仍然分布有脂肪细胞，且一部分为多泡脂肪细胞，可能归因于腺泡上皮细胞利用脂肪动员形成完全的腺泡结构且一直保持到泌乳后期。牛等反刍动物妊娠干奶期乳汁仍可大量分泌乳汁，而其他动物没有这种现象。导致这一现象的原因可能由反刍动物乳腺生物学的独特差异决定的，也可能是激素或生长因子、抑制因子调节信号通路作用的结果，或者是种间差异决定的。但当奶牛产奶量无法满足经济成本的需求，最后大约在305天人工进行干奶。在干奶后，腺泡逐渐萎缩塌陷，逐步恢复到妊娠前的状态。腺体将要从结构、细胞更新、功能性等方面开始退化，这样完成一个循环即泌乳周期，随后另一个循环重新开始，即再次进入妊娠期和泌乳期。

（二）奶牛乳腺泌乳期细胞变化特点

乳腺作为哺乳动物特有、具有泌乳功能的器官，其发育及生理过程与其他器官不同，其功能性的发育主要是在雌性动物性成熟后的妊娠期迅速完成。乳腺是少数几个可以重复经历生长、功能分化和退化过程的器官之一，哺乳动物生殖周期中乳腺的功能性分化至关重要。乳腺的结构随着生殖周期呈现动态变化，是研究发育过程的理想组织。牛乳腺组织在泌乳期基本都是由上皮细胞组成（Baumrucker and Erondu，2000）。每一个泌乳循环周期乳腺组织都会发生显著的形态学变化，乳腺上皮细胞一般历经4个发育历程：乳腺上皮细胞在妊娠期激素调控下大量增殖；妊娠2个月时奶牛乳腺内导管分支大量增殖，腺泡芽大量形成；妊娠4个月至妊娠6个月，乳腺腺泡大小不一、形态各异，腺泡腔逐步扩大；随后形成结构近似小叶腺泡，这种结构是由乳腺上皮细胞侵入进四周的胞外基质形成的；乳腺上皮细胞功能性分化，乳腺上皮细胞在母牛妊娠后期至产仔前就已停止增殖，转为功能型分化状态，围产期时大量的小叶腺泡发育完全，小叶间和腺叶间的结缔组织隔膜都伸长和变薄，此阶段乳腺上皮细胞进入乳成分的形成、表达及分泌阶段，开始产生相对平稳的乳汁分泌，乳蛋白可持续表达；泌乳期乳腺小叶由大量具有张开腔结构的腺泡组成，这些腔状结构被结缔组织分隔，当乳腺上皮细胞分化进入终末端，其分泌功能发育完全，在泌乳过程中伴随着细胞凋亡、自噬等现象的发生，细胞数目减少伴有退化现象，组织重塑产生。

为了满足乳的合成和分泌的需要，排列在乳腺腺泡周围的乳腺上皮细胞需要经历一系列超微结构重塑。腺泡上皮细胞具有极性，标志着细胞已处于完全分化状态：细胞核向基底外侧移动，粗面内质网（Roughendoplasmic reticulum，RER）和高尔基体（Golgi apparatus）发育，大脂滴和小脂滴形成；随着发育分化的进行，细胞向完全分泌状态转变，此过程伴随着圆形细胞核和已发育粗面内质网向基底区域迁移，致密高尔基体、分泌囊泡分布倾向于细胞顶端区域，两个区域逐渐形成隔离。一旦腺泡上皮细胞分化出现极化，围绕细胞顶端部分的紧密连接复合物形成紧密连接屏障——血乳屏障。这个屏障也分割了转运蛋白的分布，分泌细胞通过分布于基底层的氨基酸转运蛋白、葡萄糖转运蛋白等分子调控对乳合成前体物质的摄取和吸收，以及乳成分自细胞顶端分泌到腺泡腔的方向性。乳合成和分泌过程中乳腺上皮细胞结构与功能改变、超微结构变化及其与生物合成和最终乳成分分泌的协调主要受 PRL 和糖皮质激素等的刺激作用以及去除 PG 的调控（详见下一章）。

高媛媛等（2013）将奶牛泌乳启动分为两个阶段。第一阶段开始于产前数周，特征为乳腺组织分化并逐步出现分泌活动；第二阶段自分娩至产后数天，特征为腺泡细胞紧密连接关闭并开始分泌初乳和乳汁。该团队在基因水平上研究发现，奶牛泌乳启动第一阶段，即产前 7 天与产前 35 天相比，乳腺细胞增殖，部分乳蛋白和免疫球蛋白表达上调，柠檬酸循环相关酶蛋白表达上调，细胞外基质减少，免疫相关基因表达下调，糖酵解相关酶蛋白表达降低。表明泌乳发动是通过增强细胞增殖、合成代谢以及抑制免疫反应、细胞外基质基因表达等来实现的。产后 3 天与产前 7 天相比，免疫相关基因表达上调，部分乳蛋白表达上调，细胞周期相关基因表达下调。蛋白组和转录组的关联分析表明，差异蛋白和差异基因呈正相关。而参与翻译过程、葡萄糖代谢和电子传递等过程的基因只在蛋白水平差异表达，在转录水平没有差异，这说明这类基因可能存在转录后调控机制或翻译调控机制。

（三）乳汁的合成与分泌

乳的成分直接或间接来自血液，目前已知反刍动物乳腺上皮细胞将血液中各种营养成分经过加工或直接利用形成相应的乳成分，分泌形成乳汁。奶牛乳汁分泌成分受饲喂、产仔年龄、产仔胎次、产仔季节及个体特性等因素影响。泌乳机能分为两个阶段，第一阶段开始在妊娠中期在形态学上可观察到腺泡上皮细胞内有大量脂滴，主要是由于该阶段已处于泌乳的准备阶段，乳清蛋白、β-酪蛋白等乳蛋白基因持续表达，合成增加。第二阶段处于分娩前后，β-酪蛋白、乳清蛋白等持续表达升高，而此时的腺泡上皮细胞排布更为紧密，乳腺上皮细胞中的酪蛋白及脂滴开始分泌，从腺泡上皮细胞分泌至腺泡腔内（Neville and Morton，2001，Neville et al.，2002）。

1. 乳的主要成分

牛乳的主要成分有水分（约87%），其余为固体物质（约13%），固体物质中包括乳蛋白（27%）、乳脂肪（30%）、乳糖（37%）、无机盐类和维生素等（6%）。酪蛋白（Casein）是乳中的主要蛋白质成分，甘油三酯（Triglycerides, TG）是乳中的主要脂类成分，主要糖类成分为乳糖（Lactose）。无机盐主要有 Na^+、K^+、Ca^{2+}、Mg^{2+}、Fe^{2+}、Cl^-、磷酸盐等。在产仔后 3~5 天所产的乳是初乳，初乳期过后称为常乳，初乳中干物质较高，显著高于常乳，牛初乳乳蛋白含量约20%，在其他哺乳动物中初乳的乳蛋白含量也高于常乳。泌乳初期牛奶中含有较多高浓缩干物质是为了满足幼崽对营养特别的需求。比如，幼崽出生后前几天所吸收大量的蛋白质主要来自乳中的免疫球蛋白。一般来说，奶牛牛乳中的脂肪含量在 3.0%~5.5%，蛋白质含量在 3.0%~3.8%，乳糖含量为 4.0%~4.8%。不同物种乳蛋白含量差异较大，变化程度仅次于乳脂含量，波动范围在 1%~14%。乳中的成分物种间存在很大差异，最不稳定的主要乳成分是乳中的脂含量。

2. 乳蛋白

牛乳的主要成分是乳蛋白、乳脂、乳糖和干物质，其中乳蛋白是最重要的成分，已成为衡量牛乳质量的重要指标，只有在乳腺上皮细胞内才能合成乳蛋白。乳蛋白的基因表达特异性极强，乳蛋白的合成发生在分娩之前和之后的泌乳期，在乳腺上皮细胞是唯一合成场所，且合成量大。牛乳中总蛋白质含量高达3%~4%，是人乳中的蛋白质含量的3倍（Phipps et al., 2000）。牛乳中乳蛋白合成主要是靠吸收血液中的氨基酸，在乳腺中从头合成（Cunningham et al., 1996）。乳腺是乳蛋白合成的主要场所，90%以上由乳腺合成的蛋白质会被分泌到细胞外，其过程是：起初乳蛋白在附着在粗面内质网的核糖体上合成，通过信号肽传递至内质网腔，经高尔基体和内质网的糖基化和磷酸化修饰后通过分泌泡转送至上皮细胞膜，最终通过胞吐分泌到腺泡腔。

酪蛋白、乳清蛋白和微量蛋白是乳中的主要蛋白质。乳蛋白中含量高达80%是酪蛋白（α-酪蛋白、β-酪蛋白、κ-酪蛋白和γ-酪蛋白）。酪蛋白是一种磷酸化蛋白，是由乳腺上皮细胞合成的，牛乳中的β-酪蛋白占酪蛋白总量的48%，β-酪蛋白的合成及分泌是鉴定奶牛乳腺上皮细胞的标志（Kumura et al., 2001），而酪蛋白也是研究激素对乳腺细胞分泌作用的标志（王治国等，2007）。乳清蛋白（Whey protein）包括血清白蛋白、乳铁蛋白、免疫球蛋白、α-乳清蛋白、β-乳球蛋白等。乳腺利用氨基酸合成酪蛋白和其他乳蛋白，牛乳中90%以上的乳蛋白是乳腺上皮细胞摄取来自血液中的氨基酸为原料合成的，而另外一小部分非游离氨基酸则以肽的形式参与合成。乳蛋白免疫球蛋白可以直接从血液中吸收摄取。新出生牛通过牛初乳可以提高免疫力，原因是母乳中含有免疫球蛋白，除此之外还含有一些具有抑菌作用的物质比如溶菌酶、过氧化物酶、乳铁蛋白等。

3. 乳脂

牛乳中另一个营养重要指标是乳脂，乳脂弥散分布在均质化乳中。乳中约一半乳脂来自奶牛日粮饮食或者体脂动员获得，其余乳脂来自乳腺上皮细胞中从头合成脂肪酸。牛乳中的脂肪酸含量占牛乳总重的4%左右，种类繁多，主要存在于乳腺上皮细胞分泌的乳脂球中。脂肪酸的具体组成易受奶牛品种、饲养管理条件和日粮成分组成等各种因素的影响（Mansson，2008）。TG是乳脂中主要成分，是新生儿能量重要来源，在乳脂质中质量百分比约占98%，其中约95%是脂肪酸（Fatty acid，FA）；其余部分为0.25%~0.48%的二酰甘油、0.02%~0.04%的单酰甘油、0.2%~0.4%的胆固醇，以及酯化、非酯化脂肪酸约0.1%~0.4%、0.6%~1.0%磷脂、0.006%糖。牛乳中大约含有400种不同的脂肪酸，乳脂中70%的脂肪酸为饱和脂肪酸（Saturated fatty acid，SFA），在SFA中棕榈酸（16∶0）占到了乳脂成分的30%，其次为豆蔻酸（C14∶0）和硬脂酸（C18∶0）（MacGibbon和Taylor M，2006）。在不饱和脂肪酸（Unsaturated fatty acid，UFA）中，单不饱和脂肪酸（Monounsaturated fatty acid，MUFA）占乳脂的25%左右，其中油酸（C18∶1）是最主要的单不饱和脂肪酸。其余多不饱和脂肪酸（Polyunsaturated fatty acid，PUFA）只占乳脂的5%，含量最高的为亚油酸（Linoleic acid，C18∶2）和α-亚麻酸（α-linolenic acid，C18∶3）。

牛乳中脂肪主要是直接由乳腺细胞合成的，少于16个碳原子的短链脂肪酸。乳脂肪合成有2种途径：一是乳腺从血液摄取脂肪酸，一些游离的长链脂肪酸可以直接从血液进入乳腺上皮细胞，形成长链脂肪酸（≥C18）（Odongo NE等，2007）；二是乳腺依靠乙酸和β-羟丁酸进行原位合成，主要形成短、中链脂肪酸（C4∶0~C16∶0）。乙酸等作为脂肪酸合成的重要前体是通过基底外侧膜被乳腺细胞吸收的。此外，已形成的脂肪酸、甘油和单酰基甘油也是通过基底外侧膜进入腺泡上皮细胞。所有这些成分都参与乳汁中甘油三酯的合成。Bionaz等（Bionaz and Loor，2008）提出的牛乳腺脂肪合成模式图认为，内源性长链脂肪酸的转运主要依赖低密度脂蛋白（Low density lipoprotein，

LDL）和极低密度脂蛋白受体（Very low density lipoprotein receptor，VLDLR）的协同作用，水解 VLDL-TG 为脂肪酸，或通过 CD36 进入乳腺细胞，由长链脂酰辅酶 A 合成酶（Long chain acyl coenzyme A synthetase，ACSL）和乙酰辅酶 A 合成酶（Acetyl coenzyme A synthetase，ACSS）激活，在脂肪酸结合蛋白（Fatty acid-binding protein，FABP）的作用下进入内质网，然后合成 TG 进入内质网膜的小叶形成脂肪滴，体积逐渐增大，并在向质膜转运的过程中包被多种蛋白，黄嘌呤脱氢酶（Xanthine dehydrogenase，XDH）、脂肪分化相关蛋白（Adipose differentiation-related protein，ADFP）、嗜乳脂蛋白亚家族 1 成员 A1（Member A1 of lactolipophilic subfamily 1，BTN1A）协助其分泌到腺泡中。以乙酸和丙酸（反刍）或葡萄糖（单胃）为原料，在乙酰辅酶 A 羧化酶（Acetyl-CoA carboxylase，ACC）和脂肪酸合成酶（Fatty acid synthase，FASN）作用下，合成脂肪酸；一些脂肪酸在硬脂酰辅酶 A 去饱和酶（Stearoyl coenzyme A desaturase，SCD）和长链脂肪酸脱氢酶作用下生成不饱和脂肪酸。

4. 乳糖

乳糖是乳中主要的糖类，在大多数的动物乳中均存在，乳糖仅由乳腺产生，是乳腺中特有的糖类物质，可通过改变牛乳渗透压而直接影响产奶量，同时影响牛乳的品质（孙晓旭等，2013）。不同动物乳中乳糖含量有差异，乳糖含量一般从微量到 7% 不等。在自然界中存在 α-乳糖和 β-乳糖两种乳糖异构体，α-乳糖结晶形式存在低于 93℃，β-乳糖高于 93℃时以结晶形式存在（李庆章等，2014）。

奶牛乳腺中没有 6-磷酸葡萄糖酯酶，必须从细胞外摄取葡萄糖。乳腺合成乳糖是以葡萄糖为原料，第一步在乳腺中先合成半乳糖，再与葡萄糖结合成乳糖。在奶牛乳腺上皮细胞内的葡萄糖可通过细胞膜上的相应转运载体进行跨膜转运，之后被乳腺上皮细胞吸收。乳糖合成底物葡萄糖，可作为细胞各项生理、生化反应的能量来源以及某些脂肪、蛋白等的中间代谢产物，因此，葡萄糖的正常供应是机体生命活动的保证。对奶牛而言，葡萄糖主要通过肝脏和肾脏糖异生途径产生，在体内的代谢模式有其独特的特点。泌乳期间，奶牛的葡萄糖的需求大量增加，一般认为这些变化受到机体泌乳相关激素调控。孙晓旭（2013）研究发现，向培养液中添加 12mmol/L 葡萄糖，可显著增加体外培养的奶牛乳腺上皮细胞的增殖能力和活力，并可通过上调丝氨酸苏氨酸激酶（Serine threonine kinases，AKT 1）和葡萄糖转运蛋白 1（Glucose transporter 1，GLUT1）基因的 mRNA 和蛋白表达水平，从而增加奶牛乳腺上皮细胞内合成乳糖的含量。

二、奶牛乳腺泌乳相关 microRNA 研究

大量的研究表明，miRNA 在奶牛乳腺发育以及泌乳进程中发挥着重要调节作用。miRNA 对奶牛乳腺泌乳的调节作用，主要在于 miRNA 可调节乳成分物质在乳腺上皮细胞中合成过程的关键基因。

（一）高通量分析奶牛乳腺泌乳相关 microRNA

乳用动物作为重要的乳产品来源动物，其乳腺发育和泌乳过程中 miRNA 表达也存在着差异。利用表达谱芯片、非编码 RNA 芯片或测序等高通量方法，可大量获得奶牛乳腺泌乳相关 miRNA 数据，有利于理解奶牛乳腺泌乳的生物学功能，miRNA 的表达差异检测分析是研究泌乳机理的重要步骤。

王学辉等（2017）应用高品质、低品质和干奶期 3 种不同产奶期、产奶量的荷斯坦奶牛乳腺组织为实验材料，应用高通量测序技术，分别建立不同品质奶牛乳腺组织中非编码 RNA 表达文库，继而鉴定并筛选参与奶牛乳品质调控的 miRNA 与 lncRNA，并应用生物信息学技术联合 lncRNA、miRNA、mRNA 分析数据，建立调控乳品质的网络。该团队研究发现，高乳品质组分别与低乳品质组、干乳期组相比，差异表达的 miRNA 交集有 25 个，这些 miRNA 很有可能在奶牛乳腺发育泌乳过程中发挥核心调控的作用，通过功能分析其中 miR-138、miR-296-3p、miR-20b、miR-106a、miR-135a、miR-503-5p、miR-433、miR-543、miR-370 可以通过靶基因参与乳腺上皮细胞增殖、乳腺导管和腺泡的发育等功能，影响泌乳。通过对高乳品质组与低乳品质组组间差异表达的 miRNA 和 mRNA 的联合分析，获得部分 miRNA 与 mRNA 的负调控靶向关系。功能分析结果显示 miR-214、miR-154b、miR-9-5p、miR-2888 等 38 个 miRNA 与乳品质的差异有关，提示其对乳品质的调控作用。此外，结果中筛选出参与乳腺结构发育及泌乳功能相关的 52 个基因，这 52 个基因与 miR-138、miR-296-3p、miR-20b、miR-106a、miR-135a、miR-503-5p、miR-433、miR-543、miR-370 存在潜在靶向关系（图 4-1）。通过结合这些 miRNA 与 253 个负调控靶基因信息，从结果得知激酶插入区受体（Kinase insert domain receptor，KDR）与 miR-424-5p、miR-450b，胰岛素样生长因子 2（Insulin like growth factor 2，IGF2）与 miR-409、miR-9-5p、miR-182、miR-31，胰岛素受体底物 1（Insulin receptor substrate-1，IRS1）与 miR-214、miR-424-5p 和 miR-154b，TGFβ3 与 bta-miR-2888，固醇调节元件结合蛋白 1（Sterol regulatory element binding protein 1, SREBP1)与 bta-miR-154b,果糖-2,6-二磷酸酶 3（Fructose-2,6-Biphosphatase 3,PFKFB3）与 bta-miR-2888,磷酸烯醇式丙酮酸羧激酶 2（Phosphoenolpyruvate carboxykinase 2,PCK2）与 bta-miR-382 存在调控关系,后者通过对前者的靶向抑制,通过相应的信号通路调控奶牛泌乳过程中乳蛋白和乳脂的合成。

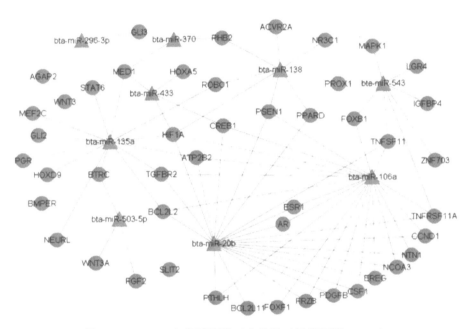

图 4-1 miRNA 与靶基因的对应关系（王学辉等,2017）

金晶等（2016）以泌乳期高乳品质实验组（H）和泌乳期低乳品质实验组（L）中国荷斯坦奶牛乳腺作为实验材料,应用 small RNA 测序（small RNA-seq）技术结合 RNA 交联免疫沉淀测序（CLIP-Seq）技术研究和鉴定与乳品质相关的 miRNA 和它们调控的关键靶基因。结果显示 56 个 miRNA 在不同乳品质奶牛组织差异表达；应用生物信息学方法对差异表达 miRNA 进行靶基因预测并对靶基因进行 GO 和信号通路富集分析,结果发现 4 个已报道的与乳蛋白、乳脂肪合成紧密相关的 miRNA 调控的靶基因,包括 κ-酪蛋白编码基因（Casein 3,CSN3）、SCD、乳清蛋白编码（Lactalbumin,LALBA）基因和二酰甘油酰基转移酶 2（Diacylgycerol acyltransferase 2,DGAT2）。预测 miRNA 靶基因聚集的生物学功能多数参与蛋白质和脂肪代谢、乳腺发育分化和免疫功能,这些靶基因主要富集在 MAPK 信号通路、甘油磷酸脂代谢、缺氧诱导因子 1（Hypoxia inducible factor-1，HIF-1）和 PI3K-AKT 信号转导通路。结果提示调控乳品质的 miRNA 主要通过靶向糖代谢、脂肪代谢、蛋白质代谢、细胞凋亡以及免疫相关通路的基因而发挥作用。应用 RNA 结合蛋白免疫共沉淀技术和 CLIP-Seq 技术进行分析，实验获得 81 个由 miRNA 调控的差异表达靶基因，同时对 81 个 miRNA 调控的差异表达靶基因进行 GO 分析和通路分析，结果显示这些基因主要参与蛋白质代谢、脂肪代谢、乳腺发育等生物过程。将生物信息靶基因分析结果和验证实验结果进行整合分析，共筛选到 26 个交集靶基因，发现 bta-miR-423-3p、bta-miR-2449、bta-miR-2378、bta-miR-2382*、bta-miR-3604 和 bta-miR-324 调控包括 FABP3、TGFβ3、电压依赖性 T 型钙通道 α1G 亚单位（Calcium channelvoltage-dependent T type alpha 1G subunit，CACNA1G）、酰基辅酶 A 合成酶中链家族成员 1（Acyl coenzyme A synthetase medium chain family，member 1，ACSM1）、谷胱甘肽合成酶（Glutathione synthetase，GSS）和富含亮氨酸软骨蛋白（Leucine rich cartilage protein，CHAD）在内的 6 个靶基因，这些靶基因是乳蛋白与乳脂代谢重要候选基因，参与了脂肪代谢通路、MAPK 信号通路、PI3K-AKT 信号通路、过氧化物酶体增殖物激活受体（Peroxisome proliferator activated receptor，PPAR）信号通路、TGFβ 信号通路和半胱氨酸与蛋氨酸代谢。FABP3 和 ACSM1 都被 bta-miR-3604 调控，TGFβ3 被多个 miRNA 如 miR-423-3p、miR-2449 和 miR-2378 调控，此外，miR-2378 还调控 GSS，CACNA1G 被 bta-miR-2382*调控，CHAD 被 bta-miR-324 调控，表明 miRNA 在泌乳和乳品质形成调控方面发挥重要作用。

为了研究奶牛乳腺在泌乳期差异表达的 miRNA，Li 等（Li et al.，2012b）进行了大量的测序分析，结果发现，泌乳期与非泌乳期相比，共筛选出 226 个差异表达的 miRNA，在泌乳期中上调表达的有 120 个；进一步研究发现 16 个泌乳关键基因与 37 个差异表达的 miRNA 相关，主要与乳汁合成及乳成分调控有关。Li 等（Li et al.，2012b）利用高通量测序和基因芯片技术研究泌乳期和非泌乳期空怀奶牛乳腺组织 miRNA 的差异表达，发现泌乳期有 56 个 miRNA 的表达量与非泌乳期存在显著差异。此外，Wang 等（Wang et al.，2012）对泌乳阶段奶牛乳腺 miRNA 表达变化也进行了深入研究，研究检测了参与细胞增殖、脂肪代谢和先天免疫相关的特征性 miRNA（miR-10a、miR-15b、miR-16、miR-21、miR-31、miR-33b、miR-145、miR-146b、miR-155、miR-181a、miR-205、miR-221 和 miR-223），发现除 miR-31 外，其余 miRNA 在泌乳期乳腺组织中的表达显著高于干奶期,比如 miR-221、miR-33b、miR-31 等,提示 miRNA 对相关功能基因的调控与泌乳阶段有关;miR-221 在泌乳 30 天时高表达,提示其对内皮细胞增殖扩散及血管再生可能具有一定的调控作用;同时,抑制细胞周期蛋白表达的 miR-31 在泌乳高峰期表达也显著高于干奶期;另外,miR-33b 在泌乳期的高表达提示其可能对乳腺组织中的脂肪生长具有一定的控制作用。

水牛是热带亚热带地区重要的产奶动物,水牛乳占世界牛乳供给量的 5% 以上。水牛乳的乳脂率和乳蛋白含量是荷斯坦奶牛的 2.22 和 1.72 倍。蔡小艳等(2016)首次对水牛泌乳期和非泌乳期乳腺组织中 miRNA 的表达谱和作用进行了研究:该团队采集水牛泌乳高峰期和非泌乳期(干奶期)乳腺样本,利用 Solexa 高通量测序技术构建了水牛泌乳期以及非泌乳期乳腺组织的 miRNA 表达谱(图 4-2),并对泌乳相关 miRNA 进行了 PCR 验证。研究发现,非泌乳期主要表达的有 bbu-miR-148a、bbu-let-7b、bbu-let-7a、bbu-miR-21、bbu-miR-143、bbu-miR-200c、bbu-miR-26a、bbu-miR-200a 和 bbu-1et-7f,组成了总已知 miRNA 序列的 53.8%,每种 miRNA 读数大于 20 000,表明它们是非泌乳期组织中高丰度表达 miRNA。比较 2 个样品组,bbu-miR-148a、bbu-miR-143、bbu-miR-200a、bbu-miR-141 和 bbu-miR-30a-5p 等这些 miRNA 在泌乳期的表达量下降到非泌乳期的一半以下。而另外一些 miRNA,如 bbu-miR-26a、bbu-miR-29a、bbu-miR-125b、bbu-let-7c 和 bbu-miR-99a 在泌乳期比非泌乳期表现出 2 倍或 2 倍以上的表达丰度。采用 KEGG 数据库对 20 个差异的高表达 miRNA 的预测靶基因进行了功能注释和分类。结果表明,109 个预测的靶基因都被标记在丝裂原活化蛋白激酶(Mitogen-activated protein kinase,MAPK)信号通路,其他重要途径包括 Janus 激酶/信号转导与转录激活子(Janus kinase/Signal transducer and activator of transcription,JAK/STAT)、PRL 信号转导和 INS 信号通路,涉及乳糖代谢和奶生产性能调控。此外,研究验证了 miR-103 和新发现的 miRNA novel-miR-57 在泌乳中的功能。

bta-miR-103 是一个目前研究较多的乳腺 miRNA,它包括由不同染色体加工而来的 bta-miR-103-1 和 bta-miR-103-2,具有相同的成熟序列,bta-miR-103-1 由 20 号染色体的 189857-189928 [-] sense ENSBTAT00000015780 位点泛酸激酶 3-201(Pantothenate kinase 3,PANK 3)第 5 个内含子转录而来,miR-103 通过作用靶基因 PANK3 对奶山羊的乳脂代谢起重要作用(Lin X 等,2013)。PANK3 是水牛 miR-103 作用的靶基因。过表达 miR-103 可下调 PANK3 表达,并显著提高固醇调节元件结合蛋白-1c(Sterol-regulatory element

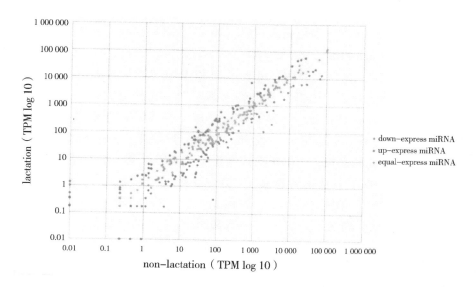

图 4-2　水牛乳腺组织泌乳和非泌乳期 miRNA 表达的比较（蔡小艳等，2016）
lactation，泌乳期；non-lactation，非泌乳期；down-express miRNA，下调表达的 miRNA；up-express miRNA，上调表达的 miRNA；equal-express miRNA，表达变化不显著的 miRNA

binding proteins 1c，SREBP1c）和乙酰辅酶 A 羧化酶 1（Acetyl-CoA carboxylase 1，ACACA）的表达。bbu-miR-103 主要作用基因范围从脂肪酸从头合成开始、延伸至 TG 合成、乳脂合成和分泌以及脂肪酸吸收为止，对乳脂后续的转运代谢无较大影响。水牛乳腺细胞中添加 novel-miR-57 后能显著促进对接蛋白 4（Docking protein 4，DOK4）基因表达（$P<0.01$），而 novel-miR-57 inhibitor 能显著抑制 DOK4 基因表达（$P<0.01$）。novel-miR-57 能够调节 DOK4 基因的表达，与水牛乳腺上皮细胞的分化有关，最终对泌乳代谢通路产生作用。

（二）microRNA 对奶牛泌乳的影响

miRNA 在乳腺组织发育和泌乳的各个阶段起着重要作用，但其具体调控机理尚处于研究阶段，探索 miRNA 对正常乳腺发育和泌乳的调控具有重要意义，对其深入研究将进一步揭示乳腺发育及泌乳的机理，为提高乳品的产量和质量提供新途径和新思路。

1. miR-148/miR-152 家族

miR-148/miR-152 家族主要包括 miR-152、miR-148a 及 miR-148b。成熟

的 miR-148a、miR-148b 和 miR-152 的长度约 21~22nt，它们相同的种子序列为 UCAGUGCA，该序列也多是 miR-148/miR-152 家族与其靶基因相互作用的直接结合位点（Chen et al.，2013）。

王杰等（2014）在高乳品质、低乳品质和干奶期奶牛乳腺组织中，应用 qRT-PCR 方法检测发现，与低乳品质和干奶期奶牛乳腺组织相比，高乳品质奶牛乳腺组织中 miR-152 表达量最高（$P<0.05$），且显著高于低乳品质以及干奶期的奶牛乳腺组织。以 miR-152 为研究对象，以奶牛乳腺上皮细胞（Dairy cow mammary epithelial cells，DCMECs）为模型，采用双荧光素酶报告基因检测方法分析，发现 DNA 甲基化转移酶 1（DNA methyltransferase 1，DNMT1）是 miR-152 的靶基因，miR-152 能与 DNMT1mRNA 的 3′-UTR 区域互补结合，抑制其蛋白表达，从而降低了乳腺上皮细胞基因组 DNA 的甲基化水平和甲基转移酶的活力。过表达 miR-152 时，STAT5、转录因子 E47 类因子 5（E47-like factor 5，ELF5）、AKT1、哺乳动物雷帕霉素靶蛋白（Mammalian target of rapamycin，mTOR）、核糖体 S6 蛋白激酶 1（Ribosomal S6 protein kinase 1，S6K1）、SREBP1、PPARγ、葡萄糖转运蛋白 1（Glucose transporter 1，GLUT1）、细胞周期蛋白 1（Cyclin D1，CCND1）表达量均上升，4EBP1 表达量下降；抑制内源性 miR-152 表达时，结果相反。推测 miR-152 通过调节 DNMT1 的表达，进而调节上述与乳蛋白、乳糖和乳脂分泌相关的泌乳信号通路分子。miR-152 可以提高细胞的活力及促进细胞增殖；miR-152 促进奶牛乳腺上皮细胞 β-酪蛋白、乳糖和和 TG 的合成。此外，miR-152 过表达可诱导 DNMT1 表达抑制，使去甲基作用显著增强，进而使泌乳信号通路关键基因的表达上调，通过对泌乳信号转导通路 JAK2-STAT5 和 PI3K-AKT 的正向调节从而使细胞内 β-酪蛋白、甘油三酯以及乳糖的表达水平增高。

王杰等（2014）还发现在奶牛乳腺上皮细胞中 miR-152 通过抑制细胞因子信号传导抑制蛋白-3（Cytokine signaling inhibitor-3，SOCS3）蛋白表达，促进 p-STAT5 蛋白的表达；同时也促进 p-mTOR、S6K1、Cyclin D1 蛋白表达，进而促进乳蛋白合成。miR-152 对奶牛乳腺上皮细胞的增殖、分化作用及乳腺发育、泌乳及退化作用可能通过调控 p-STAT5、p-mTOR、S6K1、Cyclin D1 信号转导分子而实现。与之前的研究相符，说明 bta-miR-152 可能在奶牛乳腺上皮细胞泌乳过程中通过构成调控网络，实现对乳成分的调控作用。

也有文献报道，miR-148a 在早产儿母乳中的表达高于足月初乳，miR-148a 在早产儿初乳中的表达最高，在脱脂和脂肪组分中的表达显著高于其他

miRNA（miR-320、miR-374）。DNMT1 是 miR-148a 的靶基因。miR-148a 在体外培养乳腺细胞中表达上调，导致其靶基因 FASN1 和 DNMT1 的表达降低，推测可能与乳成分合成及免疫功能有关（Reif S and Elbaum Shiff Y，2019）。

成熟的 miR-148b 长度为 22 nt，同样具有种子序列为 UCAGUGCA。蒋磊（2017）通过荧光定量 PCR 方法检测了不同品质奶牛乳腺中 miR-148b 表达情况：与低乳品质奶牛乳腺中相比，在高乳品质奶牛乳腺组织中 miR-148b 的表达显著增高，qRT-PCR 验证结果与 small RNA 测序中 miR-148b 表达趋势相同。推测 miR-148b 有可能参与调节奶牛乳腺泌乳，在乳腺乳成分的生成以及乳产量调控过程中可能发挥着重要的生物学作用。

miR-148/miR-152 家族很可能在奶牛乳腺泌乳过程中，调控了一系列相同靶基因从而对泌乳过程及乳成分起到调控作用。

2. miR-142

对于 miR-142 的研究，早先来源于 Kosaka N 等（Kosaka et al.，2010）文献报道，miR-142-5p 以及 miR-142-3p 是造血细胞特有的 miRNA。在小鼠乳腺中研究 miRNA 发现，miR-142-3p 能够调控小鼠乳腺的发育及泌乳的周期性变化（李慧明，2013）。研究验证了小鼠 PRLR 可以作为 miR-142-3p 的靶基因对小鼠乳腺泌乳进行调控。于蕾等（2015）首次在奶牛乳腺中报道了 bta-miR-142 的功能：miR-142-3p 在不同乳品质的奶牛乳腺组织中均有表达，但相比于处于泌乳期高乳品质和干奶期乳腺组织，泌乳期低乳品质奶牛乳腺组织中的表达量最高，提示 miR-142-3p 在调控奶牛乳腺的泌乳功能上起到一定作用。在奶牛乳腺上皮细胞中，miR-142-3p 作用于靶基因 PRLR 并下调其 mRNA 水平和蛋白表达水平；miR-142-3p 可抑制乳蛋白和乳脂合成的信号转导通路，负调泌乳合成相关通路蛋白 STAT5、AKT1、mTOR、MAPK、SREBP 1、Cyclin D1 的表达，并通过作用于一系列相关信号通路从而抑制奶牛乳腺上皮细胞的增殖能力，促进细胞凋亡，抑制 β-酪蛋白和乳脂分泌，但对乳糖调节作用不明显，对奶牛乳腺上皮细胞泌乳功能具有调控作用。miR-142-3p 可通过介导 PRLR 调控 JAK2-STAT5 和 AKT 等泌乳信号转导通路负向调控 β-酪蛋白、乳脂合成，从而参与调控奶牛乳腺上皮细胞泌乳功能。

3. miR-138

miR-138 已知能通过调节 STAT5 和 MAPK 来抑制 PRLR 蛋白翻译，从而抑制小鼠乳腺上皮细胞生长和增殖。Li 等（Li et al.，2012b）通过深度测序数据分析经过筛选，检测到在牛乳腺组织中 bta-miR-138 在泌乳期表达量较非泌乳期显著增高，提示在泌乳过程中发挥作用，其有 5 个与泌乳有关的预测靶基因，包括 3′-磷酸腺苷 5′-磷酸硫酸盐转运体（3′-phosphoadenosine 5′-phosphosulfate transporter，SLC35B2）、瞬时受体电位通道蛋白 4（Transient receptor potential channel protein 4，CABP4）、G 蛋白偶联受体（G protein coupled receptor，GPR）、丝裂原活化蛋白激酶活化的蛋白激酶（Mitogen activated protein kinase activated protein kinase，MAPKAP）和 PRLR。在这些预测的靶点中，miR-138 通过调节 STAT5 和 MAPK 来抑制 PRLR 蛋白的翻译，从而抑制 PRLR 蛋白的表达和活性。

4. miR-139

孙霞等（2015）通过检测 miR-139 在不同发育阶段及不同乳品质奶牛乳腺组织中的表达研究发现，干奶期奶牛乳腺组织中的 miR-139 显著高于泌乳期；泌乳期高乳品质奶牛乳腺组织中 miR-139 显著高于低乳品质奶牛。研究发现奶牛乳腺上皮细胞中，miR-139 能够抑制 GHR 和 IGF-1R 的表达，说明 miR-139 可以靶向作用 GHR 和 IGF-1R（Cui et al.，2017）。对其下游分子研究发现，miR-139 过表达能显著下调奶牛乳腺上皮细胞中 STAT5、p-STAT5、PPARγ、SREBP1、Cyclin D1、p70S6K、p-p70S6K、AKT1、p-AKT1、mTOR、p-mTOR 蛋白的表达，miR-139 抑制实验则表现出相反结果。说明 miR-139 能通过调节其靶基因 GHR 和 IGF-1R 进而调节泌乳相关信号通路蛋白的表达。同时，miR-139 过表达显著抑制奶牛乳腺上皮细胞活力、增殖能力以及 β-酪蛋白、TG 和乳糖的合成；miR-139 抑制实验则表现出相反结果。研究表明 GHR 是 miR-139 的靶基因；另一方面说明 miR-139 的另一个靶基因 IGF-1R 的表达和作用同时受到 GHR 的调节，在乳腺泌乳过程中可能发挥重要的调节作用。

5. miR-200

miR-200 家族主要由 miR-200a、miR-200b、miR-200c、miR-429 和 miR-141 组成，根据它们在染色体上位置的不同，miR-200 家族成员分为 miR-200b/a/429 簇与 miR-200c/141 簇。

张犁苹等（2013）研究发现，与干奶期乳腺组织相比，奶山羊泌乳中期 miR-200 家族表达量显著增加，推测其在乳蛋白、乳脂的合成中也具有重要的调控作用。金晶等（2016）通过 small RNA 测序发现，miR-200b 在不同乳品质的奶牛乳腺中的表达量差异显著，推测其可能参与奶牛乳腺乳成分合成的调控。

边艳杰等（2018）通过生物信息学软件分析，筛选出与奶牛乳腺泌乳密切相关功能基因，分别为 10 号染色体上缺失的磷酸酶和张力蛋白同源物（Phosphatase and tensin homolog deleted on chromosome 10, PTEN)、DNMT3a、DNMT3b，将这3个功能基因作为 miR-200b 可能的靶基因进行后续的研究分析。有研究认为，PTEN-AKT 通路能够诱导 PRL 的分泌而参与泌乳调节的启动（Chen et al., 2012）。Wang 等（Wang et al., 2014）研究也证实在奶牛乳腺上皮细胞泌乳过程中，PTEN 基因可靶向负调控 PI3K-AKT 信号转导通路，影响 AKT、Cyclin D1、S6K1、4EBP1、STAT5、CSN2、SREBP1、mTOR、PPARγ、GLUT 的表达，进而参与细胞的生长与泌乳的调节。DNMT3a 与 DNMT3b 作为 DNA 甲基化过程中重要的酶类，主要参与生物体的发育调节，已有报道表明，DNMT3a 与 DNMT3b 能够介导乳成分合成相关信号通路基因启动子的甲基化来影响乳腺发育与泌乳（Wang et al., 2014）。研究表明，miR-200b 上调能够显著抑制 PTEN mRNA 表达，而对 DNMT3a 与 DNMT3b mRNA 水平影响不显著，但能够通过直接调控 PTEN mRNA 表达参与乳腺泌乳功能调节。MiR-200b 过表达能显著增加 AKT、SREBP1、CSN2、GLUT1 mRNA 的表达，与 Wang 等（Wang et al., 2014）结论相吻合，提示 miR-200b 可能通过介导其靶基因 PTEN 表达的抑制进而促进泌乳相关信号通路 AKT、SREBP1、CSN2、GLUT1 表达；同时，过表达 miR-200b 后，能显著提升奶牛乳腺上皮细胞活力，促进奶牛乳腺上皮细胞的增殖。miR-200b 过表达后，奶牛乳腺上皮细胞培养液中分泌的 β-酪蛋白、TG 及乳糖的含量均明显增加，提示 miR-200b 在奶牛乳腺的泌乳生物学调控中具有重要的正调节作用。该研究表明，miR-200b 能够负调控靶基因 PTEN 表达，PTEN 缺失能够促进泌乳相关功能基因表达，进而影响奶牛乳腺上皮细胞的增殖和乳成分的分泌。

6. miR-221

2005 年，Ciafre 等（Ciafre et al., 2005）首次发现 miR-221。王春梅等（2007）不同时期（青春期、妊娠期、泌乳期、退化期）的小鼠乳腺组织进行 miRNA 芯片杂交研究，结果发现在小鼠乳腺发育的不同时期 miR-221 的表达存在显著差异。随后陆黎敏等（2009）通过脂质体转染技术发现，抑制 miR-221 可以增强细胞增殖能力（$P<0.01$）、GHR 以及 β-酪蛋白表达（$P<0.01$），证明 miR-221 在小鼠乳腺发育过程中起着关键的调控作用。miR-221 在哺乳期表达较低，这表明它与哺乳过程有关。而且，类固醇激素雌二醇和黄体酮下调 miR-221 增加脂质的形成。因此，miR-221 可能是影响牛乳产量的有用指标。

此外，Chu 等（Chu et al., 2018）发现 miR-221 在小鼠乳腺中的不同阶段（成熟期、P-5d、L-0d、L-5d、L-10d 和 In-10d）有不同的表达，这与之前

的微阵列数据（Avril-Sassen et al.，2009）吻合。在这些微阵列数据中，miR-221 的表达模式在幼年期、青春期、成熟期、妊娠期、哺乳期和更年期之间存在差异。miR-221 在 L10d 时最低，在未成年小鼠乳腺组织中最高，表明 miR-221 在脂质形成和泌乳过程中起着重要的作用，它可能受到乳腺上皮细胞（Mammary epithelial cells，MECs）中雌二醇/黄体酮等激素的控制。miR-221 在泌乳期表达较低，提示其参与了泌乳过程。此外，研究发现雌二醇和黄体酮通过抑制 MECs 中 miR-221 表达，上调脂质合成酶促进 MECs 中脂质的形成，间接证实 miR-221 在 MECs 中起到调节脂质生成的作用，但这些激素不能抵消 miR-221 模拟物的抑制作用。miR-221 模拟物转染后，用雌二醇和/或黄体酮处理细胞，脂质形成仍然受阻，miR-221 模拟物和雌二醇/黄体酮联合作用降低了脂肪合成酶 FASN。表明 FASN 可能是 miR-221 的靶基因，并且过表达 miR-221 可起到抑制 FASN 的作用。因此，miR-221 可能是影响牛奶生产的有用指标。

随后，在产奶动物中 miR-221 的功能也得到验证。Wang 等（Wang et al.，2012）通过逆转录 PCR 方法分别在奶牛产前 30 天、产后 7 天、产后 30 天检测 miRNA 表达模式发现：miR-221 在泌乳高峰期的表达量较高，miR-221 可能靶向于 STAT5a、胰岛素诱导基因 1 编码蛋白 1（Insulin inducible gene 1 encodes protein 1，INSIG1）和过氧化物酶体增殖物激活受体 γ 辅激活因子 1α（Peroxisome proliferator activated receptor γ coactivator 1 α，PPARGC1A）等基因，与胰岛素信号通路相关。Chu 等（Chu et al.，2018）研究发现 miR-221 在 MECs 中调节脂质代谢，并在小鼠乳腺发育的不同阶段表达不同。抑制 miR-221 可以通过促进 FASN 来增加脂质含量（$P<0.05$），同时过表达 miR-221 能够减少乳腺上皮细胞的脂质含量；此外，类固醇激素雌二醇和黄体酮可降低 miR-221 的表达，随后增加 MECs 中的脂质形成。miR-221 在泌乳期表达较低，提示 miR-221 与产奶有关，可能影响乳脂的合成。焦蓓蕾（2018）和 Zhang 等（Zhang et al.，2019b）等人证明在奶牛乳腺上皮细胞 miR-221 通过靶向基因 IRS1 和 STAT5a 抑制乳腺上皮细胞增殖的功能，且 miR-221 能够影响 JAK2-STAT5 和 PI3K-AKT/mTOR 信号通路下游基因 PIK3R1、SOCS3、AKT3 和 mTOR 的表达影响，miR-221 具有抑制奶牛乳腺上皮细胞的细胞活力与细胞增殖的功能，乳腺上皮细胞的细胞活力和细胞增殖与乳产量密切相关，抑制 miR-221 表达有助于增加乳腺上皮细胞数目、提高细胞活力，最终有助于泌乳，提高产奶量。

以上研究表明，miR-221 可以通过靶向与脂质合成相关的基因 FASN、AC-

SL1、ELF5 和 NRLH3 来调节乳腺上皮细胞的脂质代谢。miR-221 的过度表达抑制了脂质的形成，降低了 ACSL1 蛋白水平。随着 FASN、ELF5 和 NRLH3 蛋白水平的升高，miR-221 表达的抑制促进了脂质含量的增加。然而，酪蛋白和 β-酪蛋白同样受到 miR-221 的调控，miR-221 的过度表达并没有改变酪蛋白 α 和 β 的蛋白水平，但是 miR-221 的抑制提高了酪蛋白 α 和 β 的蛋白水平。葡萄糖转运 GLUT1 不受 miR-221 过度表达的影响，但受 miR-221 抑制而增加。miR-221 模拟脂质代谢调节因子 PPARγ 升高，而 miR-221 抑制剂处理则降低 PPARγ 表达。这些数据表明 miR-221 不仅调节乳腺细胞脂质的形成，可能还参与乳蛋白合成和葡萄糖转运。

7. miR-29 家族

miR-29 家族主要包括 miR-29a、miR-29b 及 miR-29c 3 个成员。目前，关于 miR-29 家族结构、功能及调控的报道基本集中在人及小鼠的相关研究上。由于 miR-29 家族成员在与靶基因 mRNA 结合区域有着相同的种子序列，所以 miR-29a/b/c 调控的靶基因非常类似。

边艳杰等（2015）研究发现，miR-29 家族与 DNMT3a/3b 在不同乳品质奶牛乳腺组织的表达差异显著，且呈现负关联，提示 miR-29 调控与 DNA 甲基化机制可能在乳成分合成中有重要作用。Bian 等（Bian et al., 2015）报道，miR-29a/b/c 参与调控乳腺泌乳主要通过负调控共同的靶基因甲基转移酶 DNMT3a 及 DNMT3b 的表达，进而调节奶牛乳腺上皮细胞的 DNA 甲基化水平。miR-29a/b/c 影响泌乳相关基因 ELF-5、AKT1、mTOR、SREBP1、PPARγ、GLUT1、CSN1S1 的表达，与这些基因启动子区域的 DNA 甲基化水平的改变密切相关，并且均能提高奶牛乳腺上皮细胞的活力，促进细胞增殖，并且对奶牛乳腺上皮细胞 β-酪蛋白、TG 合成及乳糖的分泌均有促进作用。5-Aza-dc 能恢复或部分逆转 miR-29 家族抑制子对乳成分合成的抑制作用，说明 miR-29s 对奶牛乳腺泌乳的调控与 DNA 甲基化作用密切相关。在奶牛乳腺上皮细胞中，miR-29a、miR-29b、miR-29c 分别通过与 DNMT3a、DNMT3b 的 3′-UTR 区序列互补配对，负调控其共同靶基因 DNMT3A、DNMT3B mRNA 及蛋白的表达，同时在奶牛乳腺上皮细胞中 miR-29b 的表达受到 DNA 甲基化作用的调控，在奶牛乳腺功能的调控中很可能存在 miR-29b-DNMT 的调节回路作用机制（图 4-3）。

8. miR-15/16 簇

在牛中，bta-miR-15a 和 bta-miR-16a 聚集在 12 号染色体内 0.3kb 处（Li et al., 2014）。bta-miR-15a 和 bta-miR-16a 可作为牛乳腺炎预后的新指标

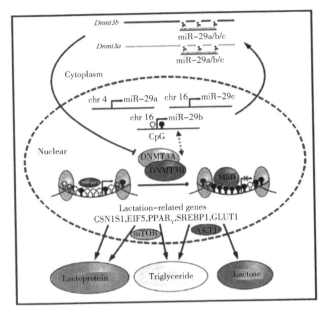

图 4-3 miR-29s 调控奶牛乳腺上皮细胞泌乳的示意图（边艳杰等，2015）

Dnmt3b, DNA methyltransferase 3 beta, 编码 DNA 甲基转移酶 3b 的基因; Dnmt3a, DNA methyltransferase 3 alpha, 编码 DNA 甲基转移酶 3a 的基因; Cytoplasm, 细胞质; chr4, 4 号染色体; chr16, 16 号染色体; Nuclear, 细胞核; Lactation-related genes, 泌乳相关基因; CSN1S1, Casein alpha s1, 编码酪蛋白 αs1 的基因; EIF5, E47-like factor 5, 转录因子 E47 类因子 5; PPARγ, Peroxisome proliferator activated receptor gamma, 过氧化物酶体增殖物激活受体 γ; SREBP1, Sterol regulatory element binding protein 1, 固醇调节元件结合蛋白 1; GLUT1, Glucose transporter type 1, 葡萄糖转运蛋白 1; mTOR, Mammalian target of rapamycin, 哺乳动物雷帕霉素靶蛋白; AKT1, Protein kinase B alpha, 蛋白激酶 B α; Lactoprotein, 乳蛋白; Triglyceride, 甘油三酯; Lactose, 乳糖

（Chen et al., 2014）。Wang 等（Wang et al., 2012）对泌乳阶段奶牛乳腺 miRNA 表达变化也进行过深入研究，发现多数差异表达 miRNA 可能参与细胞增殖、脂肪代谢和先天免疫相关，其中包括 miR-15b 和 miR-16。

Li 等（Li et al., 2012a）利用 miRNA 预测软件，预测 GHR 基因是 bta-miR-15a 潜在靶点，并以牛乳腺上皮细胞系为体外细胞模型，探讨 bta-miR-15a 对牛乳腺上皮细胞的作用。转染 bta-miR-15a 后 bta-miR-15a 和 GHR 的表达均发生变化，bta-miR-15a 表达可抑制 GHR mRNA 和蛋白的表达，Western blot 检测发现 bta-miR-15a 抑制牛乳腺上皮细胞酪蛋白的表达；bta-miR-15a

的过度表达降低了乳腺上皮细胞的存活率，而 bta-miR-15a 抑制剂的表达则提高了乳腺上皮细胞的存活率，提示 bta-miR-15a 的表达降低了乳腺上皮细胞的数量和活力，bta-miR-15a 可以调节乳腺上皮细胞的存活率。

Ju 等（Ju et al.，2018）通过原位杂交检测 bta-miR-15a 和 bta-miR-16a 的组织定位，发现它们在乳腺组织的导管细胞和腺泡细胞中均有表达，但在乳腺炎奶牛乳腺组织中的表达信号强于健康奶牛乳腺组织。该研究证明 bta-miR-15a 和 bta-miR-16a 能够调节免疫和免疫反应。此外，研究还发现，bta-miR-15a 和 bta-miR-16a 在乳腺炎感染奶牛的乳腺组织和血中性粒细胞中的表达水平显著高于健康奶牛，bta-miR-15a~16a 簇对靶基因 CD163 荧光素酶报告基因活性的抑制作用更强。研究揭示了奶牛乳腺炎与 bta-miR-15a/16a 基因表达的关系，提示 bta-miR-15a~16a 簇可能通过与荷斯坦奶牛 CD163 靶基因结合而发挥抗乳腺炎作用。

Bta-miR-15a~16a 簇可能在乳腺泌乳生理或调节乳腺疾病过程中起一定作用，是一种新的促进奶牛乳腺上皮细胞泌乳的调节因子。

9. miR-30 家族

miR-30 家族有 miR-30a、miR-30b、miR-30c、miR-30d、miR-30e 5 个成员，他们在结构上具有高度相似性，但目前乳腺方面的研究仅集中于 miR-30b。Le Guillou 等（Le Guillou et al.，2019）构建了乳腺上皮细胞中过表达 miR-30b 的转基因小鼠，通过对其泌乳期乳腺组织分析发现，乳腺腺泡腔减小，脂肪滴缺损，由转基因鼠喂养的幼鼠表现出生长不良，而且进入退化期后乳腺组织上皮细胞仍保持着分化状态，说明 miR-30b 过表达抑制了上皮细胞的去分化。电镜分析显示，转基因小鼠乳腺上皮细胞内有支离破碎的内质网管状网络。转基因小鼠与野生型小鼠相比，乳脂肪酸组成发生了改变，中链饱和脂肪酸含量降低，长链单不饱和脂肪酸含量成比例增加。对 miRNA 靶点的研究显示，由于 miR-30b-5p 的过度表达，一种在脂滴形成中起关键作用的 GTPase，ATL2（Atlastin 2），表达显著下调。研究结果表明，转基因小鼠乳腺上皮细胞中观察到的脂滴大小的增加可能是由于直接改变了 ATL2 的表达而导致的脂滴形成和分泌的改变，以及 miR-30b-5p 的过度表达而间接改变了内质网的形态，从而影响乳腺上皮细胞泌乳功能及乳成分。

有研究显示，在牛乳腺上皮细胞中 bta-miR-30b-3p 可调控靶基因二酰甘油酰基转移酶（Diacylglycerol acyltransferase 2，DGAT2），该酶不仅催化 TG 合成最后一步反应，而且还参与肠道脂肪的吸收，进而影响乳成分中乳脂的合成和代谢。

10. miR-130a

牛 miR-130a 位于牛 15 号染色体 82 197 711 和 82 197 799bp 之间。先前的研究表明 miR-130a 参与肿瘤发生和早期胚胎发育（Kim et al., 2013, Lee et al., 2015, Shen et al., 2015）。此外，miR-130a 被报道为人类原代前脂肪细胞和 3T3-L1 细胞系中脂肪生成的重要调节因子，靶向特定的脂肪生成因子。miR-130a 的过度表达降低了猪前脂肪细胞的细胞标记水平，抑制了脂滴的形成，并抑制了与脂肪合成相关的基因的表达（李虹仪等，2014）。Izumi 等人（Izumi et al., 2012）研究发现 miR-130a 亦存在于牛乳中，并且在初乳和常乳之间显示出不同的表达谱。因此，我们推测 miR-130a 可能参与 BMEC 乳脂代谢的调节。

Yang 等（Yang et al., 2017）研究发现，miR-130a 的过度表达显著降低了牛乳腺上皮细胞内 TG 水平，抑制了脂滴的形成，而抑制 miR-130a 则导致了 BMEC 中脂滴形成和 TAG 积累。miR-130a 也显著影响乳脂代谢相关 mRNA 的表达。特别是 miR-130a 可降低 PPARγ、FABP3、脂肪分化相关蛋白 2（Perilipin-2, PLIN 2）和脂肪酸转运蛋白 1（Fatty acid transporter 1, FATP1）的 mRNA 表达，而下调 miR-130a 则增加 PPARG、CCAAT 增强子结合蛋白 β（CCAAT/enhancer binding protein β, C/EBPβ）、C/EBPα、PLIN 2、FABP3 和 FATP1 的 mRNA 表达。此外，Western blot 分析显示 miR-130a 模拟物和抑制剂转染组中 PPARG 的蛋白水平与 mRNA 表达应答一致。最后，荧光素酶报告分析证实 PPARG 是 miR-130a 的直接靶点。miR-130a 通过靶向 PPARG 直接影响 BMEC 中的 TG 合成，提示 miR-130a 可潜在地用于改善奶牛有益的乳成分。

11. miR-27a

牛 miR-27a（bta-miR-27a）位于牛 7 号染色体 12 981 791 和 138 390bp 之间。最近的研究表明，miR-27a 在小鼠、山羊和奶牛乳腺的不同泌乳期有不同的表达谱（Alonso-Vale et al., 2009, Chen et al., 2010, Lin et al., 2013, Shen et al., 2016），并且已经报道 miR-27a 通过抑制 PPARγ 和 TAG，减少山羊乳腺上皮细胞（Goat mammary epithelial cells, GMECs）中乳脂合成的累积（Lin et al., 2013）。此外，最近的研究表明 PPARγ 是 miR-27 的靶基因，并且发现 miR-27 的过表达降低了 GMECs 中 PPARG 的表达（Lin et al., 2009）；PPARγ 是过氧化物酶体增殖物激活受体（Peroxisome proliferator activated receptor, PPAR）家族的成员（由 PPARα、β 和 γ 组成），是脂质积累的关键调节因子（Lin et al., 2008）。在奶牛乳腺中，PPARγ mRNA 表达在哺乳期变化，被认为是调节乳脂合成的中心

(Bionaz and Loor，2008，Kadegowda et al.，2009）。PPARG 基因敲除小鼠由于脂肪合成的减少而增加了脂肪酸对合成炎症脂质的利用（Wan et al.，2007），而 FABP3 影响 PPARG 表达，以刺激 BMEC 中的乳脂合成（Liang et al.，2014）。miR-27a 可能参与 BMEC 乳脂合成的调控。

Tang 等（Tang et al.，2017）在来源于泌乳中期母牛纯化培养的原代乳腺上皮细胞（BMEC）中过度表达 miR-27a，显著抑制了 BMEC 中脂滴的形成，降低了细胞内三酰甘油（TAG）的水平，而抑制 miR-27a 则导致 BMEC 中脂滴的形成和 TAG 的积累。同时，miR-27 的过表达抑制 PPARγ、CCAAT／增强子结合蛋白β（C/EBPβ）、脂肪分化相关蛋白（Perilipin-2，PLIN 2）和脂肪酸结合蛋白3（Fatty acid binding protein 3，FABP3）的 mRNA 表达，而 miR-27 下调 PPARγ、C/EBPβ、FABP3；CCAAT 增强剂结合蛋白α（C/EBPα）mRNA 的表达。此外，Western blot 分析显示 miR-27 A 模拟物和抑制剂转染组中 PPARG 的蛋白水平与 mRNA 表达应答一致。此外，荧光素酶报告检测证实 PPARγ 是 miR-27 的直接靶点。总之，这些结果表明 miR-27 具有通过靶向 PPARγ 来控制 BMEC 中乳成分合成的能力，提示 miR-27a 可以潜在地用于改善奶牛有益的乳成分。

12. miR-486

miR-486 在人胚胎肝细胞中首次发现，人类胚胎肝细胞是造血功能增殖分化最为旺盛的器官。在奶牛乳腺组织中检测 miR-486 的表达以及其表达量，结果表明，miR-486 在高乳品质奶牛中的含量高于低乳品质奶牛以及干奶期奶牛的表达量，与芯片结果一致，表明 miR-486 可参与调节奶牛乳腺的发育和泌乳。miR-486 通过下调牛乳腺上皮细胞 PTEN 基因表达促进 TG 积累（Li et al.，2015）。miR-486 在 mRNA 水平和蛋白水平分别负调控奶牛乳腺上皮细胞中靶基因 PTEN 的表达，并且 miR-486 间接地调控 PTEN 下游，分别可以激活 AKT 通路以及 mTOR 通路中与泌乳有关的重要分子以及 β-酪蛋白的表达，miR-486 可以促进奶牛乳腺上皮细胞的活性并且刺激奶牛乳腺上皮细胞 DNA 增殖；miR-486 对奶牛乳腺上皮细胞中乳糖、TG 和 β-酪蛋白的分泌有促进作用。miR-486 还可以参与调节乳腺中的乳糖代谢，研究发现 bta-miR-486 可负向调控己糖激酶2（Hexokinase 2，HK2）蛋白表达，从而调控乳腺上皮细胞的乳糖代谢；同时发现 miR-486 可直接靶向 HK2 mRNA 3′-UTR 区域，以降低 HK2 酶活，抑制葡萄糖吸收（李真，2012）。

13. miR-145

bta-miR-145 主要位于牛的 7 号染色体正向链，与其成簇分布的有 bta-miR-143，两者相距仅 1 329 bp。bta-miR-145 的成熟体的序列为 5′GUCCA-GUUUCCCAGGAAUCCCU3′，成熟体的序列在各个物种间非常保守。

2007 年 Coutinho 等（Coutinho et al.，2007）首次在荷斯坦奶牛乳腺组织中发现了 bta-miR-145。该研究检测了牛胚胎、胎牛胸腺、小肠和淋巴结中的 miRNA 谱，结果发现 miR-145 在胎牛小肠中的表达量远远高于胸腺和淋巴结。Gu 等（Gu et al.，2007）在非妊娠、非泌乳的荷斯坦奶牛乳腺组织中也发现了 miR-145 的存在。Wang 等（Wang et al.，2012）检测了不同泌乳阶段牛乳腺中 miRNA 的表达模式，miR-145 在分娩前后，即泌乳启动阶段，表达变化差异显著；应用 Ingenuity Pathway Analysis 分析 miRNA 靶标发现：在牛乳腺组织中，miR-145 可能靶向雌激素受体 α（Estrogen receptor 1，ESR1），提示 ESR1、MYC、TP53 的网络可能受其上调控制。李文清等（2014）研究发现 bta-miR-145 过表达和抑制表达对 IGF1R/PI3K-AKT/mTOR 信号通路相关基因表达产生一定影响，但并没有引起 bta-miR-145 预测靶标 IGF1R、IRS1、CSN2 基因的 mRNA 发生显著变化；bta-miR-145 过表达可引起 EIF4E 基因 mRNA 显著下调，抑制表达引起 EIF4E 基因 mRNA 显著上调，并且通过生物信息学分析发现牛 EIF4E 基因 3′-UTR 区域存在 bta-miR-145 结合位点，判断得出 EIF4E 基因为 bta-miR-145 的潜在靶标。这提示 bta-miR-145 可能在奶牛泌乳启动或乳成分合成过程中发挥一定作用。

14. 其他与乳质量相关 miRNA

研究发现，LALBA 是 bta-let-7a 的靶基因，LALBA 是乳糖合成过程中关键酶的调节亚基，在家畜乳糖合成过程中发挥重要作用。有研究显示，LALBA 基因可以激活 AKT 进入 mTOR 信号通路，在乳腺上皮细胞代谢及生长方面发挥重要作用。

酪蛋白是乳腺上皮细胞产生的磷酸化蛋白，它的合成及分泌是研究激素、细胞外基质对乳腺细胞分泌作用的标志。κ-酪蛋白（CSN3）是 bta-miR-193a-3p 的靶基因，CSN3 是乳蛋白主要成分之一，它对酪蛋白微胶粒的稳定起着重要作用。

乳脂是牛奶的主要营养成分，已成为重要的营养成分之一。miR-126、miR-150 和 miR-145 等 miRNA 在泌乳期参与了脂质代谢。此外，泌乳激素影响 miRNA 的表达，如 miR-148a 在奶牛乳腺上皮细胞中的过度表达，导致泌乳增强。DGAT2 是 bta-miR-124a、bta-miR-30b-3p、bta-miR-193a-3p、bta-miR-2419、bta-miR-760、bta-miR-2453、bta-miR-1248 等多个 miRNA 的靶

基因，该酶不仅催化 TG 合成最后一步反应，而且还参与肠道脂肪的吸收。而在其他情况下，bta-miR-181a 被报道通过靶向 ACSL1 对 BMEC 的脂质合成产生负面影响（Lian et al.，2016）。

Wang 等（Wang et al.，2019）取泌乳中期奶牛的乳腺上皮细胞（BMEC）进行体外培养，miR-34b 模拟转染 BMEC 可以降低细胞内 TG。同时，miR-34b 的过度表达抑制了 PPARγ、FASN、FABP4 和 C/EBPα 等脂质代谢相关基因 mRNA 的表达，而 miR-34b 抑制剂则作用相反。miR-34b 模拟转染组脱帽酶 1A（Decapping enzyme 1A，DCP1A）表达下调，miR-34b 抑制剂转染组 DCP1A 表达上调。此外，荧光素酶报告分析证实 DCP1A 是 miR-34b 的靶基因；BMEC 中 miR-34b 和 DCP1A 基因沉默的直接靶点抑制了脂质积累，抑制脂滴形成。miR-34b-DCP1A 轴在调节乳脂合成中具有重要作用，并提示 miR-34b 可用于改善牛乳中的有益成分。

Chen Z 等（Chen et al.，2019）使用高通量测序和生物信息学分析鉴定 miRNA 和 mRNA，以进一步探讨其在调节乳脂合成中的潜在作用。共检测 233 对相关 miRNA 和 mRNA，其中有 162 对 miRNA 下调而靶基因 mRNA 上调。在已鉴定的 miRNA 中，miR-106b 可以结合 ATP 结合盒亚家族 A 成员 1（ATP binding cassette subfamily A member1，ABCA1）3′-UTR。牛乳腺上皮细胞中 miR-106b 的过表达可抑制 TG 合成，升高胆固醇含量，证实其在脂质代谢中的作用。

Chu 等（Chu et al.，2017）研究发现，miR-126-3p 在不同泌乳时期表达有差异，miR-126-3p 可抑制奶牛乳腺上皮细胞脂质合成，主要是调控脂质合成酶 FASN、ACSL1 和 INSIG1。过表达 miR-126-3p 可抑制 FASN 和 INSIG1 表达。同时雌激素和孕激素可调控 miR-126-3p 表达，miR-126-3p 的表达被甾体激素雌二醇和黄体酮降低，随后 MECs 中脂质形成增加，还发现 miR-126-3p 在小鼠乳腺发育的不同阶段有差异表达，与 FASN 呈负相关。这些结果表明 miR-126-3p 可能参与了乳腺的脂质代谢。

Shen 等（Shen et al.，2016）研究发现 miR-224 在中国荷斯坦奶牛乳腺上皮细胞中有显著差异表达，从而导致乳脂率的不同。此外，在乳脂含量较低的乳腺中，发现 miR-224 表达上调，提示 miR-224 及其预测的靶基因在乳脂代谢中具有潜在的调节功能。进一步研究发现，miR-224-5p 可以以 ACSL4 基因为靶点阻断脂肪酸 β-氧化，最终降低脂肪酸的羧基活化（Izai et al.，1992）。Shen 等（Shen et al.，2016）验证了 miR-224 的靶基因是中链酰基辅酶 A 脱氢酶（Medium-chain acyl-CoA dehydrogenase，MCAD，基因名为 ACADM）和乙醛脱氢酶（Aldehyde dehydrogenase，ALDH2），从而证实 miR-224 在脂质代谢中的调节作用。将 miR-224 抑制剂转染乳腺上皮细胞，采用 RT-PCR 和 Western blot 方法检测 miR-224 及其靶基因的表达，并用流式细胞仪及甘油三酯测定试剂盒分别检测细胞凋亡和 TG 含量，结果发现 miR-224 的表达与 ACADM 和 ALDH2 水平呈负相关，提示 miR-224 可能下调 ACADM 和 ALDH2 的表达。miR-224 在 MECs 中过表达后，TG 的产生减少，细胞凋亡率增加。以上结果表明 miR-224 调节靶基因 ACADM 和 ALDH2，参与脂代谢。

Zhang 等（Zhang et al.，2019a）以 PPARγ 为靶点，研究了 miR-454 对甘油三酯的调节作用。荧光素酶报告分析表明，miR-454 和 PPARγ 具有直接的相互作用，PPARγ 是 miR-454 的靶位点。此外，miR-454 模拟物和抑制剂被转染到 BMECs 中，结果表明 PPARγ 的 mRNA 和蛋白水平与 miR-454 表达呈负相关。脂肪滴的积累和 TG 的产生也与 miR-454 的表达呈负相关。结果表明，miR-454 通过直接靶向 BMECs 的 PPAR-γ 3′-UTR 来调节 TG 的合成，提示 miR-454 可能是提高乳制品质量的新因素。

三、泌乳相关 microRNA 在奶牛生产中的应用前景

乳腺是乳用动物的生产器官，可以将营养素转化为乳成分并形成乳汁，乳腺的良好发育及泌乳是多产奶和产好奶的首要条件。因此，乳用动物的乳腺重在健康发育和功能正常。从人类的营养需求和动物福利出发，如何最大化地提高乳产量和乳质量又不影响乳用动物的身体健康、繁殖能力和生产寿命，是乳腺发育与泌乳生物学研究的重要科学使命。随着奶牛全基因组信息的完成以及山羊全基因测序工作的有效开展，乳用动物乳腺 miRNA 相关研究得以不断深入，必将带动整个乳腺发育与泌乳生物学研究的快速发展，其前沿研究领域也将逐渐趋向于泌乳功能基因组学、泌乳核心信号转导途径及其调节研究等，进而深刻揭示乳腺发育与泌乳的基因调节机理。

参考文献

边艳杰，韩金汾，段江燕. 2018. miR-200b 对奶牛乳腺上皮细胞泌乳功能的影响 [J]. 河南农业科学，47（7）：124-131.

边艳杰. 2015. miR-29 家族对奶牛乳腺上皮细胞泌乳的调控机制 [D]. 哈尔滨：东北农业大学.

蔡小艳，李胜，陈秋萍，等. 2016. 水牛 bbu-miR-103-1 在泌乳期与非泌乳期表达模式

及靶向基因的初步研究［J］. 畜牧兽医学报，47（11）：2 191-2 220.

蔡小艳. 2016. 水牛泌乳期和非泌乳期 miRNA 表达谱分析及 miR-103 和 Novel-miR-57 的靶向基因研究［D］. 南宁：广西大学.

高媛媛. 2013. 奶牛泌乳启动过程乳腺组织基因和蛋白表达研究［D］. 泰安：山东农业大学.

蒋磊. 2017. miR-148b 在不同乳品质奶牛乳腺组织中的表达差异研究［J］. 现代畜牧兽医，10：7-12.

焦蓓蕾. 2018. MiR-221 通过靶向 STAT5a 和 IRS1 基因抑制奶牛乳腺上皮细胞增殖的研究［D］. 杨凌：西北农林科技大学.

金晶，王学辉，王春梅，等. 2016. 应用高通量测序技术检测与奶牛乳产量和乳质量调控相关的 miRNA［J］. 中国生物化学与分子生物学报. 32（6）：706-713.

金晶. 2016. 奶牛乳腺中调控乳品质的 miRNA 及其靶基因［D］. 哈尔滨：东北农业大学.

李虹仪，习欠云，张永亮. 2014. miR-130a 在猪皮下脂肪细胞分化中的调节作用［J］. 中国生物化学与分子生物学报，1230（12）：1 216-1 222.

李慧明. 2013. miR-142-3p 对小鼠乳腺发育和泌乳重要功能基因 Prlr 的表达调控［D］. 哈尔滨：东北农业大学.

李庆章. 2009. 乳腺发育与泌乳生物学［M］. 北京：科学出版社.

李文清，王加启，南雪梅，等. 2014. bta-microRNA-145 对胰岛素样生长因子 1 受体-磷脂酰肌醇 3 激酶-蛋白激酶 B/哺乳动物雷帕霉素靶蛋白信号通路相关基因表达的影响及其潜在靶标的揭示［J］. 动物营养学报，26（9）：2 736-2 744.

李文清. 2014. 牛乳腺上皮细胞中 bta-miR-145 功能的初步研究［D］. 北京：中国农业科学院.

李真. 2012. 奶牛乳腺组织中表达谱研究以及与泌乳相关的鉴定［D］. 杭州：浙江大学.

孙霞. 2015. miR-139 对奶牛乳腺上皮细胞泌乳功能的调节［D］. 哈尔滨：东北农业大学.

孙晓旭，林叶，高学军，等. 2013. 乳腺泌乳过程中葡萄糖对乳糖合成调控的研究进展［J］. 中国乳品工业，41（5）：33-55.

孙晓旭. 2013. 葡萄糖对奶牛乳腺上皮细胞乳糖合成的影响［D］. 哈尔滨：东北农业大学.

王春梅，李庆章. 2007. microRNA 在小鼠乳腺不同发育时期差异表达谱及作用［J］. 遗传学报，11：34（11）：966-73（Wang C, Li Q. Identification of differentially expressed microRNAs during the development of Chinese murine mammary gland. J Genet Genomics, 2007, 34（11）：966-73.）

王杰，边艳杰，王卓然，等.2014. microRNA-152对奶牛乳腺上皮细胞乳蛋白合成的调控作用 [J]. 中国畜牧兽医，41 (6)：6-10.

王杰.2014. miR-152对奶牛乳腺发育及泌乳过程中 DNMT1基因表达调控 [D]. 哈尔滨：东北农业大学.

王学辉.2017. lncRNA和miRNA在奶牛乳品质调控中的作用 [D]. 哈尔滨：东北农业大学.

王治国，卜登攀，王加启.2007. 牛乳腺上皮细胞beta-酪蛋白的检测及核型分析 [J]. 中国畜牧兽医，34 (2)：8-11.

于蕾，王春梅，崔英俊，等.2015. Bta-miR-142-3p对奶牛乳腺上皮细胞泌乳功能的影响 [J]. 中国乳品工业.43 (5)：8-11

于蕾.2015. miR-142-3p对奶牛乳腺上皮细胞的泌乳调节 [D]. 哈尔滨：东北农业大学.

张犁苹，罗军，林先滋.2013. MiR-200家族在西农萨能奶山羊乳腺组织中的表达分析 [J]. 畜牧兽医学报.44 (6)：944-951.

Alonso-Vale, M. I., S. B. Peres, C. Vernochet, et al. 2009. Adipocyte differentiation is inhibited by melatonin through the regulation of C/EBPbeta transcriptional activity [J]. J Pineal Res, 47 (3): 221-227.

Avril-Sassen, S., L. D. Goldstein, J. Stingl, et al. 2009. Characterisation of microRNA expression in post-natal mouse mammary gland development [J]. BMC Genomics, 10: 548.

Baumrucker, C. R. and N. E. Erondu. 2000. Insulin-like growth factor (IGF) system in the bovine mammary gland and milk [J]. J Mammary Gland Biol Neoplasia, 5 (1): 53-64.

Bian, Y., Y. Lei, C. Wang, et al. 2015. Epigenetic regulation of miR-29s affects the lactation activity of dairy cow mammary epithelial cells [J]. J Cell Physiol, 230 (9): 2 152-2 163.

Bionaz, M. and J. J. Loor. 2008. Gene networks driving bovine milk fat synthesis during the lactation cycle [J]. BMC Genomics, 9: 366.

Chen, C. C., D. B. Stairs, R. B. Boxer, et al. 2012. Autocrine prolactin induced by the Pten-Akt pathway is required for lactation initiation and provides a direct link between the Akt and Stat 5 pathways [J]. Genes Dev, 26 (19): 2 154-2 168.

Chen, L., X. Liu, Z. Li, et al. 2014. Expression differences of miRNAs and genes on NF-kappa B pathway between the healthy and the mastitis Chinese Holstein cows [J]. Gene, 545 (1): 117-125.

Chen, X., C. Gao, H. Li, et al. 2010. Identification and characterization of microRNAs in raw milk during different periods of lactation, commercial fluid, and powdered milk products

[J]. Cell Res, 20 (10): 1 128-1 137.

Chen, Y., Y. X. Song, and Z. N. Wang. 2013. The microRNA-148/152 family: multi-faceted players [J]. Mol Cancer, 12: 43.

Chen, Z., S. Chu, X. Wang, et al. 2019. MicroRNA-106b regulates milk fat metabolism via ATP binding cassette subfamily A member 1 (ABCA1) in bovine mammary epithelial cells [J]. J Agric Food Chem, 67 (14): 3 981-3 990.

Chu, M., Y. Zhao, S. Yu, et al. 2018. MicroRNA-221 may be involved in lipid metabolism in mammary epithelial cells [J]. Int J Biochem Cell Biol, 97: 118-127.

Chu, M., Y. Zhao, Y. Feng, et al. 2017. MicroRNA-126 participates in lipid metabolism in mammary epithelial cells [J]. Mol Cell Endocrinol, 454: 77-86.

Ciafre, S. A., S. Galardi, A. Mangiola, et al. 2005. Extensive modulation of a set of microRNAs in primary glioblastoma [J]. Biochem Biophys Res Commun, 334 (4): 1 351-1 358.

Coutinho, L. L., L. K. Matukumalli, T. S. Sonstegard, et al. 2007. Discovery and profiling of bovine microRNAs from immune-related and embryonic tissues [J]. Physiol Genomics, 29 (1): 35-43.

Cui, Y., X. Sun, L. Jin, et al. 2017. MiR-139 suppresses beta-casein synthesis and proliferation in bovine mammary epithelial cells by targeting the GHR and IGF1R signaling pathways [J]. BMC Vet Res, 13 (1): 350.

Cunningham, K. D., M. J. Cecava, T. R. Johnson, et al. 1996. Influence of source and amount of dietary protein on milk yield by cows in early lactation [J]. J Dairy Sci, 79 (4): 620-630.

Gu, Z., S. Eleswarapu, and H. Jiang. 2007. Identification and characterization of microRNAs from the bovine adipose tissue and mammary gland [J]. FEBS Lett, 581 (5): 981-988.

Hurley W L. 2008. Lactation Biology Website [OL]. Department of animal sciences at the University of Illinois, 2007 [09-09]. http://classes.ansci.uiuc.edu/ansc438.

Izai, K., Y. Uchida, T. Orii, et al. 1992. Novel fatty acid beta-oxidation enzymes in rat liver mitochondria. I. Purification and properties of very-long-chain acyl-coenzyme A dehydrogenase [J]. J Biol Chem, 267 (2): 1 027-1 033.

Izumi, H., N. Kosaka, T. Shimizu, et al. 2012. Bovine milk contains microRNA and messenger RNA that are stable under degradative conditions [J]. J Dairy Sci, 95 (9): 4 831-4 841.

Ju, Z., Q. Jiang, G. Liu, et al. 2018. Solexa sequencing and custom microRNA chip reveal repertoire of microRNAs in mammary gland of bovine suffering from natural infectious mastitis [J]. Anim Genet, 49 (1): 3-18.

Kadegowda, A. K., M. Bionaz, L. S. Piperova, et al. 2009. Peroxisome proliferator-activated receptor-gamma activation and long-chain fatty acids alter lipogenic gene networks in bovine mammary epithelial cells to various extents [J]. J Dairy Sci, 92 (9): 4 276-4 289.

Kim, C., H. Lee, Y. M. Cho, et al. 2013. TNF alpha-induced miR-130 resulted in adipocyte dysfunction during obesity-related inflammation [J]. FEBS Lett, 587 (23): 3 853-3 858.

Kosaka, N., H. Izumi, K. Sekine, et al. 2010. microRNA as a new immune-regulatory agent in breast milk [J]. Science, 1 (1): 7.

Kumura, H., A. Tanaka, Y. Abo, et al. 2001. Primary culture of porcine mammary epithelial cells as a model system for evaluation of milk protein expression [J]. Biosci Biotechnol Biochem, 65 (9): 2 098-2 101.

Le Guillou, S., J. Laubier, C. Pechoux, et al. 2019. Defects of the endoplasmic reticulum and changes to lipid droplet size in mammary epithelial cells due to miR-30b-5p overexpression are correlated to a reduction in Atlastin 2 expression [J]. Biochem Biophys Res Commun, 512 (2): 283-288.

Lee, S. H., Y. D. Jung, Y. S. Choi, et al. 2015. Targeting of RUNX3 by miR-130a and miR-495 cooperatively increases cell proliferation and tumor angiogenesis in gastric cancer cells [J]. Oncotarget, 6 (32): 33 269-33 278.

Li, D., X. Xie, J. Wang, et al. 2015. MiR-486 regulates lactation and targets the PTEN gene in cow mammary glands [J]. PLoS One, 10 (3): e0118 284.

Li, H. M., C. M. Wang, Q. Z. Li, et al. 2012a. MiR-15a decreases bovine mammary epithelial cell viability and lactation and regulates growth hormone receptor expression [J]. Molecules, 17 (10): 12 037-12 048.

Li, Z., H. Liu, X. Jin, et al. 2012b. Expression profiles of microRNAs from lactating and non-lactating bovine mammary glands and identification of miRNA related to lactation [J]. BMC Genomics, 13: 731.

Li, Z., H. Zhang, N. Song, et al. 2014. Molecular cloning, characterization and expression of miR-15a-3p and miR-15b-3p in dairy cattle [J]. Mol Cell Probes, 28 (5-6): 255-258.

Lian, S., J. R. Guo, X. M. Nan, et al. 2016. MicroRNA Bta-miR-181a regulates the biosynthesis of bovine milk fat by targeting ACSL1 [J]. J Dairy Sci, 99 (5): 3 916-3 924.

Liang, M. Y., X. M. Hou, B. Qu, et al. 2014. Functional analysis of FABP3 in the milk fat synthesis signaling pathway of dairy cow mammary epithelial cells [J]. In Vitro Cell Dev Biol Anim, 50 (9): 865-873.

Lin, Q., Z. Gao, R. M. Alarcon, et al. 2009. A role of miR-27 in the regulation of adipogenesis [J]. FEBS J, 276 (8): 2 348-2 358.

Lin, X., J. Luo, L. Zhang, et al. 2013. MicroRNAs synergistically regulate milk fat synthesis in mammary gland epithelial cells of dairy goats [J]. Gene Expr, 16 (1): 1-13.

Lin, Y. F., W. Jing, L. Wu, et al. 2008. Identification of osteo-adipo progenitor cells in fat tissue [J]. Cell Prolif, 41 (5): 803-812.

Mansson, H. L. 2008. Fatty acids in bovine milk fat [J]. Food Nutr Res, 52.

Neville, M. C., T. B. McFadden, and I. Forsyth. 2002. Hormonal regulation of mammary differentiation and milk secretion [J]. J Mammary Gland Biol Neoplasia, 7 (1): 49-66.

Neville, M. C. and J. Morton. 2001. Physiology and endocrine changes underlying human lactogenesis II [J]. J Nutr, 131 (11): 3005S-3008S.

Phipps, R. H., J. I. Wilkinson, L. J. Jonker, et al. 2000. Effect of monensin on milk production of Holstein-Friesian dairy cows [J]. J Dairy Sci, 83 (12): 2 789-2 794.

Reif S, Elbaum Shiff Y. 2019. Golan-Gerstl R. Milk-derived exosomes (MDEs) have a different biological effect on normal fetal colon epithelial cells compared to colon tumor cells in a miRNA-dependent manner [J]. J Transl Med, 7 (1): 325.

Shen, B., L. Zhang, C. Lian, et al. 2016. Deep sequencing and screening of differentially expressed microRNAs related to milk fat metabolism in bovine primary mammary epithelial cells [J]. Int J Mol Sci, 17 (2): 200.

Shen, S., X. Guo, H. Yan, et al. 2015. A miR-130a-YAP positive feedback loop promotes organ size and tumorigenesis [J]. Cell Res, 25 (9): 997-1 012.

Tang, K. Q., Y. N. Wang, L. S. Zan, et al. 2017. miR-27a controls triacylglycerol synthesis in bovine mammary epithelial cells by targeting peroxisome proliferator-activated receptor gamma [J]. J Dairy Sci, 100 (5): 4 102-4 112.

Wan, Y., A. Saghatelian, L. W. Chong, et al. 2007. Maternal PPAR gamma protects nursing neonates by suppressing the production of inflammatory milk [J]. Genes Dev, 21 (15): 1 895-1 908.

Wang, M., S. Moisa, M. J. Khan, et al. 2012. MicroRNA expression patterns in the bovine mammary gland are affected by stage of lactation [J]. J Dairy Sci, 95 (11): 6 529-6 535.

Wang, Y., W. Guo, K. Tang, et al. 2019. Bta-miR-34b regulates milk fat biosynthesis by targeting mRNA decapping enzyme 1A (DCP1A) in cultured bovine mammary epithelial cells1 [J]. J Anim Sci, 97 (9): 3 823-3 831.

Wang, Z., X. Hou, B. Qu, et al. 2014. Pten regulates development and lactation in the mammary glands of dairy cows [J]. PLoS One, 9 (7): e102 118.

Yang, W. C., W. L. Guo, L. S. Zan, et al. 2017. Bta-miR-130a regulates the biosynthesis of bovine milk fat by targeting peroxisome proliferator-activated receptor gamma [J]. J Anim Sci, 95 (7): 2 898-2 906.

Zhang, M. Q., J. L. Gao, X. D. Liao, et al. 2019a. miR-454 regulates triglyceride synthesis in bovine mammary epithelial cells by targeting PPAR-gamma [J]. Gene, 691: 1-7.

Zhang, X., Z. Cheng, L. Wang, et al. 2019b. MiR-21-3p centric regulatory network in dairy cow mammary epithelial cell proliferation [J]. J Agric Food Chem, 67 (40): 11 137-11 147.

第五章 奶牛乳腺激素相关 microRNA 研究

乳腺是哺乳动物一个具有重要经济价值的器官，是为幼畜提供营养的器官，能将母体营养物质供给子代利用。乳腺生长和泌乳是哺乳动物生殖周期中很重要的过程。哺乳动物乳腺发育与其他器官不同，主要在雌性动物性成熟后，其发育过程可分为胚胎期、青春期、妊娠期、泌乳期和退化期。乳腺上皮细胞增殖分化，发育为成熟的分泌腺体，而后产生泌乳和退化等过程，随年龄、发情周期、繁殖状态而发生周期性变化，乳腺这种周期性的结构和功能变化受到激素和生长因子等诸多因素调控。

乳腺不同阶段发育过程中主要受神经内分泌系统调控，研究表明乳腺周期性发育变化主要由雌激素（Estrogen，E）、黄体酮（Progesterone，P）、生长激素（Growth hormone，GH）、催乳素（Prolactin，PRL）和肾上腺皮质激素（Adreno-cortical hormone，ACH）等共同促进（Connor et al.，2007），此外，乳腺发育还需要其他激素：如胰岛素（Insulin，INS）、胰高血糖素（Glucagon）、甲状腺激素（Thyroid hormone，TH）、三碘甲腺原氨酸、松弛素和胎盘催乳素等发挥作用（Capuco et al.，2008）。此外，乳腺外组织和乳腺自身也能够分泌多种因子，内分泌激素和这些生长因子的相互协同，通过内分泌、旁分泌及自分泌方式调节乳腺发育和泌乳，如表皮生长因子（Epidermal growth factor，EGF）、转化生长因子（Transforming growth factor，TGF）和成纤维生长因子（Fibroblast growth factor，FGF）等（Kelly et al.，2002）（王月影等，2002）。在一个泌乳周期中，乳腺功能变化受多种因素影响，其调控机理尚不完全清楚，现有研究表明多种生殖相关激素及其受体与乳腺的生长、分化和退化密切相关。

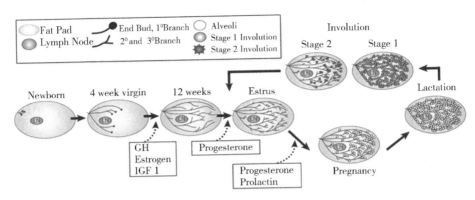

图 5-1　模式生物乳腺不同发育阶段激素调节作用（Macias and Hinck，2012）

Fat pad，脂肪垫；End bud，末端乳芽；Alveoli，腺泡；Lymph Node，淋巴结；Stage 1 Involution，退化 1 期；Stage 2 Involution，退化 2 期；Newborn，新生；4 week virgin，青春期 4 周；Estrus，发情期；Pregnancy，妊娠期；Lactation，泌乳期；GH，Growth hormone，生长激素；Estrogen，雌激素；IGF1，Insulin like growth factor 1，胰岛素样生长因子 1；Progesterone，黄体酮；Prolactin，催乳素

一、乳腺生长发育及泌乳的激素调节

乳腺发育 3 个不同阶段：胚胎期、青春期和生殖期；这 3 个时期有许多独特特点，也有许多共同属性，同时也是由激素需求所决定的。胚胎发育是在没有激素调节情况下进行的，而青春期和生殖期则是由激素来控制的，这些激素的产生都为产奶做准备，并最终导致和维持产奶。在胚胎发生过程中，局部上皮/间充质的相互作用指导许多发育过程，并负责确定腺体位置、控制细胞命运，从而在出生时精确定位组织间隔，正确建立新生结构。上皮/间充质相互作用在乳腺形态发生的产后阶段也有控制作用；但在青春期后，激素和生长因子调节深刻地改变了这些相互作用的本质。已有实验证明黄体酮能促进腺泡发育；雌激素能促进乳腺导管延长，催乳素在启动泌乳和维持泌乳上有重要功能；生长激素通过调节乳腺及乳腺外组织间营养竞争来影响乳腺发育，并且能协同雌激素促进乳腺导管生长（Rosen et al.，1980，Accorsi et al.，2002，孙霞，2015）。

（一）雌激素对乳腺发育的调控

1. 雌激素

雌激素是主要由卵巢卵泡内膜细胞和颗粒细胞共同参与分泌而成的类固醇激素之一，是分子中含有 18 个碳原子的一类化学结构相似的类固醇激素，在乳腺生长发育和泌乳过程中起重要调节作用，雌激素中生理活性最强的是雌二醇（Estradiol，E2）。在雌激素作用经典机制中，其可以直接通过扩散作用进入细胞并与细胞核上的雌激素受体（Estrogen receptor，ER）结合，形成一个雌激素—核受体复合物。这个复合物与雌激素反应原件序列可发生直接或间接的结合，通过蛋白质与蛋白质间相互作用，与激活蛋白 1（Activator protein 1，AP1）结合，使共调节蛋白（Coregulatory protein）聚集于启动子上，使 mRNA 转录水平升高或降低，促进或抑制效应蛋白的生成，继而引发生物学效应。此外，质膜中的 ER 还可通过激活 G 蛋白（G-protein）传递信号，横向激活其他膜受体，如胰岛素样生长因子受体（Levin，2002），发挥重要生理调节功能。

研究表明，雌激素、催乳素和生长激素能够促进哺乳动物乳腺发育，小鼠乳腺在青春期发育的必要激素是雌激素、糖皮质激素和生长激素，妊娠期是雌激素、黄体酮和催乳素或胎盘催乳素（Kelly et al.，2002）。雌激素还能诱导垂体、肾脏和乳腺肿瘤细胞分泌生长因子（Sirbasku and Moreno-Cuevas，2000）。乳腺组织分泌的生长因子可能通过旁分泌或自分泌机制来调节雌激素对乳腺发育的影响。从出生到性成熟阶段，雌激素为乳腺导管生长所必需（Bocchinfuso and Korach，1997）。随着青春期卵巢雌激素的分泌，出现快速乳腺导管延伸和分支（Hennighausen and Robinson，1998），现在认为乳腺导管延长是由雌激素、GH、IGF-1 和 EGF 直接作用，而导管分支及腺泡萌芽则由黄体酮、催乳素和甲状腺素作用发生的。在终末乳芽（Terminal breast buds，TEBs）生长活跃的末端出现导管延长和生长现象。小鼠通过导管上皮细胞增殖来诱导乳腺实质增殖（Shyamala and Ferenczy，1984），雌激素和黄体酮加速了乳腺细胞的分化速率，特别是在 TEBs 中。通常，雌激素刺激 TEBs 细胞分裂，使细胞在 TEBs 末端增殖，导管分支延长。雌激素对牛乳腺实质中成纤维细胞增殖没有显著效应，所以反刍动物没有典型 TEBs 结构，说明激素在调节啮齿类动物和牛乳腺发育中有很大差别（Woodward et al.，1993）。同时，雌激素也参与产前泌乳启动。随着分娩到来，血清中雌激素浓度首先增加。雌激素至少通过两种途径启动泌乳：①对于一些物种，雌激素使下丘脑垂体释放催乳素进入血液以启动泌乳；②激素能增加乳腺细胞中 ER 水平，从而启动泌乳。雌激素可能促进乳汁分泌形成，但也有些研究认为它通过降低乳汁分泌或促进乳腺退化，抑制泌乳（Capuco et al.，2003）。

2. 雌激素受体

乳腺组织存在特异雌激素受体，有助于理解雌激素对乳腺发育的调节。ER

是一类由配体激活的转录因子，其广泛分布于多种组织。雌激素对乳腺发育的作用是通过特定类固醇激素受体介导的（Athie et al.，1996），这些受体又与细胞核受体、各种异构体、共调节蛋白、其他激素和生长因子建立广泛的相互作用（Tremblay and Giguere，2002）。对雌激素受体α（Estrogen receptor α，ERα）和雌激素受体β（Estrogen receptor β，ERβ）这两种异构体研究表明，其分别由不同基因编码，在许多物种乳腺中都表达这2种受体，ERα具有调节乳腺导管生长和形态形成的功能，而ERβ却不具有这种作用（Bocchinfuso and Korach，1997，Couse and Korach，1999）；ER在基质和上皮细胞都存在，但导管生长以及乳上皮增殖过程仅必需基质ER表达（Saji et al.，2000）。由于牛乳腺与啮齿类乳腺ER mRNA表达方式和ER蛋白表达水平不一致（尤其在牛乳腺发育早期的下调），表明可能存在不同信号转导方式（Schams et al.，2003），此外，雌激素信号可能还通过旁分泌形式发挥作用（Capuco et al.，2001）。

（二）孕激素对乳腺发育的调控

1. 孕激素

孕激素中最具生理活性的是黄体酮。黄体酮又称孕酮或黄体素，是一类分子中含21个碳原子的类固醇激素，主要由卵巢黄体分泌，其中妊娠期由胎盘分泌，在孕激素中活性最高，是一类具有独立生理功能的性腺类固醇激素。

黄体分泌的黄体酮能抑制泌乳启动。黄体酮主要作用是促进乳腺小叶及腺泡发育，在雌激素刺激乳腺导管发育基础上，使得乳腺充分发育。青春期，乳腺组织中黄体酮水平最高，随着妊娠开始，黄体酮水平开始下降，到泌乳18天时降至最低（江青东，2011）。黄体酮是乳腺中一种有效的有丝分裂促进剂，哺乳动物性成熟后的妊娠阶段，黄体酮为乳腺小叶和腺泡发育所必需（Brisken et al.，1998，Shyamala，1999）；黄体酮刺激沿着导管壁的细胞分化，通过作用导管和小导管细胞增殖，使导管变长或变宽；此外，黄体酮也诱导腺泡形成。雌激素能够促进乳腺导管生长，诱导黄体酮受体表达，而黄体酮又促进腺泡发育。妊娠期黄体酮和PRL可促进乳腺上皮细胞增生，使导管分支增多，PRL、黄体酮及胎盘催乳素进一步促进妊娠和泌乳期腺泡增生和乳汁分泌。这些均表明，黄体酮在乳腺发育中的主要作用是促进导管分支和腺泡形成。黄体酮可以诱导TEBs和乳导管壁细胞DNA合成，黄体酮受体（Progesterone receptor，PR）就定位在这些位点。随着妊娠进行，牛、绵羊、山羊等动物出现功能性黄体，其在黄体期可持续分泌黄体酮。在整个妊娠过程中，黄体酮在血液中的浓度持续升高。特别是妊娠晚期，雌激素和黄体酮浓度同时升高，这是妊娠过程中乳腺快速生长的原因。奶牛在妊娠时雌激素和黄体酮分泌增加与乳腺发育同步有力地支持了这一点。

妊娠期通过切除卵巢去除黄体酮作用能启动泌乳，但是如果同时切除肾上腺或垂体前叶则不发生泌乳，这进一步表明泌乳起始存在正向因子（PRL、肾上腺糖皮质激素）和负向因子（黄体酮）。黄体酮是使母牛保持妊娠状态而不启动分娩和泌乳的重要因子。虽然黄体酮抑制初始泌乳启动，但一旦泌乳开始并进入稳定泌乳过程，黄体酮对乳产量的负面影响就消失了（Herrenkohl，1972）。黄体酮对维持泌乳没有作用或仅有极其微弱作用，可能是因为这一生理阶段乳腺泌乳细胞不存在 PR 或是受体失去功能（Haslam and Shyamala，1979）。杨增明等（2005）研究表明，妊娠期乳腺虽发育完善，但并不泌乳，雌激素及黄体酮对乳腺细胞的催乳素受体有抑制作用。妊娠期间注射黄体酮能够阻止乳糖、α-乳白蛋白和酪蛋白合成（Kuhn，1969，Turkington and Hill，1969，Tucker，2000）。同时，妊娠期间切除卵巢，可阻止黄体酮分泌，抑制启动泌乳（Liu and Davis，1967，Smith et al.，1973）。牛产前黄体酮的急剧下降常伴随泌乳的显著增强，这再次证明了黄体酮在抑制泌乳方面的重要作用。此外，Shamay 等（Shamay et al.，1987）研究表明，在泌乳奶牛乳腺外植体中，高剂量黄体酮能够抑制 PRL 刺激产生的酪蛋白和脂肪合成及乳白蛋白分泌。

2. 黄体酮受体

黄体酮对乳腺发育的各种作用均通过 PR 介导，PR 属于核受体超家族成员的配体激活转录因子。在非妊娠牛体内发现了 3 种 PR 异构体（PR-A、PR-B 及 PR-C），这与在其他几个物种上的观察结果一致（Wei et al.，1997，Le Mellay and Lieberherr，2000，Haluska et al.，2002，Ogle，2002，Vienonen et al.，2002）。非妊娠牛乳腺上皮细胞核可能主要表达 PR-A，其在退化期乳腺上皮细胞的胞质中持续表达；而 PR-B 主要在乳汁合成和泌乳维持中发挥作用。PR 异构体的特异性功能取决于细胞类型。在人体研究中，PR-A 主要是各种类固醇激素受体的转录抑制剂，PR-B 负责黄体酮应答基因的转录激活，PR-C 没有转录激活作用，其具体功能尚不明确；现已发现黄体酮生理作用主要通过 PR-A 和 PR-B 调节，这两种异构体是由一个基因编码，但由于转录起始位点不同形成两种异构体（Kastner et al.，1990）。在青春前期的乳腺实质组织中，PR 主要定位在上皮组织中间层细胞的细胞核中，在牛和小鼠中已经证明泌乳阶段 PR 仍有表达，但不同于妊娠期（Capuco et al.，2002，Schams et al.，2003），而 PR-A 和 PR-B 各自的转录模式及其功能特点研究较少。Aupperlee

等（Aupperlee et al., 2005）使用 PR-A 和 PR-B 特异性抗体采用免疫组化方法研究其表达与定位，结果表明青春期鼠乳腺导管发育激活阶段仅有 PR-A 表达，妊娠后 PR-A 水平显著降低，说明它在这一过程中的作用较小；PR-B 仅在妊娠和腺泡生长阶段大量表达。PR-A 和 PR-B 仅在少部分细胞中共定位，妊娠阶段 PR-B 与 BrdU（5-bromo-2'-deoxyuridine）和细胞周期蛋白 D1 共定位，有 95%BrdU 阳性细胞和 83%细胞周期蛋白 D1（Cyclin D1，CCND1）阳性细胞中表达 PR-B，妊娠阶段没有发现 PR-A 与 BrdU 和细胞周期蛋白 D1 的共定位现象。在青春期乳腺中，PR-A 与 BrdU 或细胞周期蛋白 D1 的共定位水平很低，仅有 27%的 PR-B-BrdU 阳性细胞和 4%细胞周期蛋白 D1 细胞中表达 PR-A，小鼠乳腺中 PR-A 和 PR-B 的时空表达差异为它们的功能研究提供了指导性信息（Aupperlee et al., 2005）。重组实验表明，上皮 PR 是乳腺导管分支和腺泡发育所必需的（Brisken et al., 1998），而不是基质 PR。青春期小鼠 TEBs 中大多数乳腺上皮细胞（>80%）和青春期成熟导管乳腺上皮细胞都表达 PR（Zeps et al., 1999）。增殖的基底细胞主要是 PR 阳性细胞，表明黄体酮信号转导途径与基底细胞增殖有关，可能指导导管侧枝形成和成熟腺体腺泡出芽，但阻断试验表明 PR 途径在乳腺青春期发育中不起主要作用。雌激素诱导 PR 在成年小鼠乳腺中表达，但所有表达 PR 的成熟乳腺导管基底细胞都缺少 ERα 表达，近 30%的成熟乳导管腔细胞不能共表达两种受体。

（三）催乳素对乳腺发育的调控

1. 催乳素

催乳素（Prolactin, PRL）是由脊椎动物腺垂体前叶嗜酸细胞-PRL 细胞合成分泌的一种蛋白质激素，由 199 个氨基酸残基所组成。PRL 是一种最重要的泌乳激素，在促进哺乳动物乳腺发育、乳汁生成、发动和维持泌乳方面发挥重要作用。在青春期，PRL 在雌激素、黄体酮及其他激素的共同作用下，能促使乳腺发育；在妊娠期 PRL 和类固醇激素能协同促进导管伸长、分支和小叶腺泡形成。一般认为，雌激素和黄体酮控制乳腺导管生长，而妊娠期小叶腺泡的发育以及小叶上皮细胞的增殖则需要 PRL；同时成年动物乳腺在发情期中的周期性生长，也需 PRL 发挥作用，来保证乳腺对 E2 和 P 的反应性。PRL 表达的高峰对于整个泌乳启动过程特别是全乳分泌启动非常重要。

PRL 在分娩前几小时有一个分泌高峰，此时用溴隐亭（Bromocriptine）阻断 PRL 分泌，随后的乳产量明显减少，而外源 PRL 能逆转这种效果。乳汁分泌前血浆 PRL 水平骤然升高，可促使乳的生成，并激发泌乳。反刍动物妊娠期（除临产前），血中 PRL 低水平对乳腺发育是必需的，但并非乳腺发育限制因素。体外研究表明，在 INS 和皮质醇存在的情况下，PRL 能够诱导乳蛋白的分泌。与促进乳腺发育的机制相似，PRL 与其受体（Prolactin receptor，PRLR）结合能够启动生乳反应以及随后的一系列生理活动，并最终影响基因转录及乳蛋白分泌的调节（Freeman et al.，2000，Tucker，2000）。PRL 与乳腺分泌细胞膜上的相应受体结合，刺激乳蛋白（尤其是酪蛋白）和酶（如乳糖合成酶）信使 RNA（Messenger RNA，mRNA）产生。泌乳启动的第一阶段（妊娠后期），PRLR 开始增多，然后数量保持稳定，直到泌乳启动的第二阶段（分娩前后），PRLR 再一次表达上调。PRLR 的变化与泌乳启动同步，可见 PRL 在泌乳启动过程中起重要作用。大鼠体内，血液 PRL 维持高水平的重要因素是多巴胺（Dopamine，DA）在早孕期及哺乳期的活性降低。妊娠中晚期的低 PRL 浓度可能是由于 DA 对垂体 PRL 释放的抑制，P 可能是多巴胺抑制信号，从而起到促 PRL 作用（李昆明，2001）。随着妊娠发展，PRL 与其受体的结合率增加，且可对其受体浓度进行调控。

PRL 维持乳产量的重要性取决于物种。牛和山羊 PRL 分泌不影响乳汁分泌。例如，牛血液 PRL 浓度仅与乳产量轻度相关，体外额外给予 PRL 对乳产量无影响。此外，溴隐亭和低温都明显减少 PRL 分泌但不抑制牛的乳产量（Smith et al.，1993）。PRL 在乳合成过程中刺激一部分氨基酸的吸收，影响乳蛋白中酪蛋白和 α-乳球蛋白的合成，并改变葡萄糖的吸收、乳糖及乳脂的合成（Freeman et al.，2000）。有研究提出，生理浓度的 PRL 能促进离体培养的小鼠乳腺组织摄取核苷酸及整合进 RNA 的效率（Rillema et al.，2003）；Feuerman 等（Feuermann et al.，2004）则认为，PRL 影响乳腺上皮细胞乳蛋白和乳脂合成，用 PRL 刺激体外培养的泌乳期牛乳腺组织，发现瘦素受体的表达量增加约 25 倍，瘦素表达量增加 2.2 倍，而在体外培养的小牛乳腺组织中没有观察到瘦素和其受体表达量的改变，瘦素在有 PRL 时促进脂肪酸合成，没有 PRL 刺激就失去这种作用，同样也观察到泌乳牛乳腺中 PRL 对 α-酪蛋白和 β-乳球蛋白表达有类似的调节模式（Feuermann et al.，2004）。在家兔上发现 PRL 不仅调节乳蛋白基因表达也调节乳蛋白分泌。

PRL 及 PRLR 起始的细胞内信号在细胞内有多条途径。花生四烯酸（Arachidonic acid，AA）添加到泌乳乳腺上皮细胞（Mammary epithelial cells，MEC）的培养介质中将刺激酪蛋白分泌，在添加 PRL 几分钟内就能促使 AA 短暂的快速释放。目前对 PRL 信号诱导在泌乳转变过程中乳腺转录水平上的变化认识很少，有研究利用 3 种没有分泌功能的鼠乳腺模型，研究 PRL 相关基因，结果发现46个基因表达水平降低,分别属于乳蛋白、脂肪、胆固醇和脂肪酸生物合成相关酶类以及部分重要转录因子,其中的35个基因在3个模型共有,通过检测它们对PRL刺激的应答和对信号转导及转录激活因子5(Signal transducers and activators of transcription 5,STAT5)敲除HC11鼠乳腺培养细胞模型的反应来证实它们在乳汁形成分泌过程中的作用(Naylor et al.,2005)。PRL与乳腺生长和泌乳密切相关,其与Janus激酶2(Janus kinase 2,JAK2)受体相互结合,从而刺激乳腺腺泡发育和促进乳的生成、分泌以及泌乳启动和泌乳维持,在乳腺组织中刺激乳腺酪蛋白基因的表达(Freeman et al.,2000,Akers,2006),表明PRL在乳蛋白表达的调控等方面表现出重要作用。Tucker等(Tucker,2000)研究表明,糖皮质激素所诱导的细胞分化是PRL促进乳蛋白合成的前提条件。而PRL控制酪蛋白的基因表达,并受糖皮质激素和胰岛素的增强作用和黄体酮的抑制作用调节。PRL在乳腺发育过程中与乳腺上皮细胞PRLR结合,受奶牛泌乳相关激素周期性变化规律及基因表达的影响。

综上所述,PRL促进乳腺发育的可能机制:直接作用于乳腺PRLR,或间接地通过上调ER和PR,调节乳腺组织对其他激素反应的敏感性(王月影等,2002)。体外研究表明,PRL、INS和皮质醇(Cortisol)是诱导乳蛋白分泌所必需的。PRL结合到受体表面,随后启动泌乳,级联信号最终传递到调节乳蛋白分泌的基因。STAT5介导了从受体到与蛋白激酶磷酸化相关基因的信号转导。PRLR[KO]小鼠导管分支和TEBs发育受抑,但野生型小鼠基质与PRLR[KO]小鼠上皮重组导管分支和TEBs发育正常。有学者提出PRLR[KO]小鼠乳腺发育受抑是P合成不足引起的,因为PRL是已知的P合成促进剂。然而,基于以上研究结果可得出PRL可能直接作用于乳腺基质促进导管分支和TEBs发育(Farmer et al.,2000)。

2. 催乳素受体

PRLR是I型细胞因子受体超家族成员,与生长激素受体(Growth hormone receptor,GHR)是同一家族成员。在几个物种中证实PRLR由一个基因编码,但经过选择性剪接产生不同亚型,按照长度的不同,可以分成短型(PRLRS)、中型及长型受体(PRLRL)。乳腺中有PRLR表达,PRLR为单跨膜受体,由膜外部分、跨膜部分和膜内部分组成。不同受体的胞外配体结合区和跨膜区同源性很高,但膜内尾部长度各不相同(Berlanga et al.,1997,Hynes et al.,1997,Naylor et al.,2003)。

小鼠中,1种长型和3种短型受体已经被证实。除了锚定在膜上的PRLR,还发现其可溶性异构体,但这些可溶性异构体究竟是来自初级转录本差异剪切还是膜结合的 PRLR 的蛋白水解尚不明确（Freeman et al., 2000）。大鼠 PRLR 可能研究得相对较多，PRLRS 和 PRLRL 在大鼠组织中普遍表达。然而，两者表达比例依赖于组织类型和生理状态，PRLRL 在大多数组织占主导地位。未孕和妊娠期乳腺中 PRLR mRNA 水平低，在妊娠 21 天明显增加，整个泌乳期表达量持续上调。长/短型 PRLR 比例在不同生理状态乳腺中没有差异（Jahn et al., 1991）。PRLR 在大鼠各个生理阶段乳腺上皮和基质中都存在，上皮组织中 PRLR 水平更高。PRLRL 在乳腺组织各个区域都占主导地位。上皮 PRLRL 水平增加而基质 PRLRL 恒定，表明妊娠和泌乳期乳腺 PRLR 表达的增加主要发生在上皮，而 PRLR 既在乳腺上皮组织又在乳腺基质中表达，表明激素可能同时作用于两个区域。

　　PRL 通过多个信号通路发挥作用。JAK/STAT5 通路：其作用机制是 PRL 通过与靶细胞膜表面的 PRLR 结合，形成有活性的二聚体形式，激活与受体胞浆结构域近膜部分的 JAK 结合，活化的 JAK 使受体多位点酪氨酸残基磷酸化，以吸引有 SH2 结构域（Src homology 2 domain）的 STAT5 与受体结合，被 JAK 磷酸化的 STAT5，形成同源或异源二聚体，从受体复合物上脱离，易位到细胞核内与相应的 DNA 反应元件和干扰素（Interferon, IFN）激活的干扰素刺激反应元件（Interferon stimulating response element, ISRE）等结合，调节目的基因转录。激活该通路的除 PRL 外，还有 GH。STAT5 可诱导如 β-酪蛋白和 CCND1 在内的许多靶基因的表达，它们大多是细胞增殖和细胞抗凋亡的相关基因（Liu et al., 1997, Yang et al., 2000）；另外一个通路是 PI3K/AKT（磷脂酰肌醇-3 激酶，Phosphatidylinositol 3-kinase, PI3K；丝氨酸/苏氨酸激酶，Serine/threonine kinase, AKT），该通路的具体作用机制是：PRLR 受体酪氨酸被 JAK2 磷酸化后，能与 PI3K 的 p85 亚单位相互作用从而激活 PI3K（Krumenacker et al., 2001, Beaton et al., 2003），PI3K 激活后促进磷酸肌醇三磷酸（Inositol triphosphate, PIP3）的合成，PIP3 结合在 AKT 的 pleckstrin 同源区，使 AKT 的 Ser-473 和 Thr-308 位点发生磷酸化，从而抑制下游基因转录，包括糖原合成酶激酶 3（Kinanse synthesis-3, GSK-3）、Bcl2 细胞死亡对抗因子（Bcl2 antagonist of cell death, Bad）和叉头蛋白（Fork head protein, FOX）家族转录因子等，这种抑制作用促进细胞存活（Bailey et al., 2004）。

（四）生长激素对乳腺发育的调控

1. 生长激素

　　GH 是腺垂体分泌的一种具有种属特性的蛋白质激素，是由 191 个氨基酸残基组成的单肽链蛋白质，含有 2 个二硫键，是腺垂体中含量最高的一种激素，它的主要作用是促进物质代谢和生长发育。对乳腺组织来说，GH 最明显的作用是促进乳腺导管形成。GH 能够与乳腺基质中受体（GHR）结合，诱导胰岛素样生长因子 1（Insulin like growth factor-1，IGF-1）分泌，并通过旁分泌方式作用于乳腺上皮细胞。

对于反刍动物，GH 可增加乳汁生成，这种作用是通过进入乳腺的营养物质流量间接影响的还是直接作用于腺泡腔上皮细胞发挥作用尚不明确。但在大鼠泌乳期抑制 GH 分泌，将直接导致乳产量下降。GH 对乳腺发育和泌乳有着非常重要的作用，除了作为乳腺发育激素，GH 也与 PRL 合作诱导和维持泌乳，调节乳汁成分。目前认为反刍动物维持泌乳的主要激素是 GH，PRL 对维持泌乳及泌乳量无明显影响。奶牛应用外源性 GH，产奶量明显增加，可能是由于 GH 抑制乳腺纤维蛋白溶酶产生，从而延缓了乳腺退化（Peel et al.，1983）。在切除垂体的小鼠体内，外源 GH 添加可以发挥催乳作用。hGH 转基因鼠，出现乳腺发育早熟和乳蛋白合成提早（结合到 PRLR 和 GHR）；研究表明 mGH 引起体外培养的小鼠乳腺上皮细胞 α-乳白蛋白和酪蛋白分泌显著增加，此外，还能增强 mPRL 和胎盘泌乳素（Placental lactogen，PL）对 α-乳白蛋白和 IGF 结合蛋白分泌的刺激效果（Daane and Lyons，1954）。

GH 与 PRL 和 PL 具有同源性，同属一个激素家族。以前一般认为乳腺生长发育和泌乳主要参与者是 PRL，GH 有利于导管和小叶腺泡生长是结构类似 PRL 的结果，它能结合并激活 PRLR，然而后期研究表明 GH 更有可能是一种促乳腺发育激素（Ilkbahar et al.，1999）。Kleinberg 等（Kleinberg，1997）认为 GH 作用于 GHRs 诱发 IGF-1 产生，IGF-1 然后以旁分泌方式与 E 协作刺激 TEBs 和腺泡形成。相对于 GHR 在基质表达的重要性，IGF-1 受体在乳腺上皮的存在是正常导管发育必需的。显然 GH 在基质激活 GHR，因此诱导 IGF-1 在基质的表达，IGF-1 然后作用于上皮中的受体（Wiseman and Werb，2002）。IGF-1 在体内能代替 GH 作为刺激乳腺发育的激素，但 GH 可能也对乳腺发育的特异阶段有直接影响，而不需要被 IGF-1 介导。大鼠、兔、牛的乳腺导管上皮存在 GHR 的 mRNA，并且 GH 可刺激牛乳腺上皮细胞大量增殖，似乎表明 GH 对乳腺发育具有直接作用，但尽管牛乳腺存在 GHR mRNA，GH 却不能与之结合。此外，正常妊娠（类似 PRL）和泌乳时，血液中 GH 浓度变化不大，提示 GH 可能只是在乳腺局部起作用，并且对 GH 分泌的微小变化十分敏感。在青春期牛、小鼠和大鼠乳腺局部埋植 GH 和 PRL 进行比较，表明与 PRL 相比 GH 可能是更有效的乳腺分裂刺激原。虽然 GH 不是腺泡发育必需的，但是在

PRLR^{KO}小鼠乳腺上皮表现出一些催乳活性。GHR^{KO}小鼠导管分支严重退化并且侧分支受限。在 GHR^{KO} 乳腺上皮移植到野生型乳腺基质后导管分支和腺泡分化正常，这些实验表明了 GH 通过乳腺基质区发挥作用（Kelly et al.，2002）。GH 和 RPL 在乳腺不同区域激活 STAT5，揭示了它们在导管和腺泡发育和分化中有着各自作用（Silberstein，2001）。

研究表明，血中生长激素浓度的增加会降低乳蛋白含量，但之后又开始上升到原来水平，这依赖于机体内的氮平衡（Peel et al.，1979）。当给泌乳奶牛注射 GH 时，则能够明显提高乳腺组织氨基酸摄取速度及乳腺血流量（Davis et al.，1988）。但也有报道称，GH 可提高乳及乳蛋白合成，改善乳腺组织氨基酸的摄取和利用（Bremmer et al.，1997）。在没有 PRL 和 INS 存在的条件下，GH 能够增加酪蛋白及其基因表达量，当 PRL 和 INS 存在的前提下添加 GH 时，同样能够促进酪蛋白及其基因的表达，这说明 GH 能直接作用于乳腺分泌型上皮细胞，并且能增加酪蛋白及其基因的表达量（Sakamoto et al.，2005）。这些研究也表明，乳蛋白产量不仅依赖于氨基酸供给还依赖于激素的调控。

GH 和 IGF-1 在乳腺发育和泌乳中发挥重要作用。GH 能够促进泌乳可能是由于其能促进肝或其他器官产生 IGF，然后作用于乳腺细胞中的 IGF 受体，从而促进泌乳（Shamay et al.，1987）。GH 作用于 GHR 诱发 IGF-1 产生，然后 IGF-1 以旁分泌的方式与 E 共同刺激 TEBs 和腺泡形成（Kleinberg，1997）。GH 能够通过刺激 IGF-1 分泌来提高乳产量，但 IGF-1 对营养调节反应很敏感，其可作为能量平衡的感应器（Flint and Vernon，1998）。牛 GH 对反刍动物的催乳作用并不是通过增加肝脏中 GHR 数目或其基因表达来实现。经过牛 GH 处理，肝脏中 IGF-1 基因表达增加，这也表明 IGF-1 对乳合成的内分泌调节作用（Bassett et al.，1998）。此外，GH 还可能具有使泌乳期奶牛体内营养物质重新分配的作用，这有利于动员体内营养物质用于满足产奶过程的需求（Bauman，1992）。奶牛人工注射牛 GH 后，乳成分中乳糖和乳脂变化很小，但显著降低了乳蛋白、钠和氯的含量。处理过程中，乳腺对葡萄糖和醋酸盐摄取量增加，而葡萄糖摄取量增加是由于较大的动静脉差和乳腺血流量（Einspanier and Schams，1991）。

2. 生长激素受体

GHR 同属 PRL/红细胞生成素（Erythropoietin，EPO）/细胞因子受体（Cytokine receptors）超家族，是由 620 个氨基酸残基构成的跨膜单链糖蛋白，分子量约为 100 000（Chen et al.，2019）。已经在不同物种的乳腺中检测到

GHR mRNA。与大鼠乳腺中的研究结果一致，GHR mRNAs 和蛋白在未交配、妊娠和泌乳小鼠乳腺上皮和基质表达。在所有生理阶段，GHR mRNAs 水平在基质明显高于上皮。GHR 蛋白和 mRNA 水平在未交配时最高，妊娠晚期开始下降，在泌乳期乳腺中最低。这是因为整个乳腺 GHR mRNAs 水平下降，导致实质 GHR mRNAs 水平降低，妊娠和泌乳期乳腺实质比例增加（Kelly et al.，2002）。在未交配妊娠小鼠分离的上皮细胞及基质中未发现 GHR 表达变化，证实了 GHR 在两个组织区域（上皮、基质）水平保持不变；同时 GHR 在上皮细胞和脂肪细胞质膜和胞质表达。GH 在乳腺可能既通过直接结合上皮又通过间接结合到基质刺激 IGF-1 生成，IGF-1 反馈影响乳上皮发育（Ilkbahar et al.，1999）。

GH 分子具有 2 个与 GHR 结合位点，分别能与 2 个受体亚单位结合，使受体二聚化。当一分子 GH 先与 GHR 亚单位结合后，另一位点再吸引另一亚单位形成同二聚体，随后吸附胞质中的一些成分并发生相互作用而活化。目前已知 GHR 膜内胞质含酪氨酸的不同节段可能各具特定功能，随后通过 JAK2-STATs、JAK2-SHC、PLC 等多条信号转导途径，介导靶细胞的多种生物效应（Camarillo et al.，1998）。

（五）胰岛素对乳腺发育的调控

INS 由 51 个氨基酸残基组成，分子为 5 800；分子中有 A 和 B 两条肽链，两者间由 2 个二硫键平行连接形成异二聚体。胰岛 β 细胞先合成大分子前胰岛素原（Pre-proinsulin），以后加工修饰成胰岛素原（Proinsulin），再经分泌颗粒中转换酶的作用水解成 INS 以及游离的连接肽。胰岛素受体（Insulin receptor，IR）属于生长因子受体家族成员，由两个 α 亚单位和两个 β 亚单位构成四聚体（α2β2）。α 亚单位由 719 个氨基酸残基组成，暴露于细胞膜的外侧面，含有胰岛素分子的结合位点；β 亚单位为由 620 个氨基酸残基组成的跨膜肽链，其 C 末端的膜内结构域具有酪氨酸蛋白激酶活性位点。α 亚单位与 β 亚单位之间以及 α 亚单位之间靠 3 个二硫键连接成对称的四聚体。作用方式为 INS 和 IR 结合后，IR 膜内结构域发生自身磷酸化而被激活，随即催化底物蛋白质的酪氨酸残基磷酸化。

目前认为，IR 下游信号转导主要有两条途径，一是通过胞质中一类称为胰岛素受体底物（Insulin receptor substrate，IRS）的物质发挥作用，IRS 可能充当细胞内信使，进而通过一系列酶的激活实现细胞效应。胰岛素主要是激活 IRS-1，通过配体约束力和自身磷酸化诱导，促使胰岛素受体蛋白结合位点生成,从而促进乳腺上皮细胞泌乳的生物合成。研究表明,增加血中 INS 浓度,可以明显增加乳腺血流量,并提高乳产量(Bequette et al., 2001)。此外,胰岛素对于维持乳腺细胞的发育、存活及其功能也至关重要。小鼠乳腺外植体培养研究表明,在氢化可的松(Hydrocortisone, HC)和 PRL 启动酪蛋白表达中,INS 是必不可少的(Bolander and Topper, 1980, Nagaiah et al., 1981, Kulski et al., 1983)。INS 在乳腺培养模型中起到维持细胞存活的作用(Warner et al., 1980, Hu et al., 2009)。同时,Nicholas 等(Nicholas et al., 1983)证明,INS 对于酪蛋白合成也是必需的。大量研究表明,小鼠和牛乳腺外植体能够在 INS 和其他外源大分子物质存在下存活(Brennan et al., 2008, Hu et al., 2009)。INS 可能刺激磷脂酶 C(Phospholipase C, PLC)激活完成信号转导。正常生理状态下,INS 在体内对乳腺发育没有直接作用。然而,超生理剂量 INS 对体外乳腺发育是必要的。这些超生理剂量 INS 与 IGF-1R 结合,发挥类 IGF-1 的作用。这个发现解释了为什么垂体切除动物给予 INS 时卵巢类固醇激素能刺激乳腺发育,原因可能在于高剂量 INS 可以代替 GH 诱导的 IGF-1 刺激乳腺发育。

INS 与泌乳乳腺营养分配有关。例如,INS 增加泌乳大鼠乳腺葡萄糖利用率和脂类摄取率,同时脂肪细胞丧失 INS 反应灵敏性。因此,葡萄糖更多运往乳腺。相反,牛乳腺葡萄糖、乙酸盐、β-羟基丁酸、甘油三酯和氨基酸的摄取不依赖 INS。然而,在脂肪组织脂解作用下降时 INS 增加乙酸盐利用率进行脂类合成。牛 INS 与营养从乳汁合成向机体组织转移有关。实际上,血液 INS 浓度与乳产量负相关。最近,已经表明血液中 INS 浓度增加时,同时灌输葡萄糖来维持葡萄糖浓度能明显增加乳汁蛋白浓度(李真,李庆章,2010)。这表明 INS 可以调节激素、饮食和基因表达。

(六)糖皮质激素对乳腺发育的调控

糖皮质激素(Glucocorticoid, G)是由肾上腺皮质分泌的含 21 个碳原子的类固醇激素,主要包括皮质醇(Cortisol)、可的松(Cortisone)和皮质酮(Corticosterone)。皮质醇是奶牛主要的内源性糖皮质激素,其基本功能是促进乳腺腺泡系统分化发育。G 诱导细胞分化是 PRL 促进乳蛋白合成的前提条件(Tucker, 2000)。妊娠母牛经 G 处理后能够启动泌乳,而大部分物种则需要联合 G 和 PRL 才能有效启动泌乳。这同时表明在泌乳启动过程中,PRL 和糖皮质激素的协同作用是必不可少的。G 与乳腺中特异受体相结合,从而调节如乳清蛋白以及 β-酪蛋白分泌(Tucker, 2000)。而泌乳期间,即使在缺失糖皮质激素受体(Glucocorticoid receptor, GR)的情况下,小鼠乳腺上皮细胞仍然能够泌乳,且β-酪蛋白基因表达也没有受到显著影响。GR对于腺泡分化和乳的生成并不重要,但其能够影响乳腺小泡发育过程中的细胞增殖。

G在体内能够影响乳腺功能,体外(细胞中)刺激乳蛋白基因表达(Wintermantel et al.,2005)。对泌乳期大鼠进行肾上腺切除后,乳产量下降,这是由于乳腺代谢率下降。肾上腺切除后乳糖合成和乳糖合成酶活性随之下降;皮质醇处理后,乳糖合成和乳糖合成酶活性可得到恢复(Casey and Plaut,2007)。有研究表明,倍他米松(Betamethasone,BETA)对妊娠绵羊进行处理,可以扰乱其泌乳活性,使产前乳腺过早开始泌乳,而产后乳产量降低(Henderson et al.,1983)。同样,G对于泌乳期乳腺中脂质正常合成是必需的。地塞米松(Dexamethasone,DEX)对泌乳小鼠进行处理,可提高脂质组分、体内脂肪生成率以及三磷酸腺苷柠檬酸裂合酶活性(Couto et al.,1998)。但是,对于外源性G对泌乳期奶牛乳腺的影响研究较少。

(七)其他激素及生长因子对泌乳的调控

乳腺泌乳是生长因子和激素共同作用的结果,生长因子在泌乳过程中同样发挥着重要的作用。

1. 胰岛素样生长因子

IGF可以提高泌乳动物单位时间内的乳产量。对泌乳期山羊动脉注射IGF-1可以使山羊泌乳量提高9%,注射IGF-2可提高8%,当注射两者复合物时,乳腺血流量增加50%~80%(Prosser et al.,1994)。另外,IGF还可提高泌乳的持续性。泌乳动物在泌乳晚期乳产量下降主要是因为乳腺细胞衰老,失去了合成乳的能力和增殖能力。IGF-1能够抑制乳腺细胞凋亡可能由于IGF-1通过抑制AKT与细胞凋亡过程。IGF-1可以通过改善氧化效应来提高泌乳动物泌乳持续性(Hadsell et al.,2002)。

2. 甲状腺激素

Capuco等(Capuco et al.,1999)研究表明,甲状腺激素(Thyroid hormone,TH)可促进奶牛乳腺泌乳相关激素包括GH和PRL周期性变化,并影响乳腺体外培养组织基因表达,是生乳必需的激素之一。

3. 褪黑激素

郭文莉等(2019)研究发现褪黑激素(Melatonin,MT)抑制奶牛乳腺上皮细胞脂肪的合成。不同浓度MT处理奶牛乳腺上皮细胞发现,10 mmol/L MT显著抑制了奶牛乳腺上皮细胞中脂滴形成,10 μmol/L MT组甘油三酯含量显著低于对照组;同时,10 μmol/L MT显著下调乳脂肪合成关键基因转录因子

CCAAT 增强子结合蛋白 α（CCAAT/enhancer binding protein，C/EBPα）、C/EBPβ、脂肪酸合成酶（Fatty acid synthase，FASN）、脂肪酸结合蛋白 4（Fatty acid binding protein 4，FABP4）、硬脂酰辅酶 A 去饱和酶 1（Stearoyl-CoA desaturase，SCD1）以及胆固醇调节元件结合蛋白 1（Sterol-regulatory element binding protein 1，SREBP1）的 mRNA 表达量。MT1 和 MT2 受体经非特异结合拮抗剂鲁米诺（Luzindole）处理后，解除了 MT 对奶牛乳腺上皮细胞脂肪合成的抑制作用；MT2 受体经特异结合拮抗剂 4P-PDOT 处理后，MT 对奶牛乳腺上皮细胞脂肪合成的抑制作用仍然存在。

4. 牛胎盘催乳素

牛胎盘催乳素（Bovine placental lactogen，bPL）是 GH 和 PRL 家族的一员。在结构上与 GH 和 PRL 分别具有 22%和 50%的同源性。其功能也与 GH 和 PRL 相似。bPL 具多种生理功能，如促生长发育、刺激采食及促进乳腺发育等。

bPL 是促进乳腺发育和引起妊娠期乳腺生长的调节因子之一。大量资料表明，bPL 可调控乳腺生长。最早在妊娠山羊（Buttle et al.，1979）和羊（Martal and Djiane，1977）的研究中发现，在 PRL 缺乏的情况下，乳腺发育不受影响，猜测 bPL 可能刺激了乳腺发育。Vega JR 等（Vega et al.，1989）指出，bPL 刺激无胸腺鼠的乳腺组织的 DNA 合成，并有剂量相关性，通过放射自显影发现，DNA 合成的影响发生在乳腺上皮，而不是在腺体。众所周知，血清中 α-乳清蛋白（α-lactabumin，α-LA）浓度与泌乳表现密切相关，因为 α-LA 由分化的乳腺上皮细胞分泌而来，它的存在和血中浓度是乳腺分化的指示物之一。Byatt 等（Byatt et al.，1994）发现，80 mg/d 的 bPL 给泌乳小母牛处理 4 天，提高了血清中 α-LA 浓度（$P<0.05$），80 mg/d 和 160 mg/d 的 rbPL 可导致乳腺 DNA 增加 50%和 60%，说明 bPL 刺激了乳腺分化。

bPL 可刺激乳腺发育，提高乳产量。Byatt JC 等（Byatt et al.，1991）针对泌乳奶牛的研究表明，10 mg/d、20 mg/d 和 40 mg/d 的 bPL 补充量都可引起奶产量的提高，但乳糖、蛋白质和脂肪含量没有明显变化。Byatt JC 报道，用 bPL 处理过的小母牛奶量在 28 天可达到 10kg/d，而对照组在 42 天才能达到。另有研究表明，低剂量的 bPL（40 ng/d）常引起生乳作用的减少（Byatt et al.，1994）。而给泌乳起始 18 天的母牛进行 bPL 皮下注射（40 ng/d），从 3~8 周泌乳来看，试验组的乳产量比对照组高出 22%，但由于变异太大，差异不显著（Byatt et al.，1997）。因此得出结论，bPL 可以促进牛、羊和鼠等乳产量的提高，而没有种族差异。bPL 对产乳量的影响可能与剂量有关，剂量太低不发挥作用或作用甚微。

二、乳腺不同发育时期激素调节

（一）新生幼崽乳腺发育相关调控因子

新生幼崽乳腺上皮是由一些小导管组成的初级结构，这些导管以不同速度一直生长到青春期为止（在小鼠中为 4 周）。随着青春期的到来，导管形态发生的过程中出现了导管扩张性生长，该过程中乳腺上皮构成的导管分支填充了脂肪垫（Fat pad）。这一生长过程受到 GH、E 及生长因子（如 IGF-1）的影响。在青春期成熟过程中，在 P 作用下会形成短的第三级分支，但仅在妊娠期通过 PRL 诱导才形成腺泡，PRL 与 P 一起促进了腺泡细胞生长。PRL 的刺激一直持续到整个泌乳期阶段，直到退化期产生断奶信号为止，退化期后乳腺进入重塑回到成年未妊娠状态。

（二）青春期乳腺发育相关调控因子

1. 激素和生长因子控制导管的形态发生

研究人员发现，垂体提取物能促进乳腺发育和泌乳（Trott et al., 2008），并发现两种激素在这一过程中起作用：GH 和 PRL。GH 是生长和代谢的关键调节因子之一，它可以增加牛的产奶量。GH 与 GHR 相互作用，激活胞质 JAK2，并启动细胞内信号传导级联反应，下游信号传导级联包括 4 种途径：转录激活因子（STAT）途径，有丝分裂原活化蛋白激酶（MAPK）途径，蛋白激酶 C（PKC）途径和胰岛素受体（IRS）途径。STAT 在调节乳腺发育和乳蛋白合成中起着重要作用，STAT5 基因是奶牛乳腺蛋白合成的重要调控因子，据报道，β-酪蛋白启动子上至少有一个 STAT5 结合位点。MAPK 可以促进乳腺上皮细胞增殖和细胞周期循环，PKC 在葡萄糖代谢中起重要作用，IRS 可以维持细胞生长、分裂和新陈代谢。GHR 是非激酶受体，其信号传导途径的激活需要受体相关激酶（如酪氨酸激酶或色氨酸激酶）的参与。GHR 是跨膜受体，GH 与其受体结合，导致受体二聚化并激活细胞间信号转导途径使细胞生长。GH 可直接作用于牛乳腺上皮细胞上 GHR，从而影响牛奶的产量；GHR 基因与牛奶产量和组成有很大关系，GHR 是生长激素作用的转换器，它在脂质和碳水化合物的代谢中起关键作用，它通过 GH 轴引发和维持泌乳，GHR 基因发生突变会对牛奶蛋白量产生很大影响（Zhang et al., 2019）。

后来的研究表明，敲除青春期小鼠 GH、IGF-1 或 ER 基因（这些蛋白介导调节乳导管生长和形态发育的细胞信号途径），其乳腺发育受到抑制；相反，敲除 PRL 或 PGR，不影响青春期小鼠乳腺的发育，PGR 是调节腺泡形成的细胞信号通路蛋白（Loladze et al.，2006）。

2. 雌激素控制青春期乳腺局部细胞生长

E 是青春期乳腺发育的另一个重要调节因子，在青春期乳腺发育成功能性乳腺过程中发挥重要作用。雌激素是一种膜溶性配体，从卵巢释放出来，通过细胞内受体激活相关基因表达。过去很长一段时间，人们不清楚雌激素等激素是否对乳腺发育有直接影响，或者它们是否间接地刺激垂体释放 PRL 等激素（Lieberman et al.，1978）。第一项显示雌激素对乳腺发育有直接影响的研究，是通过应用 Elvax pellets 完成的，将 Elvax pellets 直接植入乳腺组织中，将雌激素直接传递到乳腺（Silberstein and Daniel，1984）。有研究明确地表明，E 在切除卵巢及卵巢完整的动物中均能刺激乳腺导管生长，并且这种刺激作用能被 ER 拮抗剂他莫昔芬阻断（Silberstein et al.，1994）。这些研究首次证实了在局部雌激素对雌激素受体的作用，雌激素受体广泛存在于腺体的上皮和间质中。

此外，在 IGF-1 基因敲除小鼠中证实了 E 与 IGF-1 的协同作用（Ruan and Kleinberg，1999）。细胞内有两种形式的雌激素受体 α 和 β，由不同的 ESR1 和 ESR2 基因编码。通过对基因敲除小鼠表型的分析，ESR1 是乳腺导管形态发育过程中的主要受体（Lubahn et al.，1993，Krege et al.，1998）。敲除 ESR1 小鼠，与敲除 IGF1 小鼠相似，乳腺只能形成一个基本导管系统，在青春期 E 作用下发育不完全。研究表明，ESR1 阳性细胞会通过旁分泌方式发送信号来促进周围细胞增殖（Zeps et al.，1998），通过移植技术，研究人员将 ESR1 敲除细胞与野生型细胞（ESR1 阳性）混合并将其移植到预处理的脂肪垫中，会使乳腺上皮生长（Mallepell et al.，2006），ESR1 阳性细胞以旁分泌方式发出信号刺激邻近的 ESR1 阴性细胞增殖。

50 多年前在卵巢切除小鼠的激素替代研究中就已经证明，E 不仅在乳腺导管形态发育过程中促进细胞生长，还在妊娠期间促进和维持腺泡细胞的生长（Nandi，1958）。这一研究结果被乳腺导管延长后腺泡内 ESR1 失活实验所证实，ESR1 失活导致乳腺小叶腺泡发育不良和产奶不足（Feng et al.，2007）。

总之，GH、IGF-1、E 及乳腺基质和上皮中局部产生的 IGF-1，通过与乳腺中的受体作用，促进乳腺导管分支和腺泡的形成。

3. 生长因子调节乳腺导管发育

EGF 和 FGF 家族成员通过各自的酪氨酸激酶受体（Receptor tyrosine kinase，RTK）发出信号，对乳腺导管的形态发育产生积极影响。就 EGF 家族而言，双向调节蛋白（Amphiregulin，AREG）是唯一的必需配体，EGF 家族成员可以影响乳腺导管的生长，例如，神经调节蛋白 1（Neuroregulin 1，NRG1）和 EGF 均能挽救去卵巢小鼠和 ESR1 敲除小鼠的乳腺导管发育，但缺乏 AREG 小鼠乳腺表现型与 ESR1 敲除小鼠的相似，都表现为乳腺导管发育不良。青春期雌激素强烈诱导乳腺上皮细胞 AREG 的表达，但这种跨膜蛋白与位于基底膜基质细胞远端的 EGFR 结合。研究表明，去整合素和金属蛋白酶 17（Disintegrin and metalloprotease 17，ADAM17）（TNFα 转换酶）从乳腺上皮细胞释放 AREG，使基质 EGFR 旁分泌活化（George et al.，2017）。支持这一系列事件的证据包括观察到在 ADAM17$^{-/-}$ 乳腺中观察到的导管生长缺陷类似于在 AREG$^{-/-}$ 和 ESR1$^{-/-}$ 乳腺中的缺陷，以及局部注射可溶性 AREG 可挽救 ADAM17$^{-/-}$ 腺体的发育。AREG 信号传递给基质细胞上的受体，因此只能间接影响乳腺上皮细胞。事实上，组织重组实验已经证实 EGFR 的上皮缺失不会破坏导管的发育，而基质生长因子受体的缺失会显著减少导管的生长，进一步支持了雌激素反应的旁分泌回路是通过与基质的相互作用发生的这一观点。FGFs 是介导有丝分裂信号的有吸引力的候选者，因为它们在青春期乳腺基质中上调，并且它们的同源受体 FGFR2 在上皮细胞上是导管伸长所必需的。这一过程可以这样概括，E 与细胞中的 ESR1 结合，诱导 ADAM17 从细胞表面释放跨膜 AREG，AREG 使基底膜分裂成表达 EGFR 的基质成纤维细胞（George et al.，2017）。EGFR 的激活诱导 FGFs 的表达，进而通过乳腺上皮 FGFR2 促进细胞增殖，TGFβ1 通过抑制细胞增殖和限制导管分支形成，对导管形态发生起负调控作用（George et al.，2017）。

（三）妊娠期及泌乳期乳腺发育相关调控因子

乳腺的发育与泌乳主要受内分泌系统产生的各种激素以及局部产生的各种因子的调节。这些信号相互作用共同调节着乳腺的发育、泌乳、退化以及保持乳腺内环境稳定。

1. 生长激素和 IGF-1 在泌乳期乳腺发育过程中发挥重要作用

垂体分泌的 GH 是乳腺发育的重要调节因子，但目前的证据表明，它对乳腺的调节主要甚至完全是通过 IGF-1 介导的，IGF-1 主要通过作用于乳腺基质发挥作用（Ruan and Kleinberg，1999）。通过敲除小鼠 GHR 基因，建立了人类

Laron 综合征（一种由 GHR 缺陷引起的遗传性侏儒症）小鼠模型，结果表明 GHR$^{-/-}$ 小鼠血清中 IGF-1 水平显著降低（Shashkin et al., 1997），导致乳腺发育延迟，乳腺中导管分支稀疏（Gallego et al., 2001）。为了评价 GHR 缺失对乳腺上皮或间质的影响，进行了将 GHR$^{-/-}$ 乳腺上皮移植到 WT 脂肪垫的组织重组实验，这些实验表明 GH 是乳腺基质生长发育必需的，而对乳腺上皮则并非必需。GH 是通过乳腺基质成纤维细胞中的 GHR，诱导产生 IGF-1，然后在乳腺上皮发挥作用。在 IGF1$^{-/-}$ 小鼠模型中，小鼠乳腺导管发育明显不良，与 GHR$^{-/-}$ 小鼠乳腺中观察到的表型相似。此外，IGF1$^{-/-}$ 小鼠体内 GH 水平正常，添加 IGF-1 可使乳腺发育恢复到正常水平，可见 GH 下游的 IGF-1 对乳腺发育的作用十分重要（Davis et al., 1988, Deis et al., 1989）。

在过去的十年里，研究人员试图确定局部产生的 IGF-1 与肝脏系统局部产生的 IGF-1 在乳腺发育过程中的相对重要性。初步研究结果表明，局部产生的 IGF-1 发挥中心作用，以旁分泌而不是内分泌方式发挥对乳腺的作用（李键等，1996）；这是通过研究 IGF-1 基因插入突变小鼠的实验得出的结论，在这些小鼠中乳腺 IGF-1 表达量减少了 70%，导致小鼠乳腺导管分支减少，证实了 IGF-1 对乳腺发育的重要性。相反，肝脏特异性缺失可使循环血液中 IGF-1 水平降低到 75%，而乳腺导管发育形态正常，这提示血液循环中 IGF-1 水平对乳腺发育不重要（Richards et al., 2004）。当在 IGF-1 基因敲除小鼠的肝脏中特异性过表达外源性 IGF-1 基因时，小鼠只在血液循环中产生 IGF-1，使受阻碍的乳腺发育得以恢复，这说明血液循环中产生 IGF-1 可以弥补乳腺组织中 IGF-1 的缺失，而且在正常小鼠血液循环中过表达 IGF-1 可以增强乳腺细胞增殖和乳腺发育（Cannata et al., 2010）。这些结果表明，过量的 IGF-1 可以使乳腺上皮细胞异常增殖。

2. 乳腺导管发育为妊娠期和泌乳期做准备

乳腺必须经历多种适应性变化为泌乳做准备。这些变化在组织形态上需要腺体成熟和腺泡形成，主要受 PG 和 PRL 控制。妊娠期导管分支迅速增多，为腺泡发育提供导管基础，增生的乳腺上皮细胞产生腺泡芽，逐渐分裂并分化为不同的腺泡，在哺乳期发育成为泌乳小叶。当增生的上皮细胞占据导管间隙时，间质脂肪组织减少。到妊娠中期，每个腺泡周围都有一个篮子状的毛细血管网。妊娠晚期，腺泡包围了脂肪垫的大部分，随着妊娠临近，腺泡表现出一些分泌活动。其中一些变化也发生在发情期，此时腺体表现出轻微的增殖和分化，包括乳蛋白的少量表达（Haslam and Shyamala, 1981）。

3. 黄体酮对腺泡形成有重要作用

PG 和 E 一样，是一种膜溶性卵巢激素，通过细胞内受体发出信号，调控乳腺上皮增殖。PG 调控乳腺导管生长和腺泡形成使乳腺发育为有泌乳能力的腺体，并与 PRL 共同作用，促进泌乳期形成具有合成和分泌乳汁功能的腺泡（Lydon et al.，1995）。通过对 PGR 基因敲除小鼠的分析，揭示了 PG 在妊娠期和泌乳期的重要性，PGR$^{-/-}$小鼠乳腺只产生一个简单的导管分支，即使在青春期生长迅速，妊娠期也不会发生相关的导管增殖或小叶腺泡分化（Lydon et al.，1995）。在乳腺上皮和间质进行 PGR 移植研究，揭示仅需要在上皮表达 PGR 就可以促进导管分化和形成腺泡。在乳腺上皮细胞中，PGR 的表达模式从幼年的均匀表达转变为成年上皮细胞亚群的分散表达模式，这表明与 E 信号类似，PG 信号以旁分泌的方式出现；这是通过镶嵌分析来评估的，其中 PGR$^{-/-}$细胞与野型（PGR 阳性）细胞混合并移植到预先清除的野生型脂肪垫中，PGR$^{-/-}$与野生型乳腺均生长正常，说明野生型乳腺细胞可以拯救 PGR$^{-/-}$细胞表型，验证了 PG 通过旁分泌机制传递信号的观点（Ruan et al.，2005）。

PGR 的研究由于存在两种受体亚型（PGRα 和 PGRβ）而变得复杂，这两种受体亚型是由一个基因的不同启动子产生的，它们序列相同，只是 PGRβ 含有 164 个额外的 N 末端残基。PGR 的两种亚型均在初生小鼠乳腺妊娠期表达，PGRα 水平高于 PGRβ。然而，在乳腺中 PGRα 缺失并不产生一个表型，而 PGRβ 缺失导致妊娠期侧分支和腺泡形成的显著减少。PGRβ 在乳腺中是唯一需要的，但不排除 PGRβ 对 PGRα 有明显的作用。

关于黄体酮受体下游的信号传导仍有许多需要了解的信息，但最近的数据表明肿瘤坏死因子配体超家族成员 11（Tumor necrosis factor ligand superfamily members 11，TNFSF11），也称为 RANK（NFKB1 配体的受体激活剂），是 PG 诱导增殖的关键旁分泌介质。RANK 通过 TNFRSF11a 发出信号，通过刺激邻近细胞中的核因子 κB（Nuclear factor kappa-B，NF-κB）来调节广泛的生理过程，包括破骨细胞生成和骨重塑。缺乏 RANK 的小鼠在怀孕期间不能进行腺泡发育，这一表型与 PGRβ$^{-/-}$腺体中描述的非常相似。大量研究表明 RANK 是由 PG 诱导的，特别是在 PGR 阳性的管腔上皮细胞中，旁分泌信号诱导邻近的 PGR 阴性细胞增殖（Gonzalez-Suarez et al.，2010）。最近的研究表明，RANK l 在 PG 依赖性乳腺癌细胞增殖中起着重要作用（Boopalan et al.，2011）。

4. 催乳素与黄体酮协同产生泌乳能力强的腺体

PRL 是妊娠期泌乳能力的主要来源，它通过调节卵巢黄体酮的分泌，直接作用于乳腺上皮细胞，间接发挥作用。PRL 是垂体以及乳腺上皮等部位产生的一种小多肽激素。它与 I 类细胞因子受体超家族的一个成员结合，导致许多信号通路的激活，包括 JAK/STAT、MAPK 和 PI3K 信号通路。PRL 和 PRLR 基因敲除小鼠的胚胎和出生后发育似乎正常，在青春期前乳腺树有典型的生长，但缺乏侧枝和腺泡芽导致稀疏的分支，类似于在 PRL$^{-/-}$ 小鼠中观察到的分支。为了确定这种缺陷是乳腺上皮固有的还是由于全身效应，研究人员进行了移植实验，将 PRL$^{-/-}$ 上皮移植到预先制备的乳腺脂肪垫中（Silberstein and Daniel，1984）。这些实验显示移植组织发育正常，提示敲除 PRL$^{-/-}$ 缺陷是由于其他组织缺乏 PRL/PRLR 信号。通过在胶囊植入 PRL$^{-/-}$ 垂体来挽救 PRL$^{-/-}$ 小鼠乳腺侧分支和腺泡缺陷的实验，证实了对全身发育对 PRL 的需求。失去 PRL 信号的一个系统性后果是由于卵巢分泌受损而导致血清激素水平低。研究人员发现，在去势的 PRL$^{-/-}$ 小鼠中，仅仅恢复 PG 水平就能恢复导管侧分支，进一步证实 PRL 和 PG 协同作用产生小叶腺泡生长（Silberstein and Daniel，1984）。令人惊讶的是，这些动物的腺泡形成是正常的，但这可以解释为存在 PRL 家族 3-D 亚科-成员 1（PRL3D1），也就是 bPL，bPL 同样可以结合和激活 PRLR，从而发挥调控作用。因此，通过将 PRLR$^{-/-}$ 上皮植入野生型小鼠的移植实验，明确了 PRL 信号在腺泡形成中的作用。由于 PG 水平正常，这些小鼠的导管形态发生看起来正常，但腺泡未形成，揭示了 PRL/PRLR 信号在小叶腺泡发育和产奶中的重要作用（Knight，2001）。

JAK2/STAT5 信号通路在 PRL/PRLR 下游被激活，在建立腺泡形成过程中起重要作用。这一点通过对 JAK2$^{-/-}$ 和 STAT5$^{-/-}$ 小鼠乳腺缺陷的分析得到了证实，这些小鼠在 PRLR$^{-/-}$ 腺体中观察到。此外，在 PRL 诱导的腺泡细胞分化后，STAT5 条件性丢失表明，这一途径是维持妊娠过程所必需的。通过 PRLR/JAK2/STAT5 途径的信号转导最终导致乳蛋白基因的表达，包括酪蛋白 β 和乳清酸蛋白，它们的启动子中含有 STAT5 反应元件。该途径受到许多阳性和阴性调节因子的精确控制，包括整合素。整合素是细胞外基质（Extracellular matrix，ECM）受体的主要类别，是 STAT5 完全激活所必需的。整合素和 PRLR 之间的相互作用是由跨膜糖蛋白信号调节蛋白 α（Transmembrane glycoprotein signal regulatory protein α，SIRPa）介导的。SIRPa 在哺乳期间整合腺体对 ECM 的反应，产生包含 JAK2 的复合物，并作为整合素与各种 SIRPa 成分相互作用的函数调节 PRLR 的反应。PRLR 信号的下游是 RANK 1，与 PGR 信号一样，它是 PRL 的旁分泌作用靶点。PRLR 信号的负调控是由细胞因子信号转导抑制因子（Suppressor of cytokine signaling，SOCS）家族通过经典负反馈环实现的。PRLR 诱导 SOCS1 的表达，而 SOCS1 又与 JAK2 结合并抑制其与 STAT5 的结合。SOCS1$^{-/-}$ 小鼠在妊娠期表现出腺泡发育和产奶能力增强。因此，SIRPa、RANKL 和 SOCS 是 3 个例子，说明了调节细胞对 PRL 反应的信号通路的复杂性。这一系列的途径导致了一个微调的转录程序，进而调节许多信号网络，并最终控制腺泡细胞的分化及其泌乳（Hennighausen and Robinson，2001）。

5. 内分泌调控

与乳腺发育有关的激素主要有三大类：生殖类激素如 E、PG、PL 和 PRL 等；代谢类激素如 GH、皮质类固醇、TH 和 INS；乳腺局部产生的激素如 GH、PRL 和瘦素。在泌乳发动和维持阶段，催乳激素如 PRL 和 GH 调控着乳产量。PRL 通过直接作用于乳腺上皮因子和激活一些转录因子发挥作用，STAT5 是其中一个关键的活化信号分子。GH 直接作用于乳腺，还可通过引起乳腺或肝脏合成 IGF-1，间接调控乳腺的功能。在整个泌乳周期，均检测到 GHR 的 mRNA，尽管尚没有在体外检测到生长激素可与反刍动物乳腺上皮细胞结合（Plath-Gabler et al.，2001），但是生长激素对乳腺的直接影响不能被排除。乳腺内 IGF-1 的合成已经在许多物种上得到证实，但是 IGF-2 还不常见。除了 IGF 家族，越来越多的局部生长因子被发现调控乳腺的存活和凋亡（Lamote et al.，2004）。这些因子如 EGFs 和 TGFβ 相互作用，共同调控反刍动物乳腺的功能。表皮生长因子与多种 EGF 结合蛋白结合，直接促进有丝分裂的发生。

到目前为止，科学家们对啮齿动物中 EGF 对乳腺的调控功能进行了深入的研究，在牛以及绵羊乳腺内也检测到 EGFR 的存在（Forsyth，1996），但是其功能尚不清楚。同样，在牛乳腺内检测到促生长的 TGF-βⅡ 和抑制生长的 TGF-βⅠ（Plath et al.，1997）。

6. 局部调控

（1）泌乳反馈抑制素（FIL）

Henderson 等（Henderson et al.，1983）利用单侧乳房试验分别在牛和羊中证实了局部因子参与乳汁分泌的调控。当增加单侧乳房挤奶频率的时候，该侧乳房乳产量增加，而对侧乳房乳产量不受影响。已有研究证明，增加挤奶频率可使乳产量提高 10%~15%（DePeters et al.，1985，Allen et al.，1986）。最初人们认为这是由于乳房压力降低引起的；后来发现，每天挤奶两次以上，引起泌乳反馈抑制素（Feedback inhibitor of lactation，FIL）频繁的分泌，进而导致乳产量增加（Wilde et al.，1988）。FIL 被认为是由乳腺上皮细胞分泌的一种糖蛋白，反馈性地抑制乳腺上皮细胞的增殖和分化（Wilde et al.，1987，Wilde et al.，1988）。在泌乳发动时增加奶牛挤奶频率，会引起整个泌乳期的乳产量增加（Hale et al.，2003）。不能充分排除乳汁确实存在一些反馈性抑制因素，如酪蛋白降解产物和 5-HT 等，这些因素协同作用，共同调控乳汁的合成。

（2）酪蛋白降解产物

Silanikove 等（Silanikove et al.，2009）研究发现了压力诱导乳汁分泌的快速调节机制。乳腺的负反馈系统由乳酶体系（Lactase system）（纤维蛋白溶酶原激活剂、纤维蛋白溶酶原和纤维蛋白溶酶）组成，作用于 β-酪蛋白降解产物。β-酪蛋白降解产物结合泌乳期的乳腺上皮细胞的尖端质膜，关闭钾离子通道，从而导致了乳汁分泌抑制，紧密连接功能下降（Silanikove et al.，2009）。应激动物在外界压力环境下，例如热应激、脱水和严重的营养不足，FIL 是迅速减少乳汁分泌的途径（Silanikove et al.，2006）。研究人员还报道了在受压条件下，乳腺对于 β-酪蛋白降解产物的反应更显著，这可能与定位在乳腺上皮细胞顶膜上的受体增加有关（Silanikove et al.，2006）。虽然在压力环境下 β-酪蛋白的作用最显著，但是 β-酪蛋白降解产物片段很可能也参与乳汁分泌的慢性调节（Silanikove et al.，2009）。

（3）五羟色胺

五羟色胺（5-hydroxytryptamine，5-HT）是一种强有效的血管收缩剂，能减少乳腺血流量。在干乳期乳腺内注射 5-HT 能加快乳房表皮温度的下降，推测可能与乳腺合成活性和血流量的减少有关（Hernandez et al.，2011）。有研究报道，在体外培养的牛和小鼠的乳腺组织中，PRL 上调 5-HT 的合成，并且乳腺上皮细胞分泌合成的 5-HT 能够通过自分泌/旁分泌负反馈调节乳腺发育和乳汁合成（Matsuda et al.，2004）。5-HT、FIL 和 β-酪蛋白降解产物对乳腺的局部调控作用均表现为改变紧密连接功能，增加细胞凋亡，并降低乳蛋白基因表达，它们之间最主要的不同是其结合位点的差异。

三、奶牛乳腺激素相关 microRNA 研究

（一）雌激素相关 microRNA

Lee 等（Lee et al.，2013）为了了解 miR-206 对乳腺发育的影响，对高表达 miR-206 和对照组乳腺乳芽进行了基因表达谱分析。miR-206 在乳腺上皮细胞和原癌细胞中可能调控速激肽 1（Tachykinin 1）和 Gata 结合蛋白 3（Gata 3）

等被认为是乳腺癌的标志物基因。miR-206 过度表达后，参与乳腺定位的 Wnt 和乳腺发育所必需的转录因子 T-框蛋白 3（T-box protein 3，Tbx3）和淋巴增强因子-1（Lymphoid enhancer-1，Lef1）表达量发生变化。利用乳腺芽体外培养系统，证明 miR-206 在乳腺生长过程中作用于 ER-α 及下游分子。miR-206 通过作用于 ER-α 及下游分子调节乳腺形成和乳腺发育相关基因表达。

（二）催乳素相关 microRNA

miR-142-3p 通过调控靶基因 PRLR 参与调节奶牛乳腺上皮细胞的泌乳过程，负向调节泌乳信号通路及蛋白表达、甘油三酯分泌和细胞增殖能力，促进凋亡，对奶牛泌乳功能具有一定影响。于蕾（2015）通过研究发现，miR-142-3p 在不同乳品质的奶牛乳腺组织中均有表达，但相比于处于泌乳期高乳品质乳腺组织和干奶期乳腺组织，泌乳期低乳品质奶牛乳腺组织中的表达量最高，miR-142-3p 在调控奶牛乳腺的泌乳功能上起到一定作用；在奶牛乳腺上皮细胞中 miR-142-3p 作用于靶基因 PRLR 并下调其 mRNA 水平和蛋白水平的表达；miR-142-3p 可抑制乳蛋白和乳脂合成的信号转导通路，负调控泌乳相关通路蛋白 STAT5、AKT1、mTOR、MAPK、SREBP1 及 Cyclin D1 的表达。miR-142-3p 通过作用于一系列相关信号通路可抑制奶牛乳腺上皮细胞的增殖能力，促进细胞凋亡，抑制 β-酪蛋白和乳脂的分泌，但对乳糖调节作用不明显，对奶牛乳腺上皮细胞泌乳功能具有调控作用。有文献报道 miR-142-3p 能够调控小鼠乳腺的发育及泌乳的周期性变化（李慧明，2013）。

万中英等（2010）首次用荧光定量 RT-PCR 检测增乳活性单体邻苯二甲酸二丁酯及 PRL 作用后乳腺上皮细胞 miRNA 表达变化，结果表明王不留行增乳活性单体邻苯二甲酸二丁酯及 PRL 均抑制原代培养的泌乳中期奶牛乳腺上皮细胞 miRNA-143、miRNA-125 和 miRNA-195 表达；邻苯二甲酸二丁酯可抑制 miRNA-21 表达。说明 miRNA 可以对激素及其受体表达发挥调控作用，而激素及其类似物也可调节 miRNA 表达水平。

（三）生长激素相关 microRNA

乳腺的发育是由内分泌激素特别是 GH、雌激素、孕激素和 PRL 共同作用的复杂相互作用所控制的，GHR 作为一种重要的细胞因子超家族受体，参与多种信号转导途径。GHR 在乳腺中也起着重要作用，它与乳腺发育、泌乳和乳成分有关。

miR-15a 位于人类染色体 13q14 上，在 68% 的 BCL-2 基因表达水平下降。Cimmino 等人（Cimmino et al., 2006）进一步证实 miR-15a、miR-16-1 和

BCL-2在慢性淋巴细胞白血病（Chronic lymphocytic leukemia，CLL）细胞中的表达呈负相关。Li 等（Li et al.，2012）利用 TargetScan5.1 预测软件，预测并验证了 GHR 基因是 bta-miR-15a 潜在的靶基因。将 bta-miR-15a 模拟物或抑制剂分别转染牛乳腺上皮细胞，采用实时定量 PCR、Western blot 和 CASY-TT 技术对泌乳相关基因和蛋白的表达进行了研究和分析。miR-15a 可通过调节 GHR 从而抑制乳腺上皮细胞增殖和乳成分分泌，其作用机制是 miR-15a 抑制了 GHR，影响了 JAK2-STAT5 信号通路，降低 β-酪蛋白的表达。众所周知，乳腺上皮细胞的数量和活力与产奶量有关，乳腺上皮细胞数量的增加和细胞活力的增强将有助于泌乳，研究结果表明，bta-miR-15a 的过度表达降低了乳腺上皮细胞的存活率，而 bta-miR-15a 抑制剂的添加则提高了乳腺上皮细胞的存活率，提示 bta-miR-15a 可以调节乳腺上皮细胞的存活率。miR-15a 调节细胞活力的信号途径还没有被明确的识别。研究认为 bta-miR-15a 是一种新的促进奶牛乳腺上皮细胞泌乳的调节因子。酪蛋白是一种重要的乳蛋白，也是乳腺上皮细胞的重要功能蛋白，miR-15a 可下调 GHR，改变乳腺上皮细胞的活力和酪蛋白的表达；miR-15a mimic 转染降低了酪蛋白的表达。这意味着 miRNA 作为一类调节生物学功能和乳腺发育的分子是不容忽视的。这些数据增强了目前对 miRNA 在乳腺发育和泌乳激素调控中作用的理解。

孙霞（2015）对 bta-miR-139 进行了研究，通过在 TargetScan（http//：www.targetscan.org）网站上进行靶基因预测，发现选择 GHR 和 IGF-1R 可能是 bta-miR-139 的目标靶基因；之后以中国荷斯坦奶牛作为实验动物，采用实时荧光定量 PCR 技术检测 bta-miR-139、GHR 和 IGF-1R 在奶牛不同发育阶段及不同乳品质乳腺组织中的表达变化，研究结果表明：干奶期奶牛乳腺组织中的 miR-139 及其靶基因 GHR 和 IGF-1R 的 mRNA 表达显著高于泌乳期（$P<0.05$）；泌乳期高乳品质奶牛乳腺组织中的 miR-139 及 GHR 的 mRNA 表达显著高于低乳品质奶牛（$P<0.05$），但是 GHR 的蛋白表达在泌乳期高、低乳品质奶牛乳腺组织中没有显著差异；泌乳期高乳品质奶牛乳腺组织中的 IGF-1R 的 mRNA 表达显著低于低乳品质奶牛（$P<0.05$）。

用 Western blot 方法检测 GHR 在奶牛不同发育阶段及不同乳品质乳腺组织中的表达变化，并以体外培养的泌乳中期奶牛乳腺上皮细胞为研究对象，分别转染 miR-139 mimic 和 inhibitor，采取实时荧光定量 PCR 技术检测 miR-139、GHR 和 IGF-1R 的表达变化；用 Western blot 方法检测 IGF-1R 及泌乳相关信号通路蛋白的表达变化，结果发现：miR-139 过表达能显著下调奶牛乳腺上皮细胞中 GHR、IGF-IR、STAT5、p-STAT5、PPARγ、SREBP1、CCND1、p-70S6K、70S6K、AKT1、p-AKT1、mTOR 和 p-mTOR 的表达（$P<0.05$）；miR-139 抑制实验则表现出相反结果（$P<0.05$），说明 miR-139 能通过调节其靶基因 GHR 和 IGF-1R 进而调节泌乳相关信号通路蛋白的表达。

此外，研究用 MTT（3-（4,5-dimethyl-2-thiazolyl）-2,5-diphenyl-2-H-tetrazolium bromide，Thiazolyl Blue Tetrazolium Bromide，3-（4,5-二甲基噻唑-2）-2,5-二苯基四氮唑溴盐）法检测了细胞活性，用 Edu 细胞增殖试剂盒检测了 DNA 增殖情况；用相关试剂盒分别检测 miR-139 过表达和抑制后 β-酪蛋白、甘油三酯以及乳糖的含量；结果显示：miR-139 过表达显著抑制了奶牛乳腺上皮细胞的活力、增殖能力以及 β-酪蛋白、甘油三酯和乳糖的合成（$P<0.05$）；miR-139 抑制实验则表现出相反结果（$P<0.05$）。

采用 bta-miR-139 inhibitor 和 GHR miRNA 同时转染细胞，进行 miR-139 和 GHR 共抑制实验，并在 mRNA 或蛋白水平检测 GHR、IGF-1R 以及泌乳相关信号通路蛋白的表达变化。发现 miR-139 和 GHR 共抑制组与单独 GHR 沉寂组相比，GHR、IGF-1R、AKT1、p-AKT1 以及酪蛋白的表达量显著上调（$P<0.05$），而 miR-139 和 GHR 基因共抑制组与单独 miR-139 抑制组相比，GHR、IGF-1R、AKT1、p-AKT1 以及酪蛋白的表达量显著下调（$P<0.05$），这一结果一方面再次验证了 GHR 是 miR-139 的靶基因，另一方面说明 miR-139 的另一个靶基因 IGF-1R 的表达和作用还受到 GHR 的调节。

（四）其他激素相关 microRNA

门晶（2011）对瘦素受体（Leptin receptor，LEPR）基因分析，表明其是 miR-30d 在奶牛乳腺中的靶向基因，miR-30d 通过调控 LEPR 基因的表达，参与乳腺的发育和泌乳，通过对瘦素（Leptin，LEP）下游信号通路的调控，发挥了泌乳调节功能。

Wang 等（Wang et al.，2012）在对奶牛产后 30 天乳腺组织 miRNA 及其靶基因表达进行分析研究时发现，INSR 发生上调，可能是 miR-15/16、miR-181a、miR-221 和 miR-223 的作用靶点；miR-145 可能也调节 ESR1 上调。其中，miR-221 在泌乳早期的表达低于泌乳高峰期（$P<0.05$），而 miR-223 则相反。miR-221 或 miR-223 在泌乳期的表达之前未见报道过，miR-221 和 miR-223 分别占分析的 miRNA 总量的 0.7% 和 0.2%。miR-221 通过靶向 P27 和 P57 在细胞生长和细胞周期进程中发挥作用，在乳腺组织中有 3 个靶点分别是 STAT5a、胰岛素诱导基因 1（Insulin-induced gene 1，INSIG1）和过氧化物酶体

增殖物激活受体γ共激活剂1α（Peroxisome proliferator-activated receptor γ coactivator 1-α，PPAGC1A），这些靶点与胰岛素信号传导、脂肪生成和哺乳期线粒体生物生成有关（Bionaz and Loor，2008）。microRNA-223被转录抑制因子TWIST1上调（twist同源物1）（Li et al.，2011），是非癌细胞增殖的有效抑制因子（Jia et al.，2011）。与miR-223相比，miR-221的相对丰度更高，其在7和30天时的变化倍数更大（45倍和13倍），这可能是在哺乳早期驱动乳腺细胞增殖的控制机制的一部分（Capuco et al.，2001）。

四、结　语

乳腺生长和泌乳是哺乳动物生殖周期中很重要的过程。奶牛泌乳受到多种激素和生长因子共同调控体，它们以多种分泌方式共同作用来调节乳腺的生长、发育和泌乳，在动物机体内直接控制乳腺生长和泌乳起着重要的作用。产奶性状改良是当今的研究热点，利用候选基因策略寻找影响产奶性状的主效基因，通过对产奶性状进行标记辅助选择，提高选择准确性和效率，更好地发展奶牛业。随着分子生物学的快速发展，人们认识到乳腺泌乳功能的变化最终是由其自身基因表达引起的。miRNA对于激素调节的研究尚未十分深入，还有广阔的空白需要科研人员用实验去验证填补。

参考文献

郭文莉. 2019. 褪黑激素对奶牛乳腺上皮细胞脂合成影响及其机制研究［D］. 杨凌：西北农林科技大学.

江青东，吴金梅. 2011. 谷氨酰胺对早期断奶山羊免疫功能影响的研究［J］. 郑州牧业工程高等专科学校学报，31（1）.

李慧明. 2013. miR-142-3p对小鼠乳腺发育和泌乳重要功能基因Prlr的表达调控［D］. 哈尔滨：东北农业大学.

李键，王建辰. 1996. IGFs对卵泡生长发育的影响［J］. 中国兽医学报. 16（3）：198-201.

李昆明. 2001. 催乳素对生殖生理的调控作用［J］. Reproduction and Contraception. 21（1）：9-14.

李真，李庆章. 2010. 奶山羊乳腺发育过程中生长激素、胰岛素及其受体的变化规律研究［J］. 中国农业科学，8：1-5.

门晶，接晶，高学军，等. 2011. 靶向奶牛Lepr基因的miR-30d报告基因载体构建及靶向验证［J］. 中国乳品工业. 39（5）：4-6.

孙霞 . 2015. miR-139 对奶牛乳腺上皮泌乳功能的调节 [D]. 哈尔滨：东北农业大学 .

万中英，佟慧丽，李庆章，等 . 2010. 中药王不留行增乳活性单体及催乳素对奶牛乳腺上皮细胞特异性 miRNA 的影响 [J]. 中国畜牧兽医 . 37（8）：230-232.

王月影，王艳玲，李和平，等 . 2002. 动物乳腺发育的调控 [J]. 畜牧与兽医 . 34（7）：36-38.

杨增明，孙青原，夏国良 . 2005. 生殖生物学 [M]. 北京：科学出版社 .

于蕾 . 2015. miR-142-3p 对奶牛乳腺上皮细胞泌乳功能的调控作用 [D]. 哈尔滨：东北农业大学 .

Accorsi, P. A., B. Pacioni, C. Pezzi, et al. 2002. Role of prolactin, growth hormone and insulin-like growth factor 1 in mammary gland involution in the dairy cow [J]. J Dairy Sci, 85（3）：507-513.

Akers, R. M. 2006. Major advances associated with hormone and growth factor regulation of mammary growth and lactation in dairy cows [J]. J Dairy Sci, 89（4）：1 222-1 234.

Allen, D. B., E. J. DePeters, and R. C. Laben. 1986. Three times a day milking: effects on milk production, reproductive efficiency, and udder health [J]. J Dairy Sci, 69（5）：1 441-1 446.

Athie, F., K. C. Bachman, H. H. Head, et al. 1996. Estrogen administered at final milk removal accelerates involution of bovine mammary gland [J]. J Dairy Sci, 79（2）：220-226.

Aupperlee, M. D., K. T. Smith, A. Kariagina, et al. 2005. Progesterone receptor isoforms A and B: temporal and spatial differences in expression during murine mammary gland development [J]. Endocrinology, 146（8）：3 577-3 588.

Bailey, J. P., K. M. Nieport, M. P. Herbst, et al. Horseman. 2004. Prolactin and transforming growth factor-beta signaling exert opposing effects on mammary gland morphogenesis, involution, and the Akt-forkhead pathway [J]. Mol Endocrinol, 18（5）：1 171-1 184.

Bassett, N. S., M. J. Currie, B. H. Breier, et al. 1998. The effects of ovine placental lactogen and bovine growth hormone on hepatic and mammary gene expression in lactating sheep [J]. Growth Horm IGF Res, 8（6）：439-446.

Bauman, D. E. 1992. Bovine somatotropin: review of an emerging animal technology [J]. J Dairy Sci, 75（12）：3 432-3 451.

Beaton, A., M. K. Broadhurst, R. J. Wilkins, et al. 2003. Suppression of beta-casein gene expression by inhibition of protein synthesis in mouse mammary epithelial cells is associated with stimulation of NF-kappa B activity and blockage of prolactin-Stat5 signaling [J]. Cell Tissue Res, 311（2）：207-215.

Bequette, B. J., C. E. Kyle, L. A. Crompton, et al. 2001. Insulin regulates milk production and mammary gland and hind-leg amino acid fluxes and blood flow in lactating goats [J]. J Dairy Sci, 84 (1): 241-255.

Berlanga, J. J., J. P. Garcia-Ruiz, M. Perrot-Applanat, et al. 1997. The short form of the prolactin (PRL) receptor silences PRL induction of the beta-casein gene promoter [J]. Mol Endocrinol, 11 (10): 1 449-1 457.

Bionaz, M. and J. J. Loor. 2008. Gene networks driving bovine milk fat synthesis during the lactation cycle [J]. BMC Genomics, 9: 366.

Bocchinfuso, W. P. and K. S. Korach. 1997. Mammary gland development and tumorigenesis in estrogen receptor knockout mice [J]. J Mammary Gland Biol Neoplasia, 2 (4): 323-334.

Bolander, F. F., Jr. and Y. J. Topper. 1980. Loss of differentiative potential of the mammary gland in ovariectomized mice: prevention and reversibility of the defect [J]. Endocrinology, 107 (5): 1 281-1 285.

Boopalan, T., A. Arumugam, A. Delgado, et al. 2011. Progesterone promotes estrogen induced mammary carcinogenesis through activation of RANKL [J]. Cancer Res, 71.

Bremmer, D. R., T. R. Overton, et al. 1997. Production and composition of milk from Jersey cows administered bovine somatotropin and fed ruminally protected amino acids [J]. J Dairy Sci, 80 (7): 1 374-1 380.

Brennan, A. J., J. A. Sharp, C. M. Lefevre, et al. 2008. Uncoupling the mechanisms that facilitate cell survival in hormone - deprived bovine mammary explants [J]. J Mol Endocrinol, 41 (3): 103-116.

Brisken, C., S. Park, T. Vass, et al. 1998. A paracrine role for the epithelial progesterone receptor in mammary gland development [J]. Proc Natl Acad Sci USA, 95 (9): 5 076-5 081.

Buttle, H. L., A. T. Cowie, E. A. Jones, et al. 1979. Mammary growth during pregnancy in hypophysectomized or bromocriptine-treated goats [J]. J Endocrinol, 80 (3): 343-351.

Byatt, J. C., N. R. Staten, J. J. Schmuke, et al. 1991. Stimulation of body weight gain of the mature female rat by bovine GH and bovine placental lactogen [J]. J Endocrinol, 130 (1): 11-19.

Byatt, J. C., P. J. Eppard, J. J. Veenhuizen, et al. 1994. Stimulation of mammogenesis and lactogenesis by recombinant bovine placental lactogen in steroid-primed dairy heifers [J]. J Endocrinol, 140 (1): 33-43.

Byatt, J. C., R. H. Sorbet, P. J. Eppard, et al. 1997. The effect of recombinant bovine placental lactogen on induced lactation in dairy heifers [J]. J Dairy Sci, 80 (3): 496-503.

Camarillo, I. G., G. Thordarson, Y. N. Ilkbahar, et al. 1998. Development of a homologous radioimmunoassay for mouse growth hormone receptor [J]. Endocrinology, 139 (8):

3 585-3 589.

Cannata, D., A. Vijayakumar, Y. Fierz, et al. 2010. The GH/IGF-1 axis in growth and development: new insights derived from animal models [J]. Adv Pediatr, 57 (1): 331-351.

Capuco, A. V., D. L. Wood, R. Baldwin, et al. 2001. Mammary cell number, proliferation, and apoptosis during a bovine lactation: relation to milk production and effect of bST [J]. J Dairy Sci, 84 (10): 2 177-2 187.

Capuco, A. V., E. E. Connor, and D. L. Wood. 2008. Regulation of mammary gland sensitivity to thyroid hormones during the transition from pregnancy to lactation [J]. Exp Biol Med (Maywood), 233 (10): 1 309-1 314.

Capuco, A. V., M. Li, E. Long, et al. 2002. Concurrent pregnancy retards mammary involution: effects on apoptosis and proliferation of the mammary epithelium after forced weaning of mice [J]. Biol Reprod, 66 (5): 1 471-1 476.

Capuco, A. V., S. E. Ellis, S. A. Hale, et al. 2003. Lactation persistency: insights from mammary cell proliferation studies [J]. J Anim Sci, 81 Suppl, 3: 18-31.

Capuco, A. V., S. Kahl, L. J. Jack, et al. 1999. Prolactin and growth hormone stimulation of lactation in mice requires thyroid hormones [J]. Proc Soc Exp Biol Med, 221 (4): 345-351.

Casey, T. M. and K. Plaut. 2007. The role of glucocorticoids in secretory activation and milk secretion, a historical perspective [J]. J Mammary Gland Biol Neoplasia, 12 (4): 293-304.

Chen, M., W. Huang, W. Cai, et al. 2019. Growth hormone receptor promotes osteosarcoma cell growth and metastases [J]. FEBS Open Bio.

Cimmino, A., G. A. Calin, M. Fabbri, et al. 2006. miR-15 and miR-16 induce apoptosis by targeting BCL2 (vol 102, pg 13944, 2005) [J]. P Natl Acad Sci USA, 103 (7): 2 464.

Connor, E. E., M. J. Meyer, R. W. Li, et al. 2007. Regulation of gene expression in the bovine mammary gland by ovarian steroids [J]. J Dairy Sci, 90 Suppl, 1: E55-65.

Couse, J. F. and K. S. Korach. 1999. Estrogen receptor null mice: what have we learned and where will they lead us [J]? Endocr Rev, 20 (3): 358-417.

Couto, R. C., G. E. Couto, L. M. Oyama, et al. 1998. Effect of adrenalectomy and glucocorticoid therapy on lipid metabolism of lactating rats [J]. Horm Metab Res, 30 (10): 614-618.

Daane, T. A. and W. R. Lyons. 1954. Effect of estrone, progesterone and pituitary mammotropin on the mammary glands of castrated C3H male mice [J]. Endocrinology, 55 (2):

191-199.

Davis, S. R., R. J. Collier, J. P. McNamara, et al. 1988. Effects of thyroxine and growth hormone treatment of dairy cows on milk yield, cardiac output and mammary blood flow [J]. J Anim Sci, 66 (1): 70-79.

Deis, R. P., E. Leguizamon, and G. A. Jahn. 1989. Feedback regulation by progesterone of stress-induced prolactin release in rats [J]. J Endocrinol, 120 (1): 37-43.

DePeters, E. J., N. E. Smith, and J. Acedo-Rico. 1985. Three or two times daily milking of older cows and first lactation cows for entire lactations [J]. J Dairy Sci, 68 (1): 123-132.

Einspanier, R. and D. Schams. 1991. Changes in concentrations of insulin-like growth factor 1, insulin and growth hormone in bovine mammary gland secretion ante and post partum [J]. J Dairy Res, 58 (2): 171-178.

Farmer, C., M. T. Sorensen, and D. Petitclerc. 2000. Inhibition of prolactin in the last trimester of gestation decreases mammary gland development in gilts [J]. J Anim Sci, 78 (5): 1 303-1 309.

Feng, Y., D. Manka, K. U. Wagner, et al. 2007. Estrogen receptor-alpha expression in the mammary epithelium is required for ductal and alveolar morphogenesis in mice [J]. Proc Natl Acad Sci USA, 104 (37): 14 718-14 723.

Feuermann, Y., S. J. Mabjeesh, and A. Shamay. 2004. Leptin affects prolactin action on milk protein and fat synthesis in the bovine mammary gland [J]. J Dairy Sci, 87 (9): 2 941-2 946.

Flint, D. J. and R. G. Vernon. 1998. Effects of food restriction on the responses of the mammary gland and adipose tissue to prolactin and growth hormone in the lactating rat [J]. J Endocrinol, 156 (2): 299-305.

Forsyth, I. A. 1996. The insulin-like growth factor and epidermal growth factor families in mammary cell growth in ruminants: Action and interaction with hormones [J]. J Dairy Sci, 79 (6): 1 085-1 096.

Freeman, M. E., B. Kanyicska, A. Lerant, et al. 2000. Prolactin: structure, function, and regulation of secretion [J]. Physiol Rev, 80 (4): 1 523-1 631.

Gallego, M. I., N. Binart, G. W. Robinson, et al. 2001. Prolactin, growth hormone, and epidermal growth factor activate Stat5 in different compartments of mammary tissue and exert different and overlapping developmental effects [J]. Dev Biol, 229 (1): 163-175.

George, A. L., C. A. Boulanger, L. H. Anderson, et al. 2017. *In vivo* reprogramming of non-mammary cells to an epithelial cell fate is independent of amphiregulin signaling [J]. J Cell Sci, 130 (12): 2 018-2 025.

Gonzalez-Suarez, E., A. P. Jacob, J. Jones, et al. 2010. RANK ligand mediates progestin-induced mammary epithelial proliferation and carcinogenesis [J]. Nature, 468 (7320): 103-107.

Hadsell, D. L., S. G. Bonnette, and A. V. Lee. 2002. Genetic manipulation of the IGF-I axis to regulate mammary gland development and function [J]. J Dairy Sci, 85 (2): 365-377.

Hale, S. A., A. V. Capuco, and R. A. Erdman. 2003. Milk yield and mammary growth effects due to increased milking frequency during early lactation [J]. J Dairy Sci, 86 (6): 2 061-2 071.

Haluska, G. J., T. R. Wells, J. J. Hirst, et al. 2002. Progesterone receptor localization and isoforms in myometrium, decidua, and fetal membranes from rhesus macaques: evidence for functional progesterone withdrawal at parturition [J]. J Soc Gynecol Investig, 9 (3): 125-136.

Haslam, S. Z. and G. Shyamala. 1979. Progesterone receptors in normal mammary glands of mice: characterization and relationship to development [J]. Endocrinology, 105 (3): 786-795.

Haslam, S. Z. and G. Shyamala. 1981. Relative distribution of estrogen and progesterone receptors among the epithelial, adipose, and connective tissue components of the normal mammary gland [J]. Endocrinology, 108 (3): 825-830.

Henderson, A. J., D. R. Blatchford, and M. Peaker. 1983. The effects of milking thrice instead of twice daily on milk secretion in the goat [J]. Q J Exp Physiol, 68 (4): 645-652.

Hennighausen, L. and G. W. Robinson. 1998. Think globally, act locally: the making of a mouse mammary gland [J]. Genes Dev, 12 (4): 449-455.

Hennighausen, L. and G. W. Robinson. 2001. Signaling pathways in mammary gland development [J]. Developmental Cell, 1 (4): 467-475.

Hernandez, L. L., J. L. Collier, A. J. Vomachka, et al. 2011. Suppression of lactation and acceleration of involution in the bovine mammary gland by a selective serotonin reuptake inhibitor [J]. J Endocrinol, 209 (1): 45-54.

Herrenkohl, L. R. 1972. Effects on lactation of progesterone injections administered after parturition in the rat. 1 [J]. Proc Soc Exp Biol Med, 140 (4): 1 356-1 359.

Hu, H., J. Wang, D. Bu, et al. 2009. In vitro culture and characterization of a mammary epithelial cell line from Chinese Holstein dairy cow [J]. PLoS One, 4 (11): e7 636.

Hynes, N. E., N. Cella, and M. Wartmann. 1997. Prolactin mediated intracellular signaling in mammary epithelial cells [J]. J Mammary Gland Biol Neoplasia, 2 (1): 19-27.

Ilkbahar, Y. N., G. Thordarson, I. G. Camarillo, et al. 1999. Differential expression of the growth hormone receptor and growth hormone-binding protein in epithelia and stroma of the mouse mammary gland at various physiological stages [J]. J Endocrinol, 161 (1): 77-87.

Jahn, G. A., M. Edery, L. Belair, et al. 1991. Prolactin receptor gene expression in rat mammary gland and liver during pregnancy and lactation [J]. Endocrinology, 128 (6): 2 976-2 984.

Jia, C. Y., H. H. Li, X. C. Zhu, et al. 2011. MiR-223 suppresses cell proliferation by targeting IGF-1R [J]. PLoS One, 6 (11): e27 008.

Kastner, P., A. Krust, B. Turcotte, et al. 1990. Two distinct estrogen-regulated promoters generate transcripts encoding the two functionally different human progesterone receptor forms A and B [J]. EMBO J, 9 (5): 1 603-1 614.

Kelly, P. A., A. Bachelot, C. Kedzia, et al. 2002. The role of prolactin and growth hormone in mammary gland development [J]. Mol Cell Endocrinol, 197 (1-2): 127-131.

Kleinberg, D. L. 1997. Early mammary development: growth hormone and IGF-1 [J]. J Mammary Gland Biol Neoplasia, 2 (1): 49-57.

Knight, C. H. 2001. Lactation and gestation in dairy cows: flexibility avoids nutritional extremes [J]. P Nutr Soc, 60 (4): 527-537.

Krege, J. H., J. B. Hodgin, J. F. Couse, et al. 1998. Generation and reproductive phenotypes of mice lacking estrogen receptor beta [J]. Proc Natl Acad Sci USA, 95 (26): 15 677-15 682.

Krumenacker, J. S., V. S. Narang, D. J. Buckley, et al. 2001. Prolactin signaling to pim-1 expression: a role for phosphatidylinositol 3-kinase [J]. J Neuroimmunol, 113 (2): 249-259.

Kuhn, N. J. 1969. Specificity of progesterone inhibition of lactogenesis [J]. J Endocrinol, 45 (4): 615-616.

Kulski, J. K., K. R. Nicholas, Y. J. Topper, et al. 1983. Essentiality of insulin and prolactin for accumulation of rat casein mRNAs [J]. Biochem Biophys Res Commun, 116 (3): 994-999.

Lamote, I., E. Meyer, A. M. Massart-Leen, et al. 2004. Sex steroids and growth factors in the regulation of mammary gland proliferation, differentiation, and involution [J]. Steroids, 69 (3): 145-159.

Le Mellay, V. and M. Lieberherr. 2000. Membrane signaling and progesterone in female and male osteoblasts. II. Direct involvement of G alpha q/11 coupled to PLC-beta 1 and PLC-beta 3 [J]. J Cell Biochem, 79 (2): 173-181.

Lee, M. J., K. S. Yoon, K. W. Cho, et al. 2013. Expression of miR-206 during the initiation of mammary gland development [J]. Cell and Tissue Research, 353 (3): 425-433.

Levin, E. R. 2002. Cellular functions of plasma membrane estrogen receptors [J]. Steroids, 67 (6): 471-475.

Li, H. M., C. M. Wang, Q. Z. Li, et al. 2012. MiR-15a decreases bovine mammary epithelial cell viability and lactation and regulates growth hormone receptor expression [J]. Molecules, 17 (10): 12 037-12 048.

Li, X., Y. Zhang, H. Zhang, et al. 2011. miRNA-223 promotes gastric cancer invasion and metastasis by targeting tumor suppressor EPB41L3 [J]. Mol Cancer Res, 9 (7): 824-833.

Lieberman, M. E., R. A. Maurer, and J. Gorski. 1978. Estrogen control of prolactin synthesis in vitro [J]. Proc Natl Acad Sci USA, 75 (12): 5 946-5 949.

Liu, T. M. and J. W. Davis. 1967. Induction of lactation by ovariectomy of pregnant rats [J]. Endocrinology, 80 (6): 1 043-1 050.

Liu, X., G. W. Robinson, K. U. Wagner, et al. 1997. Stat5a is mandatory for adult mammary gland development and lactogenesis [J]. Genes Dev, 11 (2): 179-186.

Loladze, A. V., M. A. Stull, A. M. Rowzee, et al. 2006. Epithelial-specific and stage-specific functions of insulin-like growth factor-I during postnatal mammary development [J]. Endocrinology, 147 (11): 5 412-5 423.

Lubahn, D. B., J. S. Moyer, T. S. Golding, et al. 1993. Alteration of reproductive function but not prenatal sexual development after insertional disruption of the mouse estrogen receptor gene [J]. Proc Natl Acad Sci USA, 90 (23): 11 162-11 166.

Lydon, J. P., F. J. DeMayo, C. R. Funk, et al. 1995. Mice lacking progesterone receptor exhibit pleiotropic reproductive abnormalities [J]. Genes Dev, 9 (18): 2 266-2 278.

Macias, H. and L. Hinck. 2012. Mammary gland development [J]. Wiley Interdiscip Rev Dev Biol, 1 (4): 533-557.

Mallepell, S., A. Krust, P. Chambon, et al. 2006. Paracrine signaling through the epithelial estrogen receptor alpha is required for proliferation and morphogenesis in the mammary gland [J]. Proc Natl Acad Sci USA, 103 (7): 2 196-2 201.

Martal, J. and J. Djiane. 1977. Mammotrophic and growth promoting activities of a placental hormone in sheep [J]. J Steroid Biochem, 8 (5): 415-417.

Matsuda, M., T. Imaoka, A. J. Vomachka, et al. 2004. Serotonin regulates mammary gland development via an autocrine-paracrine loop [J]. Developmental Cell, 6 (2): 193-203.

Nagaiah, K., F. F. Bolander, Jr., K. R. Nicholas, et al. 1981. Prolactin-induced accumulation of casein mRNA in mouse mammary explants: a selective role of glucocorticoid [J]. Biochem Biophys Res Commun, 98 (2): 380-387.

Nandi, S. 1958. Endocrine control of mammary gland development and function in the C3H/

He Crgl mouse [J]. J Natl Cancer Inst, 21 (6): 1 039-1 063.

Naylor, M. J., J. A. Lockefeer, N. D. Horseman, et al. 2003. Prolactin regulates mammary epithelial cell proliferation via autocrine/paracrine mechanism [J]. Endocrine, 20 (1-2): 111-114.

Naylor, M. J., S. R. Oakes, M. Gardiner-Garden, et al. 2005. Transcriptional changes underlying the secretory activation phase of mammary gland development [J]. Mol Endocrinol, 19 (7): 1 868-1 883.

Nicholas, K. R., L. Sankaran, and Y. J. Topper. 1983. A unique and essential role for insulin in the phenotypic expression of rat mammary epithelial cells unrelated to its function in cell maintenance [J]. Biochim Biophys Acta, 763 (3): 309-314.

Ogle, T. F. 2002. Progesterone-action in the decidual mesometrium of pregnancy [J]. Steroids, 67 (1): 1-14.

Peel, C. J., J. W. Taylor, I. B. Robinson, et al. 1979. The use of oestrogen, progesterone and reserpine in the artificial induction of lactation in cattle [J]. Aust J Biol Sci, 32 (2): 251-259.

Peel, C. J., T. J. Fronk, D. E. Bauman, et al. 1983. Effect of exogenous growth hormone in early and late lactation on lactational performance of dairy cows [J]. J Dairy Sci, 66 (4): 776-782.

Plath, A., R. Einspanier, F. Peters, et al. 1997. Expression of transforming growth factors alpha and beta-1 messenger RNA in the bovine mammary gland during different stages of development and lactation [J]. J Endocrinol, 155 (3): 501-511.

Plath-Gabler, A., C. Gabler, F. Sinowatz, et al. 2001. The expression of the IGF family and GH receptor in the bovine mammary gland [J]. J Endocrino, 168 (1): 39-48.

Prosser, C. G., V. C. Farr, and S. R. Davis. 1994. Increased mammary blood flow in the lactating goat induced by parathyroid hormone-related protein [J]. Exp Physiol, 79 (4): 565-570.

Richards, R. G., D. M. Klotz, M. P. Walker, et al. 2004. Mammary gland branching morphogenesis is diminished in mice with a deficiency of insulin-like growth factor-I (IGF-I), but not in mice with a liver-specific deletion of IGF-I [J]. Endocrinology, 145 (7): 3 106-3 110.

Rillema, J. A., T. L. Houston, and K. John-Pierre-Louis. 2003. Prolactin, cortisol, and insulin regulation of nucleoside uptake into mouse mammary gland explants [J]. Exp Biol Med (Maywood), 228 (7): 795-799.

Rosen, J. M., R. J. Matusik, D. A. Richards, et al. 1980. Multihormonal regulation of casein gene expression at the transcriptional and posttranscriptional levels in the mammary gland

[J]. Recent Prog Horm Res, 36: 157-193.

Ruan, W., M. E. Monaco, and D. L. Kleinberg. 2005. Progesterone stimulates mammary gland ductal morphogenesis by synergizing with and enhancing insulin-like growth factor-I action [J]. Endocrinology, 146 (3): 1 170-1 178.

Ruan, W. and D. L. Kleinberg. 1999. Insulin-like growth factor I is essential for terminal end bud formation and ductal morphogenesis during mammary development [J]. Endocrinology, 140 (11): 5 075-5 081.

Saji, S., E. V. Jensen, S. Nilsson, et al. 2000. Estrogen receptors alpha and beta in the rodent mammary gland [J]. Proc Natl Acad Sci USA, 97 (1): 337-342.

Sakamoto, K., T. Komatsu, T. Kobayashi, et al. 2005. Growth hormone acts on the synthesis and secretion of alpha-casein in bovine mammary epithelial cells [J]. J Dairy Res, 72 (3): 264-270.

Schams, D., S. Kohlenberg, W. Amselgruber, et al. 2003. Expression and localisation of oestrogen and progesterone receptors in the bovine mammary gland during development, function and involution [J]. J Endocrinol, 177 (2): 305-317.

Shamay, A., E. Zeelon, Z. Ghez, et al. 1987. Inhibition of casein and fat synthesis and alpha-lactalbumin secretion by progesterone in explants from bovine lactating mammary glands [J]. J Endocrinol, 113 (1): 81-88.

Shashkin, P. N., E. F. Shashkina, E. Fernqvist-Forbes, et al. 1997. Insulin mediators in man: effects of glucose ingestion and insulin resistance [J]. Diabetologia, 40 (5): 557-563.

Shyamala, G. 1999. Progesterone signaling and mammary gland morphogenesis [J]. J Mammary Gland Biol Neoplasia, 4 (1): 89-104.

Shyamala, G. and A. Ferenczy. 1984. Mammary fat pad may be a potential site for initiation of estrogen action in normal mouse mammary glands [J]. Endocrinology, 115 (3): 1 078-1 081.

Silanikove, N., F. Shapiro, and D. Shinder. 2009. Acute heat stress brings down milk secretion in dairy cows by up-regulating the activity of the milk-borne negative feedback regulatory system [J]. BMC Physiol, 9: 13.

Silanikove, N., U. Merin, and G. Leitner. 2006. Physiological role of indigenous milk enzymes: An overview of an evolving picture [J]. Int Dairy J, 16 (6): 533-545.

Silberstein, G. B., K. Van Horn, G. Shyamala, et al. 1994. Essential role of endogenous estrogen in directly stimulating mammary growth demonstrated by implants containing pure antiestrogens [J]. Endocrinology, 134 (1): 84-90.

Silberstein, G. B. 2001. Postnatal mammary gland morphogenesis [J]. Microsc Res Tech, 52

(2): 155-162.

Silberstein, G. B. and C. W. Daniel. 1984. Glycosaminoglycans in the basal lamina and extracellular matrix of serially aged mouse mammary ducts [J]. Mech Ageing Dev, 24 (2): 151-162.

Sirbasku, D. A. and J. E. Moreno-Cuevas. 2000. Estrogen mitogenic action. ii. negative regulation of the steroid hormone-responsive growth of cell lines derived from human and rodent target tissue tumors and conceptual implications [J]. In Vitro Cell Dev Biol Anim, 36 (7): 428-446.

Smith, I. C., R. Deslauriers, H. Saito, et al. 1973. Carbon-13 NMR studies of peptide hormones and their components [J]. Ann N Y Acad Sci, 222: 597-627.

Smith, J. J., A. V. Capuco, I. H. Mather, et al. 1993. Ruminants express a prolactin receptor of M (r) 33, 000-36, 000 in the mammary gland throughout pregnancy and lactation [J]. J Endocrinol, 139 (1): 37-49.

Tremblay, G. B. and V. Giguere. 2002. Coregulators of estrogen receptor action [J]. Crit Rev Eukaryot Gene Expr, 12 (1): 1-22.

Trott, J. F., B. K. Vonderhaar, and R. C. Hovey. 2008. Historical perspectives of prolactin and growth hormone as mammogens, lactogens and galactagogues-agog for the future [J]! J Mammary Gland Biol Neoplasia, 13 (1): 3-11.

Tucker, H. A. 2000. Hormones, mammary growth, and lactation: a 41-year perspective [J]. J Dairy Sci, 83 (4): 874-884.

Turkington, R. W. and R. L. Hill. 1969. Lactose synthetase: progesterone inhibition of the induction of alpha-lactalbumin [J]. Science, 163 (3874): 1 458-1 460.

Vega, J. R., L. G. Sheffield, and R. D. Bremel. 1989. Bovine placental lactogen stimulates DNA synthesis of bovine mammary tissue maintained in athymic nude mice [J]. Proc Soc Exp Biol Med, 192 (2): 135-139.

Vienonen, A., H. Syvala, S. Miettinen, et al. 2002. Expression of progesterone receptor isoforms A and B is differentially regulated by estrogen in different breast cancer cell lines [J]. J Steroid Biochem Mol Biol, 80 (3): 307-313.

Wang, M., S. Moisa, M. J. Khan, et al. 2012. MicroRNA expression patterns in the bovine mammary gland are affected by stage of lactation [J]. J Dairy Sci, 95 (11): 6 529-6 535.

Warner, M. R., L. Yau, and J. M. Rosen. 1980. Long term effects of perinatal injection of estrogen and progesterone on the morphological and biochemical development of the mammary gland [J]. Endocrinology, 106 (3): 823-832.

Wei, L. L., B. M. Norris, and C. J. Baker. 1997. An N-terminally truncated third progesterone receptor protein, PR (C), forms heterodimers with PR (B) but interferes in PR

(B) -DNA binding [J]. J Steroid Biochem Mol Biol, 62 (4): 287-297.

Wilde, C. J., C. V. Addey, M. J. Casey, et al. 1988. Feed-back inhibition of milk secretion: the effect of a fraction of goat milk on milk yield and composition [J]. Q J Exp Physiol, 73 (3): 391-397.

Wilde, C. J., D. T. Calvert, A. Daly, et al. 1987. The effect of goat milk fractions on synthesis of milk constituents by rabbit mammary explants and on milk yield in vivo [J]. Evidence for autocrine control of milk secretion. Biochem J, 242 (1): 285-288.

Wintermantel, T. M., D. Bock, V. Fleig, et al. 2005. The epithelial glucocorticoid receptor is required for the normal timing of cell proliferation during mammary lobuloalveolar development but is dispensable for milk production [J]. Mol Endocrinol, 19 (2): 340-349.

Wiseman, B. S. and Z. Werb. 2002. Stromal effects on mammary gland development and breast cancer [J]. Science, 296 (5570): 1 046-1 049.

Woodward, T. L., W. E. Beal, and R. M. Akers. 1993. Cell interactions in initiation of mammary epithelial proliferation by oestradiol and progesterone in prepubertal heifers [J]. J Endocrinol, 136 (1): 149-157.

Yang, J., J. J. Kennelly, and V. E. Baracos. 2000. The activity of transcription factor Stat5 responds to prolactin, growth hormone, and IGF-I in rat and bovine mammary explant culture [J]. J Anim Sci, 78 (12): 3 114-3 125.

Zeps, N., J. M. Bentel, J. M. Papadimitriou, et al. 1998. Estrogen receptor-negative epithelial cells in mouse mammary gland development and growth [J]. Differentiation, 62 (5): 221-226.

Zeps, N., J. M. Bentel, J. M. Papadimitriou, et al. 1999. Murine progesterone receptor expression in proliferating mammary epithelial cells during normal pubertal development and adult estrous cycle. Association with eralpha and erbeta status [J]. J Histochem Cytochem, 47 (10): 1 323-1 330.

Zhang, Y., S. Gc, S. B. Patel, et al. 2019. Growth hormone (GH) receptor (GHR) -specific inhibition of GH-Induced signaling by soluble IGF-1 receptor (sol IGF-1R) [J]. Mol Cell Endocrinol, 492: 110 445.

第三部分 microRNA 调控乳品质的研究

第六章 乳蛋白合成相关 microRNA 研究

一、乳蛋白组成

蛋白质作为机体组织的基本成分，参与机体新陈代谢、免疫等生命活动，因此机体的蛋白质营养就显得至关重要。而牛乳中蛋白质的氨基酸组成比例及含量比较理想，可以作为人体重要的蛋白质来源，因此牛乳中蛋白质浓度与质量也成为评价牛乳品质的一条重要指标。牛乳中总蛋白含量比较稳定，约占牛乳成分的 3%~4%。牛乳蛋白主要由乳酪蛋白、乳清蛋白和少量的微量蛋白组成（表 6-1）。

表 6-1 牛奶中乳蛋白组成

种类	组成	乳蛋白中浓度
酪蛋白	αs1-酪蛋白,%	34~40
	αs2-酪蛋白,%	11~15
	β-酪蛋白,%	25~35
	κ-酪蛋白,%	8~15
乳清蛋白	α-乳清蛋白,%	2~4
	β-乳球蛋白,%	7~12
	血清白蛋白,%	0.5~2
	免疫球蛋白（IgA、IgG1、IgG2、IgM）,%	3~6
	乳铁蛋白, ug/mL	20~200
	转铁蛋白, ug/mL	20~200
	叶酸结合蛋白, ug/mL	8
	黄嘌呤氧化酶, ug/mL	120
	核糖核酸酶, ug/mL	1 000~2 000

(续表)

种类	组成	乳蛋白中浓度
乳脂肪球膜蛋白		少量

(注：引自 Park and Haenlein，2008)

乳酪蛋白：乳酪蛋白是由乳腺合成的一类含有大量钙和磷的酸性蛋白，是牛乳中主要的营养成分，大约占乳蛋白总量的76%~86%。牛乳酪蛋白主要由4种天然的蛋白异构体组成，其中以 αs1-酪蛋白和 αs2-酪蛋白为主，β-酪蛋白次之，κ-酪蛋白最少。此外，牛乳酪蛋白还包含少量由 β-酪蛋白水解和 κ-酪蛋白糖基化产生的 γ-酪蛋白（秦宜德，邹思湘，2003）。这些不同结构的酪蛋白聚合在一起以胶装微粒结构存在，从而可以维持牛乳的稳定性及相关理化性质。因此即使较小的酪蛋白组成的变化也会影响牛乳的一些功能性质（Brophy et al.，2003）。

乳清蛋白：乳清蛋白是一类较小而紧密的球状蛋白，其在乳蛋白中所占的比例不高，但是由于它独特的氨基酸序列和三维结构，使其更易于消化和吸收，因而具有较高的利用价值和广泛的生物学功能（李莹，林晓明，2008）。乳清蛋白主要包括 α-乳清蛋白、β-乳球蛋白、血清白蛋白、免疫球蛋白（IgA，IgM 和 IgG）、乳铁蛋白、转铁蛋白、乳过氧化物酶、生长因子和生物活性物质等（表6-1）。在正常情况下，乳清蛋白在乳蛋白中所占比例不高，约为20%。但是乳清蛋白在初乳蛋白中所占比例能达到70%~80%。

乳脂肪球膜蛋白：乳脂肪球膜蛋白是包裹在由乳脂形成的圆球形或椭圆形乳脂肪球表面的一层球膜上附着的蛋白，主要由乳脂肪球表皮生长因子、嗜乳脂蛋白以及嘌呤氧化还原酶构成。其在乳脂的合成与分泌（Vorbach et al.，2002，Ogg et al.，2004）、乳腺凋亡细胞的清除（Hanayama et al.，2002）方面起着关键作用。

二、乳蛋白的合成及调控

(一) 乳蛋白的合成过程

乳蛋白质主要有2种来源，一种是由乳腺上皮细胞利用血液中的游离氨基酸或小肽从头合成（Davis and Mepham，1976），这部分蛋白占乳蛋白中的绝大多数，包括酪蛋白和 α-乳清蛋白、β-乳球蛋白。而另外一部分则是经血液转运而来，如免疫球蛋白和血清蛋白（厉学武 et al.，2009），这部分蛋白占乳蛋白的5%~10%。乳蛋白在乳腺中合成的过程与其他蛋白合成过程相似，主要分成以下 4 个步骤（图 6-1）：①在转运 RNA 帮助下，先将 DNA 转录成 RNA；②经乳腺细胞摄取的氨基酸，在酶和 ATP 的作用下活化，与 RNA 结合在粗面内质网上的核糖体内进行翻译行成完整的蛋白以及信号肽，切除后的信号肽水解进入氨基酸循环；③在核糖体以及内质网腔内对翻译形成的蛋白进行延伸和修饰；④完成合成和修饰后的蛋白，在高尔基体的帮助下经过细胞顶膜，以胞吐方式排出（吴慧慧，2007）。

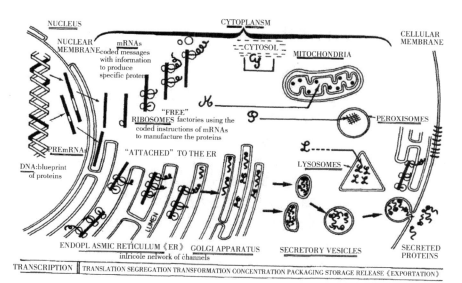

图 6-1 乳腺细胞中乳蛋白的合成与分泌（Mercier and Gaye，1982）

Nucleus，细胞核；Nuclear membrane，细胞核膜；PRE mRNAs，mRNA 前体；DNA：blueprint of proteins，DNA：蛋白质的蓝图；mRNAs, coded messages with information to produce specific protein，信使 RNA，编码产生特异蛋白信息；Cytoplasm，细胞质；Mitochondria，线粒体；Cellular membrane，细胞膜；Ribosomes，核糖体；Peroxisomes，过氧化物酶体；Lysosomes，溶酶体；Endoplasmic reticulum，内质网；Golgi apparatus，高尔基体；Secretory vesicles，分泌小泡；Secreted proteins，分泌蛋白；Transcription，转录；Translation，翻译；Segregation，隔离；Transformation，转化；Concentration，浓缩；Packaging，包装；Storage，存储；Release，释放

（二）乳蛋白合成的调控因素

泌乳奶牛乳腺具有很高的代谢活性，乳腺中蛋白合成量约占整个机体全部蛋白合成量的 40% 以上。影响泌乳奶牛乳中蛋白含量和产量的因素有很多，概括一下主要包括以下几个方面：遗传因素、营养因素、内分泌因素、环境与管理因素等。

1. 遗传因素

不同品种品系的奶牛，其泌乳量和乳成分也有所不同。随着分子生物技术的发展，尤其是基因芯片技术的发现与发展，在泌乳相关基因的研究中也取得了突破性的进展。众多研究发现，生长激素和生长激素受体基因的表达量与乳中脂肪含量密切相关（Crisà et al.，2010），而瘦素基因对乳蛋白合成具有重要调控作用（Gil et al.，2013），催乳素及受体基因能够直接影响奶牛的产奶量（Brym et al.，2005）。因此，可以通过选种选育和杂交配种等遗传育种手段提高泌乳奶牛产奶量及乳蛋白产量。

2. 营养因素

从营养的角度来说，日粮的营养水平及营养素结构是决定牛乳中乳蛋白品质的最关键因素。营养因素主要包括日粮中蛋白质水平、碳水化合物水平、氨基酸水平及其组成以及小肽等：①日粮中蛋白水平除了影响反刍动物瘤胃及肠道内蛋白水平，还与乳蛋白水平息息相关。Emery 等（Emery，1978）研究发现，当日粮中蛋白水平上升时，乳蛋白浓度也随之上升。然而 Spörndly 等（Spörndly，1989）和 Metcalf 等（Metcalf et al.，1996a，Metcalf et al.，1996b）随后在泌乳奶牛的研究中发现，饲喂粗蛋白水平较高的日粮，对改善奶产量及乳蛋白水平并没有显著影响，但是通过向奶牛日粮中添加鱼粉代替粗蛋白，结果发现随着日粮中蛋白水平的提高，奶产量及乳蛋白水平都有了显著的提升。此外 Wright 等（Wright et al.，1998）通过在日粮中添加羽毛粉和血粉等动物蛋白后，也发现奶牛的泌乳性能有了显著提高。这些研究提示我们，乳腺中蛋白质合成效率除了受日粮中蛋白水平的影响，还受日粮中供给的蛋白质量的影响。②碳水化合物作为机体组织代谢的主要能量物质，因此高碳水化合物水平的日粮对乳蛋白合成有积极影响。Phipps（Phipps et al.，2001）等通过使用淀粉含量较高的日粮饲喂奶牛后发现，高水平的淀粉能够促进牛乳中乳蛋白水平的提高，且日粮中的淀粉浓度与牛乳中乳蛋白的浓度呈显著正相关。反之，当日粮中所提供的能量不足时，部分用于乳蛋白合成的氨基酸会被动员用于供能，进而引起乳蛋白浓度下降。此外，碳水化合物还可以为蛋白合成提供碳架。因此，不同结构的碳水化合物对乳蛋白合成的影响也不一样，比如当基础日粮能量较低或者谷物水平较高的时候，淀粉结构的精料对比纤维性结构的精料能够显著提高乳蛋白产量（Wilks et al.，1991，Aston et al.，1994）。③氨基酸是蛋白合成的原料，经血液转运的氨基酸一部分在乳腺中直接合成乳蛋白，其他部分以小肽的形式参与蛋白合成，因此日粮中的氨基酸组成及浓度将直接影响奶牛的泌乳性能（Wu and Self, 2004）。早年间对氨基酸供给调控蛋白生成的研究是从必需氨基酸开始的，而在必需氨基酸研究的基础上，根据添加量和动物体需要量的比值关系，又提出了限制性氨基酸的概念。研究发现日粮中限制性氨基酸质量及水平能够限制乳腺中乳蛋白的合成（Hof et al., 1994, Rulquin et al., 1995, Mackle et al., 1999）。此外，不同泌乳阶段的限制性氨基酸也不尽相同（Richardson and Hatfield, 1978），并且还受到日粮组成的影响（Donkin et al., 1989, Armentano et al., 1997）。随着研究的深入，为了更好地诠释氨基酸在奶牛生产中的功能，功能性氨基酸这一概念又被提出。功能性氨基酸是指那些除了作为蛋白质合成的底物参与蛋白合成，还对机体一些营养代谢活动具有特殊的调节作用的一类氨基酸（Kim et al., 2007）。如亮氨酸被研究证明能够通过mTOR通路调控肌肉中蛋白的合成与退化（Escobar et al., 2005, 2006），精氨酸也具有类似功能（Ban et al., 2004, Kim et al., 2004），此外还包括谷氨酸、组氨酸、甘氨酸等。④作为乳腺合成蛋白质的另一种原料，小肽对乳腺中酪蛋白合成也有重要调控作用。早在1981年，Baumrucker等（Baumrucker et al., 1981）研究就发现，谷胱甘肽能够促进泌乳奶牛乳蛋白质的合成。而王恬等（王恬等，2004）通过向日粮中添加小肽营养素后也发现，泌乳牛的乳蛋白率和乳脂率均有显著提高。

3. 内分泌因素

机体内分泌因素对乳腺中乳蛋白合成的调控主要是通过调控乳蛋白合成底物（氨基酸）的转运能力及乳腺血流量来实现的（Baldwin et al., 1987）。而这一过程涉及多种激素，主要包括胰岛素、催乳素和生长激素等（Burgoyne and Duncan, 1998）。胰岛素是乳腺生长发育和维持泌乳所必需的激素，可以直接作用于乳腺调节乳蛋白合成（Hanigan and Baldwin, 1994, Griinari et al., 1997b）。有研究发现（Griinari et al., 1997a），增加血液中胰岛素浓度有利于提高乳腺对血液中氨基酸的吸收和利用，促进乳蛋白合成与分泌。催乳素是由脑垂体中嗜酸细胞分泌的一类单链多肽类激素，它在孕期乳腺上皮细胞的形态发生和分化中起重要作用，能够直接参与调控乳蛋白生成（Groner, 2002）。杜瑞平等（杜瑞平，等，2015）研究发现，一定浓度的催乳素能够促进乳腺上皮细胞酪蛋白的基因表达。生长激素是一种由动物垂体前叶合成分泌的肽类激素。早期有大量研究证实（Peel et al., 1981, Fronk et al., 1983），生长激素能够显著提高泌乳奶牛的产奶量和乳成分产量，提高饲料利用率。

4. 环境与管理因素

奶牛是典型的耐寒怕热动物，高温对奶牛生产十分不利。一般来说奶牛在适温区 5~20℃时能够维持生产，25~26℃是荷斯坦奶牛维持正常体温的上限（Berman et al.，1985），当温度过高时，奶牛体内热平衡被破坏，产生热应激，采食量与产奶量都会显著降低（安代志，2005），此外牛奶中乳脂、乳蛋白水平也会下降（薛白，等，2010）。因而在夏季高温季节加强降温管理能够有效地提高奶牛生产力。此外，除了温度，牛舍的卫生状况对乳品质也有直接影响。而不同饲养模式，对于奶牛生产性能的发挥也有重要影响（Innocente and Biasutti，2013）。

（三）乳蛋白合成调控的分子机制

如上所述，泌乳奶牛乳蛋白的合成受到众多因素的调控。近年来，随着分子生物学技术的发展，乳蛋白合成调控的分子机制也已基本确定。乳蛋白合成受到一个复杂的信号转导系统调控，主要包括氨基酸转运载体系统、乳蛋白合成的转录调控系统及翻译调控系统。

1. 乳蛋白合成的转录调控

与机体内其他组织相同，乳腺中的蛋白合成也起始于 DNA 的转录，这一过程主要受到信号转导子以及转录激活子（Signal transducer and activator of transcription，STAT）的影响。STAT 家族主要有 7 个成员组成，目前，奶牛乳腺中显著表达的主要是 STAT5a 和 STAT5b（Bionaz and Loor，2011）。比如奶牛乳腺上皮细胞中 β-酪蛋白的合成主要受复合反应原件中的 STAT5 的调控（Wyszomierski and Rosen，2001）。近年来，对 STAT 的研究主要围绕着酪氨酸激酶（Janus kinase，JAK）-STAT 途径开展。JAK-STAT 是一条由细胞因子和激素介导的信号转导途径，在细胞增殖、分化及生理调节等方面有着重要作用（王蓉等，2001）。泌乳期间，催乳素、糖皮质激素及胰岛素样生长因子与其受体结合，诱导 JAK2 发生交叉磷酸化，并进一步激活 STAT5 的磷酸化。磷酸化后的 STAT5 能够形成二聚体进入细胞核内并与 DNA 结合调控乳蛋白基因的转录（Han et al.，1997）。因此，STAT5 是否磷酸化对乳蛋白合成具有重要作用（李庆章，2009）。如在体外培养奶牛乳腺组织时发现，催乳素可以通过激活 JAK2-STAT5 通路，激活 β-酪蛋白基因中含有 GAS 元件的启动子序列，促进 β-酪蛋白基因转录（Liu et al.，1995）。除了受 JAK2 磷酸化的影响，今年来一些研究还发现 STAT5 的磷酸化水平还受 E74-样转录因子 5（E74-like factor 5，ELF5）的调控，并且 ELF5 还受 STAT5 的反向调控，相互影响，共同参与调控泌乳期乳蛋白的合成（林忠荔等，2014）。除了 STAT5 对乳蛋白合成具有重要影响，还有一些研究还发现八聚体结合转录因子-1（Octamer-binding transcription factor 1，Oct-1）也与 β-酪蛋白的启动子的活性存在剂量依赖效应，进而影响 β-酪蛋白的合成。

2. 乳蛋白合成的翻译调控

除了受 DNA 转录的影响，机体内蛋白质的合成还受相关 mRNA 的翻译的调控（主要受翻译起始因子和翻译延伸因子的影响）。蛋白质翻译起始需要十多种翻译起始因子的共同参与。例如，真核生物翻译起始因子 2（Eukaryotic initiation factor，eIF2）负责将 Met-tRNA$_f$ 转运到 40S 核糖体亚基形成起始复合物，这一过程需要在 eIF2B 的协助下，将 eIF2 先转换成 eIF2·GTP 后才能进行（Clemens，1994）。而 eIF2B 的活性受到 eIF2α 的磷酸化水平的影响（Trachsel and Staehelin，1978）。此外，还有研究发现 eIF4E 和相应蛋白的 mRNA 的 5′帽子结构的结合是蛋白质翻译起始的重要的限速步骤（Mayya et al.，2010）。这主要是因为 eIF4E 受 4E 结合蛋白（4E binding protein，4EBP1）的调控，只有当 4EBP1 发生磷酸化后才能释放出与之结合的 eIF4E，释放后的 eIF4E 才能与其他翻译起始因子在衔接蛋白 eIF4G 的帮助下结合于 mRNA 的 5′端启动翻译（Ranga Niroshan et al.，2011）。这一结果在奶牛上得到了验证，Bionaz 等（Bionaz and Loor，2011）通过比对不同泌乳阶段奶牛乳腺中泌乳相关基因的表达后发现，在产后 15 天、120 天，尤其是 240 天时，乳腺中 eIF4E 的表达量显著上调。此外，与干奶期相比，泌乳奶牛泌乳末期时乳腺中 4EBP1 的表达丰度也显著提高，这一结果表明在泌乳阶段，eIF4EBP1 发生磷酸化后释放了更多 eIF4E 促进乳蛋白的翻译，从而调控乳蛋白合成。

除了翻译起始因子的作用，蛋白质合成过程中还需要延伸因子 1（Eukaryotic translation elongation factor 1，eEF1）和 eEF2 的参与。有研究发现在泌乳奶牛乳腺中 eEF2 水平较高，表明其在乳腺蛋白质合成中可能发挥重要作用（Christophersen et al.，2002）。eEF2 能够促进新生肽链从 A 位点移向 P 位点，然而在 eEF2 激酶（Eukaryotic elongation factor 2 kinase，EF2K）的作用下，eEF2 被磷酸化后会丧失这一功能，从而抑制肽链的移位。因此 eEF2K 的活性对蛋白质合成有重要意义。而 eEF2K 活性除了受钙离子和钙调蛋白的影响外，还受雷帕霉素靶蛋白信号通路（Mammalian target of rapamycin，mTOR）的调节（Kaul et al.，2011）。mTOR 磷酸化激活核糖体蛋白 S6 激酶 1（p70 S6 Kinase，S6K），并反过来磷酸化核糖体蛋白 S6（Ribosomal protein S6，rpS6），增强

rpS6 的活动，并抑制 eEF2K 的活动，从而阻止 eEF2K 对 eEF2 的抑制，进而调控 mRNA 翻译的进程。此外，研究还发现，mTOR 还能够通过调节 4EBP1 的磷酸化状态来释放真核起始因子 eIF4E，进而调节蛋白合成。近年来，越来越多的研究发现，在啮齿动物和反刍动物的乳蛋白合成，尤其是乳蛋白转录过程中，mTOR 信号通路发挥了重要作用（Wang et al.，2014b，Wang et al.，2017）。哺乳动物 mTOR 是一种非典型的丝氨酸、苏氨酸蛋白激酶，主要以 mTORC1 和 mTORC2 这两种复合物形式存在于细胞中。mTORC1 主要用于调节蛋白合成和调控细胞周期。目前在与 mTORC1 通路核心相关的基因中仅能检测到 FRAP1（编码 mTOR 蛋白），Bionaz 等于 2011 年第一次在牛乳腺中检测到 FRAP1 的表达并且发现 FRAP1 表达的丰度与整个乳蛋白百分含量的变化相一致。而 mTOR 通路主要通过 PI3K-PDK-AKT（磷脂酰肌醇 3-激酶，Phosphoinositide 3-kinase，PI3K；3-磷酸肌醇依赖性蛋白激酶，Phosphoinositide dependent protein kinase，PDK；蛋白激酶 B，Protein kinase B，PKB 又称 AKT）信号通路和 LKB1-AMPK-TSC（肝激酶 B1，Liver kinase B1，LKB1；AMP 激活蛋白激酶，AMP-activated protein kinase，AMPK；结节性硬化症基因，Tuberous sclerosis complex，TSC）信号通路这两个上游途径来实现对乳蛋白生成的调控。在 PI3K-PDK-AKT 信号通路中，胰岛素与胰岛素受体结合后发生磷酸化，刺激活化 PI3K，从而使得 AKT 分子在细胞膜上聚集，同时 PDK1 也被活化后 PI3K 激活，并促进 AKT 分子活化，并最终作用于 mTOR 通路。而在 LKB1-AMPK-TSC 信号通路中，当 ATP 被消耗后 AMP 含量上升，并与 AMPK 结合，再有激酶激活 AMPK，激活后的 AMPK 促使 TSC2 磷酸化，并与 TSC1 结合产生复合物，从而抑制 mTOR 途径。

三、microRNA 作为信号分子调控乳蛋白合成

作为小分子 RNA 中最大的一员，miRNA 广泛存在于真核生物中。成熟的 miRNA 为约 20 个核苷酸长度的双链结构。双链的 miRNA 分子很容易被解链，并且解链后的一条链能够通过与其靶基因的 3′-UTR 互补配对，引起其靶基因的 mRNA 的降解或翻译抑制（Bartel，2004）。因此 miRNA 对基因转录后水平具有重要的调控作用，在机体生长、发育以及细胞分化等方面发挥着重要作用。任何 miRNA 的异常表达都会引起细胞调控结果的改变（Chang-Zheng，2007）。泌乳活动作为哺乳动物最为突出的一个生理活动，其不仅受激素、细胞因子及营养素的调节（Lothar and Robinson，2005），一些最新的研究发现，

miRNA 对泌乳活动也有一定的影响。如 Wang 等利用基因芯片技术检测比较了青春期、泌乳期和退化期小鼠乳腺的 miRNA 表达谱后发现了 38 种差异表达 miRNA（Wang，2007）。随后通过对不同泌乳阶段奶牛乳腺中 miRNA 的比较研究发现，不同泌乳时期奶牛乳腺中 miRNA 的表达谱有显著差异。与青春期乳腺和退化期乳腺相比，妊娠期和泌乳期乳腺中 miR-138 和 miR-413 表达出现下调，而 miR-133 表达出现上调（Wang et al.，2012）。此外，Chen 等人利用高通量测序比对了泌乳奶牛初乳和常乳中 miRNA 表达谱，结果发现与成熟乳相比，初乳中有 108 个上调和 8 个下调的 miRNA（Chen et al.，2010）。这些研究均预示了 miRNA 对乳腺泌乳功能有着重要的调控作用。

近年来，进一步的研究发现，除了对乳腺发育的影响，某些 miRNA 对乳腺中乳蛋白的合成表达也具有调控作用。如采集泌乳中期奶牛乳腺并进行小 RNA 测序比较后发现，不同生产性能的泌乳奶牛（乳蛋白含量>3.0% 为高产奶牛，乳蛋白含量<3.0% 为低产奶牛）乳腺中 miR-152 有显著差异，随后通过 qRT-PCR 进行定量后，也印证了这一结果，即高产奶牛乳腺中 miR-152 的表达量显著高于低产奶牛（Wang et al.，2014a）。随后金晶等利用小 RNA 测序技术筛选比较高乳品质奶牛和低乳品质奶牛乳腺中 miRNA 表达谱，并通过 qRT-PCR 技术验证 miRNA 对靶基因的调控后发现，bta-miR-423-3p、bta-miR-2449、bta-miR-2378、bta-miR-2382*、bta-miR-3604 和 bta-miR-324 等 6 种 miRNA，是影响乳蛋白合成的关键 miRNA（金晶，2016）。此外，周刚等在比较补充精氨酸对泌乳奶牛乳蛋白合成的影响时发现，颈静脉灌注精氨酸后，泌乳奶牛乳腺中 α-酪蛋白和 κ-酪蛋白的基因表达量及乳中酪蛋白产量均显著高于对照组。并且，在补充灌注精氨酸后，奶牛乳腺中 mmu-miR-743a、mmu-miR-543、mmu-miR-101a、mmu-miR-760-3p、mmu-miR-1954、mmu-miR-712、mmu-miR-574-5p 等 miRNA 的表达量也出现了和乳蛋白一样的变化规律（周刚，2016）。而大鼠中的研究发现，miR-101a 对大鼠乳腺中 β-酪蛋白 mRNA 的表达具有抑制效果（Tanaka et al.，2009）。研究者还通过进一步比较催乳素受体（Prolactin receptor，PRLR）及其下游因子 STAT5 的表达，来鉴定 miR-101a 对 β-酪蛋白 mRNA 表达的影响是否是通过影响 β-酪蛋白转录来实现，结果并未发现显著差异。此外在对 miR-101a 调控 β-酪蛋白转录后翻译水平的研究中也未发现显著差异。因此推测，miR-101a 可能通过调控乳腺中 COX-2 的表达来调控上皮细胞的增殖与凋亡，进而影响乳酪蛋白的合成。对乳蛋白生成调控的这一作用

机制同样在 miR-126-3p 上被报道，如在大鼠中，miR-126-3p 还能以黄体酮受体（Progesterone receptor，PR）为靶基因，调控乳腺上皮细胞的增殖以及乳腺上皮细胞中 β-酪蛋白的生产（Wei and Wei，2011）。还有研究通过比较不同泌乳阶段小鼠乳腺中 miR-129-5p 的表达丰度后发现，miR-129-5p 在泌乳阶段的表达量显著低于青春期，因此猜测 miR-129-5p 对小鼠泌乳功能有负反馈调节作用，随后在小鼠乳腺上皮细胞中通过转染 miR-129-5p 抑制剂后发现，当 miR-129-5p 的表达受抑后，乳腺上皮细胞中胰岛素样生长因子表达显著提高，并促进小鼠乳腺上皮的增殖和蛋白分泌能力（丁巍等，2011）。在小鼠上的研究还发现，let-7g 可以通过负反馈调节转移生长因子 β 受体 1 的表达来调节小鼠乳腺上皮细胞的增殖活性剂及 β-酪蛋白的分泌（冯丽等，2012）。此外在奶牛乳腺上皮细胞中的研究还发现，miR-15a 对乳腺上皮细胞中的酪蛋白的表达具有抑制作用，而这一作用主要是通过 miR-15a 解链后与生长激素受体（Growth hormone receptor，GHR）的 mRNA 结合并抑制其表达，进而引起乳腺上皮细胞活力受抑，最终导致乳酪蛋白的合成受到抑制（Hui-Ming et al.，2012）。

除了作用于泌乳相关激素受体的靶基因后调控乳蛋白合成，miRNA 还能直接调控编码乳成分基因的表达。最近 miRNA 靶基因结合位点的多态性分析成为领域研究的热点，在对奶山羊的酪蛋白基因（CSN1S1、CSN1S2、CSN2 及 CSN3）的 3′-UTR 进行了重测序后发现了 5 个单核苷酸多态性（Single nucleotide polymorphism，SNP）位点，并且这些位点正好位于预测的多种 miRNA 种子序列的互补区（Zidi et al.，2010）。因此，推测 miRNA 可能通过与此区域的突变相互作用，调节乳中各种酪蛋白含量。王春梅等人在小鼠乳腺上皮细胞中，运用沉默技术抑制内源性 miR-138 的表达，并检测 PRLR、STAT5 及 MAPK 蛋白表达后发现，miR-138 沉默组细胞中 PRLR 的表达显著高于对照组，STAT5 和 MAPK 的表达也在对照组中最高。结合上文 STAT5 和 MAPK 对蛋白转录和翻译的影响，可以猜想 miR-138 对乳腺中乳蛋白合成的影响可能是通过 STAT5 和 MAPK 信号转导分子实现。此外，边艳杰等人在比较了高产和低产奶牛乳腺中 miRNA 的表达谱后发现，miR-29 在高产奶牛中的表达显著高于低产奶牛。随后他们通过在泌乳奶牛乳腺上皮细胞中转染 miR-29a、miR-29b 和 miR-29c 的激活剂和抑制剂后发现，在 miR-29a、miR-29b 和 miR-29c 超表达组中，α-酪蛋白的 mRNA 和蛋白表达水平均显著高于阴性对照组。而在 miR-29a，miR-29b 和 miR-29c 沉默组中，α-酪蛋白的 mRNA 和蛋白表达水平均显著降低。在他们的试验中还发现，AKT1、mTOR、ELF5 和 SREBP1 等信号转导因子的表达表现出和 α-酪蛋白一样的变化规律。这一结果表明 miR-29s 可能通过 AKT1、mTOR、ELF5 和 SREBP1 等信号转导分子调节乳腺中酪蛋白的合成（边艳杰，2015）。还有一些研究发现，当奶牛乳腺上皮细胞中 miR-152 的表达被激活后，乳腺上皮细胞中 PI3K/AKT 信号通路也被激活并进一步促进乳腺上皮细胞中 β-酪蛋白的合成（Wang et al.，2014a），而当 miR-152 被抑制后，乳腺上皮细胞中 β-酪蛋白的合成则受到显著抑制。李慧铭等人在小鼠上的研究发现 miR-126-3p 与乳腺中 β-酪蛋白的产量密切相关，并且进一步比较 β-酪蛋白合成相关基因后发现，miR-126-3p 可能通过调控 PRLR 及其下游因子 STAT5、AKT1 和 mTOR 的基因及蛋白表达，并最终作用于 β-酪蛋白基因启动子从而影响酪蛋白合成（李慧铭，2013）。最近还有一些研究报道，一些 miRNA 能够直接作用于乳蛋白基因并调控乳蛋白合成。如在奶牛乳腺上皮细胞中的研究发现，miR-205 还能够直接作用于乳铁蛋白并抑制其表达和分泌（Liao et al.，2010）。miR-29 能够作用于 α-酪蛋白 S1 基因的启动子区域的 DNA 甲基化水平，调控奶牛乳腺上皮细胞中 α-酪蛋白的表达（边艳杰，2015）。

参考文献

安代志. 2005. 高温环境的评定及其高产奶牛体温调节特性 [D]. 南京：南京农业大学.

边艳杰. 2015. miR-29 家族对奶牛乳腺上皮细胞泌乳调控机制的研究 [D]. 哈尔滨：东北农业大学.

丁巍，李庆章，王春梅，等. 2011. miR-129-5p 调节小鼠乳腺上皮细胞内 Igf-1 的表达 [J]. 中国生物化学与分子生物学报，27（6）：548-553.

杜瑞平，王春艳，张兴夫，等. 2015. 催乳素和瘦素对奶牛乳腺上皮细胞乳蛋白及乳蛋白合成信号通路关键因子基因表达的影响 [J]. 动物营养学报，12：035.

冯丽，李庆章，崔巍，等. 2012. let-7g 对小鼠乳腺发育和泌乳相关功能基因 Tgfbr1 的作用及其机理 [J]. 中国兽医学报，32（1）：103-107.

金晶. 2016. 奶牛乳腺中调控乳品质的 miRNA 及其靶基因 [D]. 哈尔滨：东北农业大学.

李慧铭. 2013. miR-142-3p 对小鼠乳腺发育和泌乳重要功能基因 Prlr 的表达调控 [D]. 哈尔滨：东北农业大学.

李庆章. 2009. 乳腺发育与泌乳生物学 [M]. 北京：科学出版社.

李莹，林晓明. 2008. 乳清蛋白营养特点与功能作用 [J]. 中国食物与营养（6）：62-64.

厉学武，吕娟，王利华，等.2009.乳蛋白影响因素及营养调控的研究技术［J］.饲料工业，30（15）：10-13.

林忠荔，江明锋，任洪辉.2014.牛乳蛋白合成的分子调控机制［J］.中国畜牧兽医，41（5）：158-162.

秦宜德，邹思湘.2003.乳蛋白的主要组分及其研究现状［J］.生物学杂志，20（2）：5-7.

王蓉，蔡美英，吴慧君.2001.细胞因子信号传导JAK/STAT途径的调控［J］.微生物学免疫学进展，29（2）：86-88.

王恬，贝水荣，傅永明，等.2004.小肽营养素对奶牛泌乳性能的影响［J］.中国奶牛（2）：12-14.

吴慧慧.2007.必需氨基酸及蛋氨酸二肽供给模式对奶牛乳腺组织αs1酪蛋白合成的影响［D］.杭州：浙江大学.

薛白，王之盛，李胜利，等2010.温湿度指数与奶牛生产性能的关系［J］.中国畜牧兽医（3）：153-157.

周刚.2016.精氨酸调控酪蛋白表达途径相关miRNAs的筛选与表达分析［D］.扬州：扬州大学.

Armentano, L., S. Bertics, and G. Ducharme. 1997. Response of lactating cows to methionine or methionine plus lysine added to high protein diets based on alfalfa and heated soybeans［J］. J Dairy Sci, 80（6）: 1 194-1 199.

Aston, K., C. Thomas, S. Daley, et al. 1994. Milk production from grass silage diets: effects of the composition of supplementary concentrates［J］. Anim Production, 59（3）: 335-344.

Baldwin, R. L., J. France, and M. Gill. 1987. Metabolism of the lactating cow: I. Animal elements of a mechanistic model［J］. J Dairy Res, 54（1）: 77-105.

Ban, H., K. Shigemitsu, T. Yamatsuji, et al. 2004. Arginine and leucine regulate p70 S6 kinase and 4E-BP1 in intestinal epithelial cells［J］. International Journal of Molecular Medicine, 13（4）: 537-543.

Bartel, D. P. 2004. MicroRNAs: Genomics, biogenesis, mechanism, and function［J］. Cell, 116（2）: 281-297.

Baumrucker, C., P. Pocius, and T. Riss. 1981. Glutathione utilization by lactating bovine mammary secretory tissue *in vitro*［J］. Biochemical Journal, 198（1）: 243-246.

Berman, A., Y. Folman, M. Kaim, et al. 1985. Upper critical temperatures and forced ventilation effects for high-yielding dairy cows in a subtropical climate［J］. J Dairy Sci, 68（6）: 1 488-1 495.

Bionaz, M. and J. J. Loor. 2011. Gene networks driving bovine mammary protein synthesis during the lactation cycle [J]. Bioinform Biol Insights (5): 83-98.

Brophy, B., G. Smolenski, T. Wheeler, et al. 2003. Cloned transgenic cattle produce milk with higher levels of beta - casein and kappa - casein [J]. Nature Biotechnology, 21 (2): 157.

Brym, P., S. Kaminski, and E. Wojcik. 2005. Polymorphism within the bovine prolactin receptor gene (PRLR) [J]. Anim Sci Pap Rep, 23 (1): 61-66.

Burgoyne, R. D. and J. S. Duncan. 1998. Secretion of milk proteins [J]. Journal of Mammary Gland Biology and Neoplasia, 3 (3): 275-286.

Chang-Zheng, C. 2007. MicroRNAs as oncogenes and tumor suppressors [J]. New England Journal of Medicine, 302 (1): 1-12.

Chen, Chao, Haijin, Huang, Yanye, Dong, et al. 2010. Identification and characterization of microRNAs in raw milk during different periods of lactation, commercial fluid, and powdered milk products [J]. 细胞研究 (英文版), 20 (10): 1 128-1 137.

Christophersen, C. T., J. Karlsen, M. O. Nielsen, et al. 2002. Eukaryotic elongation factor-2 (eEF-2) activity in bovine mammary tissue in relation to milk protein synthesis [J]. J Dairy Res, 69 (2): 205.

Clemens, M. J. 1994. Regulation of eukaryotic protein synthesis by protein kinases that phosphorylate initiation factor eIF-2 [J]. Molecular Biology Reports, 19 (3): 201.

Crisà, A., C. Marchitelli, L. Pariset, et al. 2010. Exploring polymorphisms and effects of candidate genes on milk fat quality in dairy sheep [J]. J Dairy Sci, 93 (8): 3 834-3 845.

Davis, S. R. and T. B. Mepham. 1976. Metabolism of L- (U-14C) valine, L- (U-14C) leucine, L- (U-14C) histidine and L- (U-14C) phenylalanine by the isolated perfused lactating guinea-pig mammary gland [J]. Biochemical Journal, 156 (3): 553-560.

Donkin, S., G. Varga, T. Sweeney, et al. 1989. Rumen-protected methionine and lysine: effects on animal performance, milk protein yield, and physiological measures [J]. J Dairy Sci, 72 (6): 1 484-1 491.

Emery, R. 1978. Feeding for increased milk protein [J]. J Dairy Sci, 61 (6): 825-828.

Escobar, J., J. W. Frank, A. Suryawan, et al. 2005. Physiological rise in plasma leucine stimulates muscle protein synthesis in neonatal pigs by enhancing translation initiation factor activation [J]. American Journal of Physiology-Endocrinology and Metabolism, 288 (5): E914-E921.

Escobar, J., J. W. Frank, A. Suryawan, et al. 2006. Regulation of cardiac and skeletal muscle protein synthesis by individual branched-chain amino acids in neonatal pigs [J]. American Journal of Physiology-Endocrinology and Metabolism, 290 (4): E612-E621.

Fronk, T. J., C. J. Peel, D. E. Bauman, et al. 1983. Comparison of different patterns of exogenous growth hormone administration on milk production in Holstein cows [J]. J Anim Sci, 57 (3): 699-705.

Gil, F., G. de Camargo, F. P. de Souza, et al. 2013. Polymorphisms in the ghrelin gene and their associations with milk yield and quality in water buffaloes [J]. J Dairy Sci, 96 (5): 3 326-3 331.

Griinari, J., M. McGuire, D. Dwyer, et al. 1997a. The Role of Insulin in the Regulation of Milk Protein Synthesis in Dairy Cows 1, 2 [J]. J Dairy Sci, 80 (10): 2 361-2 371.

Griinari, J., M. McGuire, D. Dwyer, et al. 1997b. Role of insulin in the regulation of milk fat synthesis in dairy cows [J]. J Dairy Sci, 80 (6): 1 076-1 084.

Groner, B. 2002. Transcription factor regulation in mammary epithelial cells [J]. Domestic Animal Endocrinology, 23 (1): 25-32.

Han, Y., D. Watling, N. C. Rogers, et al. 1997. JAK2 and STAT5, but not JAK1 and STAT1, are required for prolactin-induced beta-lactoglobulin transcription [J]. Molecular Endocrinology, 11 (8): 1 180-1 188.

Hanayama, R., M. Tanaka, K. Miwa, et al. 2002. Identification of a factor that links apoptotic cells to phagocytes [J]. Nature, 417 (6885): 182-187.

Hanigan, M. and R. Baldwin. 1994. A mechanistic model of mammary gland metabolism in the lactating cow [J]. Agricultural Systems, 45 (4): 369-419.

Hof, G., S. Tamminga, and P. Lenaers. 1994. Efficiency of protein utilization in dairy cows [J]. Livestock Production Science, 38 (3): 169-178.

Hui-Ming, L., W. Chun-Mei, L. Qing-Zhang, et al. 2012. MiR-15a decreases bovine mammary epithelial cell viability and lactation and regulates growth hormone receptor expression [J]. Molecules, 17 (10): 12 037.

Innocente, N. and M. Biasutti. 2013. Automatic milking systems in the protected designation of origin montasio cheese production chain: effects on milk and cheese quality [J]. J Dairy Sci, 96 (2): 740-751.

J A D Ranga Niroshan, A., B. Ashley L, et al. 2011. Essential amino acids regulate both initiation and elongation of mRNA translation independent of insulin in MAC-T cells and bovine mammary tissue slices [J]. Journal of Nutrition, 141 (6): 1 209-1 215.

Kaul, G., G. Pattan, and T. Rafeequi. 2011. Eukaryotic elongation factor-2 (eEF2): its regulation and peptide chain elongation [J]. Cell Biochemistry & Function, 29 (3): 227-234.

Kim, S., L. Hulbert, H. Rachuonyo, et al. 2004. Relative availability of iron in mined humic substances for weanling pigs [J]. Asian Australasian Journal of Animal Sciences, 17 (9): 1 266-1 270.

Kim, S. W., R. D. Mateo, Y.-L. Yin, et al. 2007. Functional amino acids and fatty acids for enhancing production performance of sows and piglets [J]. Asian Australasian Journal of Animal Sciences, 20 (2): 295.

Liao, Y., X. Du, and B. Lönnerdal. 2010. miR-214 regulates lactoferrin expression and pro-apoptotic function in mammary epithelial cells [J]. Journal of Nutrition, 140 (9): 1 552-1 556.

Liu, X., G. W. Robinson, F. Gouilleux, et al. 1995. Cloning and expression of Stat5 and an additional homologue (Stat5b) involved in prolactin signal transduction in mouse mammary tissue [J]. Proc Natl Acad Sci USA, 92 (19): 8 831-8 835.

Lothar, H. and G. W. Robinson. 2005. Information networks in the mammary gland [J]. Nat Rev Mol Cell Biol, 6 (9): 715-725.

Mackle, T., D. Dwyer, and D. Bauman. 1999. Effects of branched-chain amino acids and sodium caseinate on milk protein concentration and yield from dairy cows [J]. J Dairy Sci, 82 (1): 161-171.

Mayya, S., K. Constanze, S. S. Bradrick, et al. 2010. Regulation of eukaryotic initiation factor 4E (eIF4E) phosphorylation by mitogen-activated protein kinase occurs through modulation of Mnk1-eIF4G interaction [J]. Molecular & Cellular Biology, 30 (21): 5 160.

Mercier, J. and P. Gaye. 1982. Early events in secretion of main milk proteins: occurrence of precursors [J]. J Dairy sci, 65 (2): 299-316.

Metcalf, J., D. Wray-Cahen, E. Chettle, et al. 1996b. The effect of increasing levels of dietary protein as protected soya on mammary metabolism in the lactating dairy cow. I[J]. Animal Sci, 69: 603-611.

Metcalf, J., L. Crompton, D. Wray-Cahen, et al. 1996a. Responses in milk constituents to intravascular administration of two mixtures of amino acids to dairy cows [J]. J Dairy Sci, 79 (8): 1 425-1 429.

Ogg, S. L., A. K. Weldon, L. Dobbie, et al. 2004. Expression of butyrophilin (Btn1a1) in lactating mammary gland is essential for the regulated secretion of milk-lipid droplets [J]. Proceedings of the National Academy of Sciences of the United States of America, 101 (27): 10 084-10 089.

Park, Y. W. and G. F. W. Haenlein. 2008. Handbook of milk of non-bovine mammals.

Peel, C. J., D. E. Bauman, R. C. Gorewit, et al. 1981. Effect of exogenous growth hormone on lactational performance in high yielding dairy cows [J]. The Journal of Nutrition, 111 (9): 1 662-1 671.

Phipps, R., J. Sutton, D. Humphries, et al. 2001. A comparison of the effects of cracked wheat and sodium hydroxide-treated wheat on food intake, milk production and rumen digestion in dairy cows given maize silage diets [J]. Animal Sci, 72: 585-594.

Richardson, C. and E. Hatfield. 1978. The limiting amino acids in growing cattle [J]. J Animal Sci, 46 (3): 740-745.

Rulquin, H., R. Vérité, J. Guinard, et al. 1995. Dairy cows' requirements for amino acids [M]. Animal Science Research and Development: Moving Toward a New Century. M. Ivan, ed., ISBN 0-662-23589-4, Centre for Food and Animal Research, Ottawa, Canada: 143-160.

Spörndly, E. 1989. Effects on milk protein content, yield and composition of dietary changes in diets based on grass silage to dairy cows [J]. Swedish Journal of Agricultural Research.

Tanaka, T., S. Haneda, K. Imakawa, et al. 2009. A microRNA, miR-101a, controls mammary gland development by regulating cyclooxygenase-2 expression☆ [J]. Differentiation, 77 (2): 181-187.

Trachsel, H. and T. Staehelin. 1978. Binding and release of eukaryotic initiation factor eIF-2 and GTP during protein synthesis initiation [J]. Proc Natl Acad Sci USA, 75 (1): 204-208.

Vorbach, C., A. Scriven, and M. R. Capecchi. 2002. The housekeeping gene xanthine oxidoreductase is necessary for milk fat droplet enveloping and secretion: gene sharing in the lactating mammary gland [J]. Genes & Development, 16 (24): 3 223-3 235.

Wang, C. 2007. Identification of differentially expressed micrornas during the development of chinese murine mammary gland [J]. Journal of Genetics & Genomics, 34 (11): 966-973.

Wang, J., Y. Bian, Z. Wang, et al. 2014a. MicroRNA-152 regulates DNA methyltransferase 1 and is involved in the development and lactation of mammary glands in dairy cows [J]. PloS One, 9 (7): e101 358.

Wang, M., B. Xu, H. Wang, et al. 2014b. Effects of Arginine concentration on the *in vitro* expression of Casein and mTOR pathway related genes in mammary epithelial cells from dairy cattle [J]. PloS One, 9 (5): e95 985.

Wang, M., S. Moisá, M. J. Khan, et al. 2012. MicroRNA expression patterns in the bovine mammary gland are affected by stage of lactation [J]. J Dairy Sci, 95 (11): 6 529-6 535.

Wang, Y. H., J. Q. Liu, H. Wu, et al. 2017. Amino acids regulate mTOR pathway and milk protein synthesis in a mouse mammary epithelial cell line is partly mediated by T1R1/T1R3 [J]. European Journal of Nutrition.

Wei, C. and D. Wei. 2011. MiR-126-3p regulates progesterone receptors and involves development and lactation of mouse mammary gland [J]. Molecular & Cellular Biochemistry, 355 (1-2): 17-25.

Wilks, D., C. Coppock, K. Brooks, et al. 1991. Effects of differences in starch content of diets with whole cottonseed or rice bran on milk casein [J]. J Dairy Sci, 74 (4): 1 314-1 320.

Wright, T., S. Moscardini, P. Luimes, et al. 1998. Effects of rumen-undegradable protein and feed intake on nitrogen balance and milk protein production in dairy cows [J]. J Dairy Sci, 81 (3): 784-793.

Wu, G. and J. T. Self. 2004. Amino acids: metabolism and functions [J]. Encyclopedia of Animal Science, 9-12.

Wyszomierski, S. L. and J. M. Rosen. 2001. Cooperative effects of STAT5 (signal transducer and activator of transcription 5) and C/EBPbeta (CCAAT/enhancer-binding protein-beta) on beta-casein gene transcription are mediated by the glucocorticoid receptor [J]. Molecular Endocrinology, 15 (2): 228.

Zidi, A., M. Amills, A. Tomás, et al. 2010. Short communication: Genetic variability in the predicted microRNA target sites of caprine casein genes [J]. J Dairy Sci, 93 (4): 1 749-1 753.

第七章 乳脂合成相关 microRNA 研究

microRNA（miRNA）是已知在动物和植物中转录后抑制基因表达的短链内源 RNA 分子，能对 mRNA 进行切割或抑制翻译。研究表明，miRNA 在机体内的表达存在固定模式，并且这种表达模式与物种、组织器官以及发育阶段密切相关。因此，miRNA 是参与机体内多种代谢过程的关键调节因子，已有研究证实 miRNA 主要参与组织发育、细胞分化和脂质代谢等方面的调控。miRNA 在反刍动物乳腺发育、泌乳过程以及乳脂代谢的调控上发挥重要作用。本章节主要对 miRNA 特性、miRNA 对乳脂合成的调节进行汇总分析。

一、microRNA 特性

miRNA 在 1993 年于秀丽隐杆线虫中发现（Lee et al., 1993）。miRNA 作为具有调节功能的 RNAs 在植物和动物物种中都能发挥基础的生物学功能，其对翻译的调节作为一种复杂的生物学调控模式日渐崭露头角，它们与靶 mRNA 作用形成相互依赖的群组和通路从而影响生物体生命活动的方方面面。

在人体中，40%~90% 的 mRNA 由已知的 miRNA 调控，但是可能还有更多未知 miRNA 的存在（Hackl et al., 2005，Miranda et al., 2006）。对已知的 miRNA 的功能学研究和生物信息学分析表明，大部分的 mRNA 能够被 miRNA 调控，一种 miRNA 能够靶向针对上百个 mRNA，其中包括编码转录因子的 mRNA（Hackl et al., 2005，Lewis et al., 2005，Miranda et al., 2006），从而参与特定通路或生理学进程的转录后调节，例如细胞凋亡（Lewis et al., 2003，Chen and Stallings, 2007，Lima et al., 2011，Liang et al., 2012）、细胞分裂、增殖和分化（Poy et al., 2004，Hackl et al., 2005，Kajimoto et al., 2006，Yuan et al., 2011，Li and He, 2012，Liu et al., 2012，Zhang et al., 2012）、生

长发育（Bae et al.，2012），蛋白质分泌（Mello and Conte，2004），病毒感染（Wang et al.，2011，Skalsky et al.，2012），肿瘤发生或肿瘤抑制（Esquela-Kerscher and Slack，2006，He et al.，2007，Jiang et al.，2012），DNA 甲基化或组蛋白修饰（Bao et al.，2004）以及代谢（Rottiers and Naar，2012）等。

miRNA 的起源和形成方式等，可参见前文。虽然 miRNA 形成的方式已经有相对完整的研究结论，但目前，miRNA 释放的机制尚不清楚。数据表明，miRNA 的释放可能通过神经酰胺依赖性分泌机制（Kosaka et al.，2010）。另有研究发现，由于 MVB 在 RNA 诱导的沉默复合体 RISC 中发挥将 miRNA 加载到其互补靶 mRNA 中的作用，发现成熟 miRNA 可从外来体中的细胞中释放（Lee et al.，2009），然而未成熟的 miRNA 也可能被释放（Chen et al.，2010），凋亡小体也含有 miRNA（Zernecke et al.，2009），这也在一定程度上提示 miRNA 释放的替代机制。

二、乳脂合成途径概述

牛奶乳脂率作为评判牛乳质量的重要指标之一，成为众多研究学者关注奶牛营养调控及分子调控的热点。奶牛乳脂的合成主要通过脂肪酸的从头合成途径，还有一部分来自游离长链脂肪酸的摄取、脂肪酸的转运及去饱和、甘油三酯酯化和脂质小滴的合成。前人对于乳脂合成的分子水平研究主要集中在转录水平上参与乳脂合成关键酶基因的研究。许多酶参与了乳脂合成途径，包括脂肪酸的激活、转运、从头合成、去饱和、合成、乳脂肪球形成和分泌等。乳脂合成和分泌主要包括以下两种途径（Bernard et al.，2008）：①乳腺通过血浆摄取非酯化脂肪酸（Nonestesterified fatty acid，NEFA）和富含甘油三酯（Triglyceride，TG）的脂蛋白（乳糜微粒和极低密度脂蛋白，Very low density lipoprotein，VLDL）形式进入乳腺上皮细胞，这种外源途径摄入约占 60%；②乳腺利用瘤胃发酵产物（乙酸和 β-羟丁酸）经乙酰辅酶 A 羧化酶（Acetyl CoA carboxylase，ACC）和脂肪酸合成酶（Fatty acid synthase，FAS）途径从头合成，约占 40%。

（一）脂肪酸从头合成和脂肪酸的摄取、活化及转运

在反刍动物乳腺上皮细胞中，脂肪酸从头合成的底物为乙酸盐和 β-羟丁酸（Mansbridge and Blake，1997）。乙酸盐在脂酰辅酶 A 合成酶（Acyl-CoA synthetase，ACSS）的作用下生成乙酰辅酶 A，再由 ACC 催化转变为丙二酸单酰辅酶 A，此过程为脂肪酸合成的限速反应（Ha and Kim，1994）。FAS 催化一

系列反应，每次反应在不断延长的脂酰链上添加两个碳原子，每个循环消耗两分子的 NADPH，最终形成 C16∶0 饱和脂肪酸，即棕榈酸。研究学者对奶牛乳腺上皮细胞进行胆固醇调节元件结合蛋白 1（Sterol-regulatory element binding protein 1，SREBP1）基因沉默后发现，部分参与乳脂合成的关键酶的基因和蛋白表达量降低，从而表明 SREBP1 可以参与奶牛乳腺上皮细胞脂肪酸的从头合成、脂肪酸的转运及去饱和、长链脂肪酸的摄取及 TG 酯化过程关键酶的调控（Li et al.，2014）。

反刍动物乳腺摄取的长链脂肪酸大多来自血液。血液中的长链脂肪酸可通过脂蛋白脂肪酶（Liportein lipase，LPL）作用于循环脂蛋白释放获得，或者来自消化道或体脂动员的与白蛋白结合的未酯化的脂肪酸。反刍动物从血液摄取的用于乳脂肪合成的长链脂肪酸主要来自饮食和消化道吸收后经微生物发酵的脂肪酸，而乳脂肪中不到 10% 的脂肪酸来自体脂动员。长链脂肪酸的膜运输是乳脂合成的促进过程（Abumrad et al.，1998），分化抗原簇 36（Cluster of differentiation 36，CD36）作为脂肪酸转运的载体，和脂肪酸结合蛋白 3（Fatty acid binding protein 3，FABP3）在脂肪酸的摄取和运输中发挥作用。

（二）甘油三酯的合成及脂滴的分泌

乳脂肪包含了 98%TG、少量的胆固醇、甘油二酯、甘油一酯脂肪酸成分（Dils，1986）。TG 的合成是从 3-磷酸甘油被酯化开始的。这一过程是在甘油-3-磷酸酰基转移酶（Glycerol-3-phosphate acyltransferases，GPAT）的催化作用下进行的，之后，在 1-酰基甘油-3-磷酸酰基转移酶（1-acylglycerol-3-phosphate O-acyltransferase，AGPAT）/溶血磷脂酸酰基转移酶（Lysophosphatidic acid acyltransferase，LPAAT）的作用下从而催化 sn-2 位脂肪酸的酯化，TG 合成的第三步是由二酰基甘油酰基转移酶（Diacylglycerol acyltransferase，DGAT）催化。LPL 的活性决定了乳腺组织通过水解血浆脂蛋白获得脂肪酸的能力，此外，脂素 1（LPIN1）、GPAT、二酰基甘油酰基转移酶 DGAT1 等也是催化合成甘油三酯的关键酶（Coleman and Lee，2004）。FASN 在调控山羊乳腺脂肪酸代谢过程中具有重要作用，FASN 活性的降低可在抑制 TG 合成的同时促进 TG 的降解，从而降低细胞中脂质的积累（朱江江，2015）。

无论是从细菌到哺乳动物，脂滴是普遍存在于机体细胞中，作为中性脂储存的结构，它的大小和数量反映了每个细胞管理脂质存储的能力。脂滴可以协助脂肪酸和中性脂（TG，角鲨烯和甾醇酯）转运和存储，在脂类稳定中起着关键作用。脂滴一直被认为仅是一种类似于糖原的颗粒，只是用于储存能量，是一个"惰性"的细胞内物质,因而脂滴在很长一段时间内并未受到人们的重视。最新研究发现,脂滴是一个复杂、活动旺盛、动态变化的多功能细胞器。脂滴作为脂质的中心和能量代谢的枢纽,正受到广泛的关注(Thiele and Spandl, 2008)。乳汁中的脂肪以乳脂滴的形式存在,主要由磷脂包裹 TG 和少量胆固醇酯构成(Chong et al., 2011)。乳脂滴源于乳腺上皮细胞内质网合成的胞浆脂滴,这些胞浆脂滴合成后被运输至细胞质膜顶端,并包裹一层细胞膜通过非传统的分泌途径进入乳腺腺泡腔内从而形成乳脂滴(McManaman et al., 2007)。脂滴的形成主要是由 PAT 家族的基因来进行控制的,包括脂肪细胞分化相关蛋白(Adipocyte differentiation related protein, ADFP)、47ku 尾连蛋白(Tail-interacting protein of 47ku, TIP47)和 PLIN1 3 个基因。首先新形成的脂滴通过结合 ADFP 被包裹,并在 ADFP 的作用下完成与其他脂滴的融合,同时被运输到细胞膜上。在嗜乳脂蛋白亚家族 1 成员 A1(Butyrophilin subfamily 1 member A1, BTN1A1)和黄嘌呤脱氢酶(Xanthine dehydrogenase, XDH)的作用下协助细胞膜以胞吐的方式进行释放。其中,ADFP8 在整个过程中起到了接头的作用,并在之后与 BTN1A1 进行结合介导了 ADFP 与脂滴的结合。在 BTN1A1 的作用下募集 XDH 促进形成联合体,进而导致了脂滴的释放(Chong et al., 2011)。

三、microRNA 对乳脂的调控

虽然 miRNA 对代谢这一复杂生命活动的调节作用还在研究的初级阶段,对于潜在机制了解仍然有限(Nelson et al., 2003, Ambros, 2004),但是越来越多的研究者意识到,物质代谢背后存在着 miRNA 操控的方方面面。例如在糖代谢方面的研究证实,miR-375 对胰岛素的分泌具有调控作用,miR-9 则以胰脏和脑中的一些 mRNA 为靶基因,参与胞吐作用(Lewis et al., 2005, Plaisance et al., 2006),小鼠研究中则证实,let-7 能够通过抑制 insulin-PI3K-mTOR 通路的多个组成元件(IGF1R、INSR、IRS2)来改变胰岛素抗性,导致葡萄糖耐量的降低,这一研究确定 Lin8/let-7 通路是哺乳动物葡萄糖代谢的中心调节物(Zhu et al., 2011);蛋白质代谢方面的研究证明,miR-29b 能够与支链 α-酮酸脱氢酶(Branched chain α-ketoacid dehydrogenase, BCKD)的组成部分二氢硫辛酰胺支链酰基转移酶(Dihydrolipoamide branched chain acyltransferase)mRNA 结合,从而影响支链氨基酸的代谢途径(Mersey et al., 2005)。可见,miRNA 是物质代谢的有效调节分子,其对乳腺乳脂合成的调控,对于了

解乳腺脂类合成的精准分子机制尤为重要。

(一) microRNA 对乳腺发育及泌乳的影响概述

从调控的角度来看，每一个 miRNA 都是可以对多个靶基因进行调控，此外，相同的基因可能由多个 miRNA 协同调控，这些复杂且精准的调控会使蛋白的表达处于稳态。

奶牛乳腺发育受到机体的遗传基础、营养、激素分泌和环境等因素的控制，而 miRNA 的发现打开了人们对乳腺发育的认知。miRNA 与哺乳动物乳腺组织的发育密切相关。Ibarra 等（Ibarra et al.，2007）使用含有能自身更新的小鼠乳腺上皮细胞系祖代研究 miRNA 表达，发现 miR-205 和 miR-22 在乳腺祖代细胞中高表达，缺失 let-7 会使能自我更新的细胞群体富集，而 let-7 的超表达将会使来自复合群的自我更新细胞产生丢失，这也在一定程度上说明 miRNA 对奶牛乳腺发育的重要性。Avril 等（Avril-Sassen et al.，2009）对小鼠出生后乳腺发育过程中的 16 发育点的 miRNA 表达谱进行了研究，结果表明乳腺中特异性表达的 miRNA 有 102 种，其表达方式在不同乳腺发育阶段呈现差异。Ucar 等（Ucar et al.，2010）发现，当 miR-212/132 的表达受到抑制时，基质金属蛋白酶（Matrix metalloproteinase-9，MMP-9）的表达水平显著上调，miR-212 和 miR-132 缺失可导致小鼠乳导管丧失发育能力。

奶山羊研究中发现，妊娠期和泌乳早期的乳腺组织中 miRNA 表达谱存在多种差异表达的 miRNA，推测筛选出来的 miRNA 可能与泌乳功能及乳腺发育有关（Ji et al.，2012）。对崂山奶山羊泌乳初期（产后 20 天）、泌乳高峰期（产后 90 天）和泌乳末期（产后 210 天）乳腺 miRNA 表达谱的分析则表明，共发现的 336 个已知 miRNA 中，189 个在不同时间点表达差异显著（纪志宾，2013）。

Li 等（Li et al.，2012）在奶牛泌乳期和非泌乳期之间发现了 56 个差异表达的 miRNA，这些 miRNA 在泌乳期和非泌乳期之间有显著差异，其中，miR-138 在泌乳期表达量最高。已有研究建立了乳腺上皮分化的体外模型，例如 HC11 小鼠乳腺上皮细胞系，该细胞系在激素刺激下能够分化和表达乳蛋白基因（Timmins et al.，2005）。HC11 细胞系经地塞米松、胰岛素和泌乳素（DIP-两者联合诱导牛奶蛋白基因表达）处理前后的表达序列分析，miR-23a、miR-27b、miR-101a、miR-141、miR-200a 和 miR-205 表达差异显著。miRNA 在乳腺不同细胞亚室的表达也得到了测定，这些研究揭示了组织中 miRNA 表达的复杂模式。

奶牛乳腺发育及泌乳相关的 miRNA 在本书其他章节中有详细论述，本章就不再赘述。可以确定的是，和啮齿类动物及其他哺乳动物一样，奶牛乳腺的发育和泌乳，同样存在各发育时期的差异，而 miRNA 表达的变化，能够完成对乳腺生理活动的精准调节。

（二）microRNA 对奶牛乳腺乳脂合成的调控

脂类代谢在细胞水平同样被严格调控，除了经典的转录调节之外（例如通过 SREBPs、PPARs 等），miRNA 作为确定的转录后调节分子不可避免地参与其中。2003 年，Xu 等（Xu et al.，2003）在对果蝇中的研究中发现，miR-14 的缺失能够增加三酰基甘油和二酰基甘油的水平，生物学历史上 miRNA 在脂类代谢中的调控作用第一次得以肯定。其后的近十年，越来越多的研究表明，miRNA 可以通过与脂类代谢相关基因靶位点的结合（Esau et al.，2006，Cheung et al.，2008）来调节脂肪酸和胆固醇的代谢。这些新的发现开启了人类对代谢调控的新的认识，为了解生物体物质代谢的进行方向和动态平衡机制提供了有利的背景，也为动脉粥样硬化、代谢综合征等疾病的治疗开辟新的途径。

脂质的稳态受到过氧化物酶体增殖剂激活受体（Peroxisome proliferators-activated receptors，PPAR）、SREBP 和胰岛素信号通路等多条信号通路的调控，其中以 PPAR 通路和 AMPK/SREBPs（AMPK，Adenosine 5′-monophosphate（AMP）-activated protein kinase，腺苷酸活化的蛋白激酶）通路在脂质代谢过程中研究最多，也最为关键。对于脂质调控不仅停留于基因信号通路，许多 miRNA 能够对 SREBPs 和 PPAR 通路进行直接或间接地调控进而参与到脂质代谢。miRNA 对 PPARG 的调控已得到证实。Kim 等（Kim et al.，2013）发现 TNFα 可诱导 miR-130 过表达，从而靶向 PPARG，抑制脂质生成。miR-302a 也被证实可靶向 PPARG 调控脂质代谢，抑制脂肪细胞中脂滴生成和脂质合成相关基因的表达（Jeong et al.，2014）。有研究证实 PPARγ 是 miR-27b 的直接靶标，miR-27b 过表达减弱了脂肪细胞中 PPARγ 和 CCAAT-增强子结合蛋白（CCAAT/enhancer binding protein，C /EBPα）的作用，抑制 TG 聚积。SREBPs 是脂肪酸和胆固醇合成过程中的关键转录因子，也是 miR-33a/b 的宿主基因，miR-33a/b 分别位于 SREBP-2 和 SREBP-1c 的内含子中，可调控脂质稳态。Horie 等（Horie et al.，2013）用 miR-33 敲除小鼠证明 SREBP1 是 miR-33 的作用靶标。Das（Das et al.，2015）等发现，在脂肪细胞中过表达 miR-124a 会减弱脂肪酸的水解作用，增加 TG 的积累，证明 miR-124a 通过靶向脂肪甘油三酯脂肪酶（Adipose triglyceride lipase，ATGL）的 3'-UTR 介导其表达，进而调控脂代谢。

在奶牛乳腺的研究中发现，miRNA 可以通过对乳脂合成的各个层面进行调控，最终改变乳脂生成。

1. miRNA 靶向转录调节因子调节乳脂生成

Yang 等（Yang et al.，2017）研究发现，miR-130a 能够直接作用于 PPARG，从而参与乳脂合成调节。miR-130a 超表达可降低 PPARγ、FABP3、脂肪分化相关蛋白 2（Perilipin-2，PLIN 2）和脂肪酸转运蛋白 1（Fatty acid transporter 1，FATP1）的 mRNA 表达，从而降低奶牛乳腺上皮细胞中 TG 水平，抑制脂滴形成，促进 TG 积累。因此，miR-130a 可以通过直接靶向转录调节因子 PPARG 改变 TG 合成。奶羊山乳腺上皮细胞表明，PPARγ 也是 miR-27 的靶基因，并且发现 miR-27 的过表达降低了 GMECs 中 PPARG 的表达（Lin et al.，2009）。此外，Zhang 等（Zhang et al.，2019）研究表明，miR-454 以 PPARγ 为靶点，直接对脂肪滴的积累和 TG 的产生负调控。

Wang 等（Wang et al.，2012）在奶牛中研究发现，miR-221 可能靶向于过氧化物酶体增殖物激活受体 γ 辅激活因子 1α（Peroxisome proliferator activated receptor γ coactivator 1 α，PPARGC1A），Chu 等（Chu et al.，2018）研究发现，miR-221 在 MECs 中调节脂质代谢，并在小鼠乳腺发育的不同阶段表达不同，抑制 miR-221 可以通过促进 FASN 来增加乳脂生成。

奶水牛研究表明（蔡小艳等，2016），泛酸激酶 3（Pantothenate kinase 3，PANK3）是 miR-103 作用的靶基因。过表达 miR-103 可导致 PANK3 表达下调，并显著提高 SREBP1c 和 ACACA 的表达。可见，bbu-miR-103 可通过对 SREBP1c 的间接作用，调控脂肪酸从头合成、TG 合成及乳脂合成等。

Wang 等（Wang et al.，2014a）以奶牛乳腺上皮细胞（Dairy cow mammary epithelial cells，DCMECs）为模型，研究 miR-152 在乳成分合成中的作用，研究表明，miR-152 可以与 DNA 甲基化转移酶 1（DNA methyl transferase 1，DNMT1）mRNA 的 3'-UTR 区域互补结合，抑制其蛋白表达，从而降低乳腺上皮细胞基因组 DNA 的甲基化水平和甲基转移酶的活力。过表达 miR-152 时，SREBP1、PPARγ 表达上调，抑制 miR-152 表达时，结果相反，同时发现 TG 合成的增加。该研究证明，miR-152 可以通过对 DNMT1 的直接靶向，间接调节 SREBP1、PPARγ 基因启动子区的甲基化水平，改变其表达，最终改变乳脂生成。此外，Bian 等（Bian et al.，2015）报道，miR-29a/b/c 也可通过负调控

DNMT3a 及 DNMT3b 的表达，进而调节奶牛乳腺上皮细胞的 DNA 甲基化水平，参与乳脂合成调节。

于蕾等（2015）研究表明，bta-miR-142 在奶牛乳腺上皮细胞中作用于靶基因催乳素受体（Prolactin receptor，PRLR）并下调其 mRNA 水平和蛋白表达水平，从而间接负调控 SREBP1 的表达，从而抑制乳脂合成及分泌。此外，PRLR 也是 miR-138 的潜在靶基因（Li et al.，2012），研究表明其可以通过对 PRLR 表达的调控，改变乳成分合成。

2. miRNA 靶向乳脂合成关键酶调节乳脂生成

Lian 等（Lian et al.，2016）发现在原代奶牛乳腺上皮细胞中，过表达 miR-181a 抑制了乳脂合成关键酶 ACSL1 的表达，抑制 miR-181a 的表达增加了 ACSL1 的表达。并且，随着 bta-miR-181a 的过表达，细胞脂滴合成减少，而用 bta-miR-181a 抑制剂处理显著增加了脂滴浓度。该结果表明 bta-miR-181a 通过靶向 ACSL1 调控乳腺细胞中脂质合成。

miR-200b 可能靶向磷酸酶和张力蛋白同源物（Phosphatase and tensin homolog deleted on chromosome 10，PTEN）及 DNMT3a、DNMT3b 参与泌乳调控。有研究认为，PTEN-AKT 通路能够诱导 PRL 的分泌而参与泌乳调节的启动（Chen et al.，2012）。Wang 等（Wang et al.，2014b）研究也证实在奶牛乳腺上皮细胞泌乳过程中，PTEN 基因可靶向负调控 PI3K-AKT 信号转导通路，从而影响 SREBP1、PPARγ 的表达，进而参与细胞的生长与泌乳的调节。因此，miR-200b 可能通过介导其靶基因 PTEN 表达的抑制进而促进泌乳相关信号通路分子如 SREBP1 的表达，发挥间接调控乳脂生成的作用。

Wang 等（Wang et al.，2019）以 BMEC 为模型，研究 miR-34b 在乳脂合成中的作用，结果显示脱帽酶 1A（Decapping enzyme 1A，DCP1A）是 miR-34b 的靶基因，此外，miR-34b 的过度表达抑制了 PPARγ、FASN、FABP4 和 C/EBPα 等脂质代谢相关基因 mRNA 的表达，结果提示 miR-34b-DCP1A 轴在调节乳脂合成中具有重要作用。

Chen Z 等（Chen et al.，2019）研究确定 miR-106b 可以结合 ATP 结合盒亚家族 A 成员 1（ATP binding cassette subfamily A member 1，ABCA1）3′-UTR。牛乳腺上皮细胞中 miR-106b 的过表达可抑制 TG 合成，升高胆固醇含量，证实其在脂质代谢中的作用。

Shen 等（Shen et al.，2016）以 BMEC 为模型，研究表明，中链酰基辅酶 A 脱氢酶（Medium-chain acyl-CoA dehydrogenase，MCAD，基因名为 ACADM）

和乙醛脱氢酶（Aldehyde dehydrogenase，ALDH2）是 miR-224 的靶基因，证实 miR-224 在脂质代谢中的直接调控作用。此外，miR-224-5p 可以以 ACSL4 基因为靶点阻断脂肪酸 β-氧化，最终降低脂肪酸的羰基活化（Izai et al.，1992）。

此外，Dong 等（Dong et al.，2013）经分析认为奶山羊乳腺组织中的 miR-135a 可能靶向作用于 VLDLR 基因，进而可能对乳脂肪合成产生影响。此外，Chen 等（Chen et al.，2017）发现，miR-148a 和 miR-17-5p 能够协同调控 PPARGC1 和 PPARA 来参与山羊乳腺甘油三酯的合成。

以上研究表明，miRNA 对乳脂合成的调控作用主要通过靶向脂质合成的关键酶及脂质合成的转录调节因子（SREBP、PPAR）实现。

参考文献

蔡小艳，李胜，陈秋萍，等. 2016. 水牛 bbu-miR-103-1 在泌乳期与非泌乳期表达模式及靶向基因的初步研究［J］. 畜牧兽医学报，47（11）：2 191-2 220.

蔡小艳. 2016. 水牛泌乳期和非泌乳期 miRNAs 表达谱分析及 miR-103 和 novel-miR-57 的靶向基因研究［D］. 南宁：广西大学.

纪志宾. 2013. 奶山羊泌乳期乳腺组织 microRNA 表达谱分析及 miR-143 调控 IGFBP5 对细胞作用研究［D］. 泰安：山东农业大学.

于蕾，王春梅，崔英俊，等. 2015. Bta-miR-142-3p 对奶牛乳腺上皮细胞泌乳功能的影响［J］. 中国乳品工业，43（5）：8-11.

朱江江. 2015. FASN 基因对奶山羊乳腺脂肪酸代谢的调控作用研究［D］. 杨凌：西北农林科技大学.

Abumrad, N., C. Harmon, and A. Ibrahimi. 1998. Membrane transport of long-chain fatty acids: evidence for a facilitated process［J］. J Lipid Res, 39（12）：2 309-2 318.

Ambros, V. 2004. The functions of animal microRNAs［J］. Nature, 431（7006）：350-355.

Avril-Sassen, S., L. D. Goldstein, J. Stingl, et al. 2009. Characterisation of microRNA expression in post-natal mouse mammary gland development［J］. BMC Genomics, 10.

Bae, Y., T. Yang, H. C. Zeng, et al. 2012. miRNA-34c regulates Notch signaling during bone development［J］. Hum Mol Genet.

Bao, N., K. W. Lye, and M. K. Barton. 2004. MicroRNA binding sites in Arabidopsis class III HD-ZIP mRNAs are required for methylation of the template chromosome［J］. Dev Cell, 7（5）：653-662.

Bernard, L., C. Leroux, and Y. Chilliard. 2008. Expression and nutritional regulation of lipogenic genes in the ruminant lactating mammary gland［J］. Bioactive Components of Milk, 606：67-108.

Bian, Y., Y. Lei, C. Wang, et al. 2015. Epigenetic regulation of miR-29s affects the lactation activity of dairy cow mammary epithelial cells [J]. J Cell Physiol, 230 (9): 2 152-2 163.

Chen, C. C., D. B. Stairs, R. B. Boxer, et al. 2012. Autocrine prolactin induced by the Pten-Akt pathway is required for lactation initiation and provides a direct link between the Akt and Stat5 pathways [J]. Genes Dev, 26 (19): 2 154-2 168.

Chen, T. S., R. C. Lai, M. M. Lee, et al. 2010. Mesenchymal stem cell secretes microparticles enriched in pre-microRNAs [J]. Nucleic Acids Research, 38 (1): 215-224.

Chen, Y. and R. L. Stallings. 2007. Differential patterns of microRNA expression in neuroblastoma are correlated with prognosis, differentiation, and apoptosis [J]. Cancer Res, 67 (3): 976-983.

Chen, Z., J. Luo, S. Sun, et al. 2017. miR-148a and miR-17-5p synergistically regulate milk TAG synthesis via PPARGC1A and PPARA in goat mammary epithelial cells [J]. Rna Biol, 14 (3): 326-338.

Chen, Z., S. Chu, X. Wang, et al. 2019. MicroRNA-106b regulates milk fat metabolism via ATP binding cassette subfamily A member 1 (ABCA1) in bovine mammary epithelial Cells [J]. J Agric Food Chem, 67 (14): 3 981-3 990.

Cheung, O., P. Puri, C. Eicken, et al. 2008. Nonalcoholic steatohepatitis is associated with altered hepatic microRNA expression [J]. Hepatology, 48 (6): 1 810-1 820.

Chong, B. M., P. Reigan, K. D. Mayle-Combs, et al. 2011. Determinants of adipophilin function in milk lipid formation and secretion [J]. Trends Endocrin Met, 22 (6): 211-217.

Chu, M., Y. Zhao, S. Yu, et al. 2018. MicroRNA-221 may be involved in lipid metabolism in mammary epithelial cells [J]. Int J Biochem Cell Biol, 97: 118-127.

Coleman, R. A. and D. P. Lee. 2004. Enzymes of triacylglycerol synthesis and their regulation [J]. Prog Lipid Res, 43 (2): 134-176.

Das, S. K., E. Stadelmeyer, S. Schauer, et al. 2015. Micro RNA-124a regulates lipolysis via adipose triglyceride lipase and comparative gene identification 58 [J]. Int J Mol Sci, 16 (4): 8 555-8 568.

Dils, R. R. 1986. Comparative aspects of milk fat synthesis [J]. J Dairy Sci, 69 (3): 904-910.

Dong, F., Z. B. Ji, C. X. Chen, et al. 2013. Target gene and function prediction of differentially expressed microRNAs in lactating mammary glands of dairy goats [J]. Int J Genomics.

Esau, C., S. Davis, S. F. Murray, et al. 2006. miR-122 regulation of lipid metabolism revealed by in vivo antisense targeting [J]. Cell Metab, 3 (2): 87-98.

Esquela-Kerscher, A. and F. J. Slack. 2006. Oncomirs-microRNAs with a role in cancer [J]. Nat Rev Cancer, 6 (4): 259-269.

Ha, J. and K. H. Kim. 1994. Inhibition of fatty acid synthesis by expression of an acetyl-CoA carboxylase-specific ribozyme gene [J]. Proc Natl Acad Sci USA, 91 (21): 9 951-9 955.

Hackl, H., T. R. Burkard, A. Sturn, et al. 2005. Molecular processes during fat cell development revealed by gene expression profiling and functional annotation [J]. Genome Biol, 6 (13): R108.

He, L., X. He, S. W. Lowe, et al. 2007. MicroRNAs join the p53 network-another piece in the tumour-suppression puzzle [J]. Nat Rev Cancer, 7 (11): 819-822.

Horie, T., T. Nishino, O. Baba, et al. 2013. MicroRNA-33 regulates sterol regulatory element-binding protein 1 expression in mice [J]. Nat Commun, 4: 2 883.

Ibarra, I., Y. Erlich, S. K. Muthuswamy, et al. 2007. A role for microRNAs in maintenance of mouse mammary epithelial progenitor cells [J]. Genes Dev, 21 (24): 3 238-3 243.

Izai, K., Y. Uchida, T. Orii, et al. 1992. Novel fatty acid beta-oxidation enzymes in rat liver mitochondria. I. Purification and properties of very-long-chain acyl-coenzyme A dehydrogenase [J]. J Biol Chem, 267 (2): 1 027-1 033.

Jeong, B. C., I. H. Kang, and J. T. Koh. 2014. MicroRNA-302a inhibits adipogenesis by suppressing peroxisome proliferator-activated receptor gamma expression [J]. FEBS Lett, 588 (18): 3 427-3 434.

Ji, Z. B., G. Z. Wang, Z. J. Xie, et al. 2012. Identification and characterization of microRNA in the dairy goat (Capra hircus) mammary gland by Solexa deep-sequencing technology [J]. Molecular Biology Reports, 39 (10): 9 361-9 371.

Jiang, W., X. Chen, M. Liao, et al. 2012. Identification of links between small molecules and miRNAs in human cancers based on transcriptional responses [J]. Sci Rep, 2: 282.

Kajimoto, K., H. Naraba, and N. Iwai. 2006. MicroRNA and 3T3-L1 pre-adipocyte differentiation [J]. RNA, 12 (9): 1 626-1 632.

Kim, C., H. Lee, Y. M. Cho, et al. 2013. TNFalpha-induced miR-130 resulted in adipocyte dysfunction during obesity-related inflammation [J]. FEBS Lett, 587 (23): 3 853-3 858.

Kosaka, N., H. Iguchi, Y. Yoshioka, et al. 2010. Secretory mechanisms and intercellular transfer of microRNAs in living cells [J]. J Biol Chem, 285 (23): 17 442-17 452.

Lee, R. C., R. L. Feinbaum, and V. Ambros. 1993. The *C. elegans* heterochronic gene lin-4 encodes small RNAs with antisense complementarity to lin-14 [J]. Cell, 75 (5): 843-854.

Lee, Y. S., S. Pressman, A. P. Andress, et al. 2009. Silencing by small RNAs is linked to endosomal trafficking (vol 11, pg 1150, 2009) [J]. Nature Cell Biology, 11 (12): 1 495.

Lewis, B. P., C. B. Burge, and D. P. Bartel. 2005. Conserved seed pairing, often flanked by adenosines, indicates that thousands of human genes are microRNA targets [J]. Cell, 120 (1): 15-20.

Lewis, B. P., I. H. Shih, M. W. Jones-Rhoades, D. P. Bartel, and C. B. Burge. 2003. Prediction of mammalian microRNA targets [J]. Cell, 115 (7): 787-798.

Li, M. A. and L. He. 2012. microRNAs as novel regulators of stem cell pluripotency and somatic cell reprogramming [J]. Bioessays.

Li, N., F. Zhao, C. J. Wei, et al. 2014. Function of SREBP1 in the milk fat synthesis of dairy cow mammary epithelial cells [J]. International Journal of Molecular Sciences, 15 (9): 16 998-17 013.

Li, Z., H. Liu, X. Jin, et al. 2012. Expression profiles of microRNAs from lactating and non-lactating bovine mammary glands and identification of miRNA related to lactation [J]. BMC Genomics, 13: 731.

Lian, S., J. R. Guo, X. M. Nan, et al. 2016. MicroRNA bta-miR-181a regulates the biosynthesis of bovine milk fat by targeting ACSL1 [J]. Journal of Dairy Science, 99 (5): 3 916-3 924.

Liang, X., D. Zhou, C. Wei, et al. 2012. MicroRNA-34c enhances murine male germ cell apoptosis through targeting ATF1 [J]. PLoS One, 7 (3): e33 861.

Lima, R. T., S. Busacca, G. M. Almeida, et al. 2011. MicroRNA regulation of core apoptosis pathways in cancer [J]. Eur J Cancer, 47 (2): 163-174.

Lin, Q., Z. Gao, R. M. Alarcon, et al. 2009. A role of miR-27 in the regulation of adipogenesis [J]. FEBS J, 276 (8): 2 348-2 358.

Liu, W. M., R. T. Pang, P. C. Chiu, et al. 2012. Sperm-borne microRNA-34c is required for the first cleavage division in mouse [J]. Proc Natl Acad Sci USA, 109 (2): 490-494.

Mansbridge, R. J. and J. S. Blake. 1997. Nutritional factors affecting the fatty acid composition of bovine milk [J]. Br J Nutr, 78 Suppl, 1: S37-47.

McManaman, J. L., T. D. Russell, J. Schaack, et al. 2007. Molecular determinants of milk lipid secretion [J]. J Mammary Gland Biol, 12 (4): 259-268.

Mello, C. C. and D. Conte, Jr. 2004. Revealing the world of RNA interference [J]. Nature, 431 (7006): 338-342.

Mersey, B. D., P. Jin, and D. J. Danner. 2005. Human microRNA (miR29b) expression controls the amount of branched chain alpha-ketoacid dehydrogenase complex in a cell [J].

Hum Mol Genet, 14 (22): 3 371-3 377.

Miranda, K. C., T. Huynh, Y. Tay, et al. 2006. A pattern-based method for the identification of MicroRNA binding sites and their corresponding heteroduplexes [J]. Cell, 126 (6): 1 203-1 217.

Nelson, P., M. Kiriakidou, A. Sharma, et al. 2003. The microRNA world: small is mighty [J]. Trends Biochem Sci, 28 (10): 534-540.

Plaisance, V., A. Abderrahmani, V. Perret-Menoud, et al. 2006. MicroRNA-9 controls the expression of Granuphilin/Slp4 and the secretory response of insulin-producing cells [J]. J Biol Chem, 281 (37): 26 932-26 942.

Poy, M. N., L. Eliasson, J. Krutzfeldt, et al. 2004. A pancreatic islet-specific microRNA regulates insulin secretion [J]. Nature, 432 (7014): 226-230.

Rottiers, V. and A. M. Naar. 2012. MicroRNAs in metabolism and metabolic disorders [J]. Nat Rev Mol Cell Biol, 13 (4): 239-250.

Shen, B., L. Zhang, C. Lian, et al. 2016. Deep sequencing and screening of differentially expressed microRNAs related to milk fat metabolism in bovine primary mammary epithelial cells [J]. Int J Mol Sci, 17 (2): 200.

Skalsky, R. L., D. L. Corcoran, E. Gottwein, et al. 2012. The viral and cellular microRNA targetome in lymphoblastoid cell lines [J]. PLoS Pathog, 8 (1): e1 002 484.

Thiele, C. and J. Spandl. 2008. Cell biology of lipid droplets [J]. Curr Opin Cell Biol, 20 (4): 378-385.

Timmins, N. E., F. J. Harding, C. Smart, et al. 2005. Method for the generation and cultivation of functional three-dimensional mammary constructs without exogenous extracellular matrix [J]. Cell Tissue Res, 320 (1): 207-210.

Ucar, A., V. Vafaizadeh, H. Jarry, et al. 2010. miR-212 and miR-132 are required for epithelial stromal interactions necessary for mouse mammary gland development [J]. Nat Genet, 42 (12): 1 101-1 108.

Wang, J., Y. J. Bian, Z. R. Wang, et al. 2014a. MicroRNA-152 regulates DNA methyltransferase 1 and is involved in the development and lactation of mammary glands in dairy cows [J]. Plos One, 9 (7).

Wang, M., S. Moisa, M. J. Khan, et al. 2012. MicroRNA expression patterns in the bovine mammary gland are affected by stage of lactation [J]. J Dairy Sci, 95 (11): 6 529-6 535.

Wang, X., L. Ye, Y. Zhou, et al. 2011. Inhibition of anti-HIV microRNA expression: a mechanism for opioid-mediated enhancement of HIV infection of monocytes [J]. Am J Pathol, 178 (1): 41-47.

Wang, Y., W. Guo, K. Tang, et al. 2019. Bta-miR-34b regulates milk fat biosynthesis by targeting mRNA decapping enzyme 1A (DCP1A) in cultured bovine mammary epithelial cells1 [J]. J Anim Sci, 97 (9): 3 823-3 831.

Wang, Z., X. Hou, B. Qu, et al. 2014b. Pten regulates development and lactation in the mammary glands of dairy cows [J]. PLoS One, 9 (7): e102 118.

Xu, P., S. Y. Vernooy, M. Guo, et al. 2003. The Drosophila microRNA Mir-14 suppresses cell death and is required for normal fat metabolism [J]. Curr Biol, 13 (9): 790-795.

Yang, W. C., W. L. Guo, L. S. Zan, et al. 2017. Bta-miR-130a regulates the biosynthesis of bovine milk fat by targeting peroxisome proliferator-activated receptor gamma [J]. J Anim Sci, 95 (7): 2 898-2 906.

Yuan, Y., Z. Y. Zeng, X. H. Liu, et al. 2011. MicroRNA-203 inhibits cell proliferation by repressing DeltaNp63 expression in human esophageal squamous cell carcinoma [J]. BMC Cancer, 11: 57.

Zernecke, A., K. Bidzhekov, H. Noels, et al. 2009. Delivery of microRNA-126 by apoptotic bodies induces CXCL12-dependent vascular protection [J]. Sci Signal, 2 (100).

Zhang, J., Z. Z. Ying, Z. L. Tang, et al. 2012. MicroRNA-148a promotes myogenic differentiation by targeting the ROCK1 gene [J]. J Biol Chem.

Zhang, M. Q., J. L. Gao, X. D. Liao, et al. 2019. miR-454 regulates triglyceride synthesis in bovine mammary epithelial cells by targeting PPAR-gamma [J]. Gene, 691: 1-7.

Zhu, H., N. Shyh-Chang, A. V. Segre, et al. 2011. The Lin28/let-7 axis regulates glucose metabolism [J]. Cell, 147 (1): 81-94.

第八章 乳糖合成相关 microRNA 研究

葡萄糖是关乎孕育个体生长和乳合成的重要营养物质。对于妊娠期和泌乳期乳腺而言，它不仅作为重要的能量物质而存在，更是乳糖合成必需的主要底物，在大多数种属中，是乳容量的关键渗透性决定物质。对于妊娠期和泌乳期哺乳动物而言，子宫和乳腺的葡萄糖供应存在代谢优化，而这一过程的紊乱会导致多种疾病的产生以及乳产量的下降（Bell et al., 1997）。乳糖合成相关 miRNA 的研究，对于了解乳腺葡萄糖转运及乳糖合成的生物学过程调控，至关重要。

一、乳腺乳糖合成概况

葡萄糖和 UDP-半乳糖合成乳糖的过程是乳腺腺泡上皮特有的功能。这个过程在高尔基体内进行，并由乳糖合成酶催化，乳糖合成酶由 β-1，4-半乳糖基转移酶及必需辅助因子 α-乳清蛋白（Alpha-lactalbumin，LALBA）组成。

直接和间接法都说明乳腺上皮细胞的基底膜两侧存在很大的葡萄糖浓度梯度，血浆中为 2.0~5.0mmol/L，而细胞中则为 0.1~0.5mmol/L（Faulkner, 1999，Cherepanov et al., 2000）。细胞内葡萄糖浓度明显低于乳糖合成限速酶即乳糖合成酶的 Km 值（Faulkner et al., 1981，Faulkner, 1999）。因此，葡萄糖的跨膜转运可能就成为乳合成的限速步骤。对山羊和奶牛的乳腺研究表明，乳糖合成、乳产量与葡萄糖摄入之间存在一种线性的或者正相关（Kronfeld, 1982，Nielsen and Jakobsen, 1993，Hurtaud et al., 2000，Kim et al., 2001，Cant et al., 2002，Huhtanen et al., 2002）。

葡萄糖跨越细胞质膜在哺乳动物细胞内的转运通过 2 个不同的家族来进行：GLUT（Facilitative glucose transporters）和 SGLT（Na^+/glucose cotransporters）。可

渗透的、立体选择性的、双向的、能量不依赖的易化扩散过程由 GLUT 家族来介导，已经确定了这个家族的 13 成员，分别是 GLUT1-12 以及 HMIT。关于奶牛乳腺葡萄糖转运的研究表明，奶牛乳腺至少表达 GLUT1、GLUT3、GLUT4、GLUT5、GLUT8、GLUT12、SGLT1 和 SGLT2（Zhao and Keating, 2007）。

葡萄糖进入细胞后，被线粒体中的己糖激酶（Hexokinase, HK）磷酸化为 6-磷酸葡萄糖，进入能量产生和乳糖合成的途径，从而维持了葡萄糖通过转运蛋白进入细胞所需要的葡萄糖梯度（Bell et al., 1993, Gould and Holman, 1993, Mueckler, 1994, Printz et al., 1997）。哺乳动物 HKs 包括 4 个同功酶，主要为 HK1 及 HK2（Ureta, 1982, Middleton, 1990）。HK1、HK2 活性的增加以及与线粒体的结合能够增加葡萄糖的磷酸化。有证据表明，这种己糖激酶在调节细胞凋亡方面同样发挥作用。对于泌乳激活期的乳腺而言，无论是高葡萄糖梯度对增加葡萄糖摄入的促进作用，还是乳腺乳汁排出必须具有的乳糖渗透压，都能通过 HK1 和 HK2 表达的增加得以满足。HK1 在小鼠中的实验显示，其在各组织各时期广泛表达，而 HK2 蛋白在乳腺中仅在泌乳期前后出现（Kaselonis et al., 1999）。此外，HK1 对于葡萄糖的 Km 值是 0.03mmol/L，而 HK2 对于葡萄糖的 Km 值是 0.3mmol/L（Wilson, 2003）。HK2 的低亲和力可能对于它在泌乳期乳腺细胞的高葡萄糖环境中发挥作用，并且对于乳糖合成所必需的胞内高葡萄糖浓度有所助益。HK1 被认为主要在分解代谢中扮演一个角色，介导 6-磷酸葡萄糖进入糖酵解途径，从而在脑等器官中产生 ATP；HK2 则主要定位于合成代谢的一个角色，存在于胰岛素敏感的组织例如骨骼肌、脂肪组织、肝和泌乳期乳腺。后面 3 种组织类型中，6-磷酸葡萄糖被引入磷酸戊糖途径为脂合成提供 NAPDH（Kaselonis et al., 1999）。因此有人推测，泌乳期乳腺从 HK1 独立表达向 HK1 和 HK2 同时存在的转变，导致用于乳糖合成的游离葡萄糖增多以及磷酸戊糖途径活性的增强。

此外，提高的催乳素（Prolactin, PRL）水平能够促进乳糖合成基因 LALBA、奶牛乳腺主要的葡萄糖转运蛋白 SLC2A1、参与葡萄糖向乳糖合成底物 UDP 半乳糖转化的 UGP2，提示催乳素受体（Prolactin receptor, PRLR）、AKT1 在奶山羊乳腺糖代谢尤其是乳糖合成过程中发挥重要作用。

二、乳糖合成相关 microRNA

乳腺乳糖合成相关 miRNA 的研究较少。Li 等（Li et al., 2012）分别构建了泌乳期和非泌乳期荷斯坦奶牛的乳腺组织的 miRNA 文库，并通过 Solexa 测序方法对这些文库中的短 RNA 序列（18~30nt）进行了测序。结果表明，该文库包含 885 个 pre-miRNA，编码 921 个 miRNA，其中 884 个 miRNA 是唯一序列，在两个时期中表达 544 个（61.5%）。随后研究采用定制的微阵列芯片分析泌乳和非泌乳奶牛乳腺组织的 miRNA 表达模式，结果表明，与非哺乳期乳腺相比，泌乳期乳腺中共有 56 个 miRNA 表达差异显著。整合 miRNA 靶标预测和网络分析方法构建与泌乳相关的 miRNA 及其推定靶标的相互作用网络，并基于细胞模型，对 6 个 miRNA（miR-125b、miR-141、miR-181a、miR-199b、miR-484 和 miR-500）进行了研究，以揭示其可能的生物学意义。己糖激酶（HK2，XM_002691189.1）mRNA 3′-UTR 区域可能与 5 个 miRNA 配对：bta-miR-500、bta-miR-199a、bta-miR-125b、bta-miR-181a 和 bta-miR-484，根据网络，miR-125b、miR-181a、miR-199b、miR-484 和 miR-500 均可能调节 HK2 基因的表达。为了确定这 5 种 miRNA 对 HK2 表达的影响，使用 miRNA mimic 或 inhibitor 转染细胞，并通过 Western blot 方法检测 HK2 蛋白水平，结果表明 miR-181a、miR-199b 和 miR-125b 的超表达不会显著改变 HK2 的蛋白质水平，而 miR-484 和 miR-500 的超表达，能发挥显著作用，这些结果表明 miR-484 和 miR-500 可能在翻译水平上起作用。

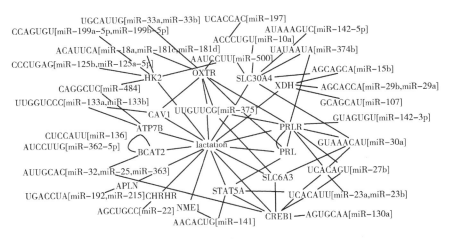

图 8-1 泌乳网络的预测（Li et al., 2012）

Wang 等（Wang et al., 2014）在对高乳品质、低乳品质和干奶期奶牛乳腺组织中 miRNA 研究中发现，miR-152 在高乳品质奶牛乳腺组织中特异性增高。研究进一步采用双荧光素酶报告基因方法分析，确定 DNA 甲基转移酶 1（DNA methyl transferase 1, DNMT1) 是 miR-152 的靶基因，miR-152 能与 DNMT1 mRNA 的 3′-UTR 区域互补结合，抑制其蛋白表达，从而降低了乳腺上皮细胞基因组 DNA 的甲基化水平和甲基转移酶的活力。过表达 miR-152 时，细胞内 GLUT1 表达上升，抑制内源性 miR-152 表达时，结果相反。表明 miR-152 通过调节 DNMT1 的表达，改变葡萄糖转运过程，进而调节与乳糖合成相关的生物学进程。

关于奶牛乳腺乳糖合成的 miRNA 调控，研究非常有限，很多研究还有待进行。

参考文献

Bell, G. I., C. F. Burant, J. Takeda, et al. 1993. Structure and function of mammalian facilitative sugar transporters [J]. J Biol Chem, 268 (26): 19 161-19 164.

Cant, J. P., D. R. Trout, F. Qiao, et al. 2002. Milk synthetic response of the bovine mammary gland to an increase in the local concentration of arterial glucose [J]. J Dairy Sci, 85 (3): 494-503.

Cherepanov, G. G., A. Danfaer, and J. P. Cant. 2000. Simulation analysis of substrate utilization in the mammary gland of lactating cows [J]. J Dairy Res, 67 (2): 171-188.

Faulkner, A., N. Chaiyabutr, M. Peaker, et al. 1981. Metabolic significance of milk glucose [J]. J Dairy Res, 48 (1): 51-56.

Faulkner, A. 1999. Changes in plasma and milk concentrations of glucose and IGF-1 in response to exogenous growth hormone in lactating goats [J]. J Dairy Res, 66 (2): 207-214.

Gould, G. W. and G. D. Holman. 1993. The glucose transporter family: structure, function and tissue-specific expression [J]. Biochem J, 295 (Pt 2): 329-341.

Huhtanen, P., A. Vanhatalo, and T. Varvikko. 2002. Effects of abomasal infusions of histidine, glucose, and leucine on milk production and plasma metabolites of dairy cows fed grass silage diets [J]. J Dairy Sci, 85 (1): 204-216.

Hurtaud, C., S. Lemosquet, and H. Rulquin. 2000. Effect of graded duodenal infusions of glucose on yield and composition of milk from dairy cows. 2. Diets based on grass silage [J]. J Dairy Sci, 83 (12): 2 952-2 962.

Kaselonis, G. L., E. R. McCabe, and S. M. Gray. 1999. Expression of hexokinase 1 and hexokinase 2 in mammary tissue of nonlactating and lactating rats: evaluation by RT-PCR [J]. Mol Genet Metab, 68 (3): 371-374.

Kim, C. H., T. G. Kim, J. J. Choung, et al. 2001. Effects of intravenous infusion of amino acids and glucose on the yield and concentration of milk protein in dairy cows [J]. J Dairy Res, 68 (1): 27-34.

Kronfeld, D. S. 1982. Major metabolic determinants of milk volume, mammary efficiency, and spontaneous ketosis in dairy cows [J]. J Dairy Sci, 65 (11): 2 204-2 212.

Li, Z., H. Liu, X. Jin, et al. 2012. Expression profiles of microRNAs from lactating and non-lactating bovine mammary glands and identification of miRNA related to lactation [J]. BMC Genomics, 13: 731.

Middleton, R. J. 1990. Hexokinases and glucokinases [J]. Biochem Soc Trans, 18 (2): 180-183.

Mueckler, M. 1994. Facilitative glucose transporters [J]. Eur J Biochem, 219 (3): 713-725.

Nielsen, M. O. and K. Jakobsen. 1993. Changes in mammary glucose and protein uptake in relation to milk synthesis during lactation in high-and low-yielding goats [J]. Comp Biochem Physiol Comp Physiol, 106 (2): 359-365.

Printz, R. L., H. Osawa, H. Ardehali, et al. 1997. Hexokinase II gene: Structure, regulation and promoter organization [J]. Biochem Soc T, 25 (1): 107-112.

Ureta, T. 1982. The comparative isozymology of vertebrate hexokinases [J]. Comp Biochem Physiol B, 71 (4): 549-555.

Wang, J., Y. J. Bian, Z. R. Wang, et al. 2014. MicroRNA-152 regulates DNA methyltransferase 1 and is involved in the development and lactation of mammary glands in dairy cows [J]. PloS One, 9 (7).

Wilson, J. E. 2003. Isozymes of mammalian hexokinase: structure, subcellular localization and metabolic function [J]. J Exp Biol, 206 (Pt 12): 2 049-2 057.

Zhao, F. Q. and A. F. Keating. 2007. Expression and regulation of glucose transporters in the bovine mammary gland [J]. J Dairy Sci, 90 Suppl, 1: E76-86.

第四部分 营养素对乳腺 microRNA 影响研究

第九章 氨基酸对乳腺 microRNA 的调控作用

奶牛氮利用效率的低下是制约奶牛生产性能和经济效益增加的重要因素。研究表明，氮利用效率的低下，会导致尿和粪便中氮损失的显著增加（Huhtanen et al., 2009），进而造成产业生产中经济、空气、水质、生态系统多样性等环境成本的增加（Wolfe and Patz, 2002）。尿氮排泄增加表明机体内尤其是内脏组织中氨基酸（Amino acid, AA）的分解代谢增强，而 AA 的内脏分解代谢与动脉 AA 浓度成正比，动脉 AA 浓度则受到乳腺等对 AA 摄取的影响。与内脏组织相比，乳腺对 AA 有更好的亲和力（MacRae et al., 1997, Hanigan et al., 2004）。如果 AA 的供应量保持不变，而牛奶蛋白质合成的需求量增加，乳腺组织对 AA 的摄取增强，将降低动脉 AA 的浓度，从而导致内脏组织 AA 分解代谢减少（Hanigan et al., 1998），进而减少氮损失。

在泌乳期，乳腺需要大量的基础营养物质用于乳成分的合成及机体生理活动的维持。乳中 90% 以上的蛋白质，是乳腺以血清中的游离 AA 为原料从头合成的（Backwell et al., 1996）。多年来对泌乳奶牛的研究证实，补充适量的 AA 能够提高乳产量及乳蛋白的含量（Sobhanirad et al., 2010）。AA 不仅是乳蛋白合成的前体物质，同样是乳蛋白合成的调节因素（Kimball and Jefferson, 2006）。蛋白质合成调控潜在违反了当前营养需求模型中固定效率的吸收 AA 转化成乳蛋白的假设。了解乳蛋白质合成调节因此对于改善蛋白质和 AA 需求模型是重要的。

多项研究强调，提供足够水平的必需氨基酸（Essential AA, EAA）对于提高氮的利用效率以及最大限度地提高牛乳蛋白的合成至关重要（Haque et al.,

2015)。Rulquin 等（Rulquin et al., 2007）提出了奶牛 EAA 肠道吸收的"理想"值。然而，吸收后，AA 首先流到肝脏，导致可以提供给乳腺的 AA 模式发生显著改变（Lapierre et al., 2006）。因此，评估 EAA 在乳腺细胞中的作用的研究对于增进氨基酸代谢、乳蛋白合成及其潜在机制的理解至关重要（Appuhamy et al., 2011, Appuhamy et al., 2012, Apelo et al., 2014, Appuhamy et al., 2014）。通过允许开发有助于指导未来实验设计的机制模型，此类实验有助于提高奶牛膳食蛋白质的使用效率（Castro et al., 2016）。

Li 等（Li et al., 2017）以奶牛乳腺上皮细胞及乳腺组织培养（Mammary tissue explants, MTE）为模型，研究当改变赖氨酸（Lys）、蛋氨酸（Met）、苏氨酸（Thr）和苯丙氨酸（Phe）间的最佳 AA 比例（最佳比例为 Lys：Met，2.9：1；Thr：Phe，1.05：1；Lys：Thr，1.8：1；Lys：His，2.38：1；Lys：Val，1.23：1）时，对 mTOR 信号通路的作用。结果表明，最佳比例组的 MTE 中，β-酪蛋白表达量最高。在 MAC-T 细胞中，最佳 AA 比例组能够显著上调 SLC1A5 和 SLC7A5 的 mRNA 表达，但与对照相比下调 IRS1、AKT3、EEF1A1 和 EEF2 的表达。当在最佳氨基酸比例组使用雷帕霉素处理 MTE 时，β-酪蛋白的表达显著降低。MAC-T 细胞中 RPS6 和 4EBP1 的磷酸化也被降低。当细胞与雷帕霉素或 mTOR 的干扰 RNA 一起培养时，检测到对 RPS6KB1 和 EIF4EBP1 表达的类似负面影响。结果表明，最佳的 Lys、Met、Thr 和 Phe 比例可以通过增强 AA 向细胞的转运、与胰岛素信号传导途径的；交互作用以及 mTOR 信号传导的后续增强而部分刺激 β-酪蛋白表达（Li et al., 2017）。

此外，Li 等（Li et al., 2016）继续研究改变 Lys 与 Thr、Lys 与组氨酸（His）以及 Lys 与缬氨酸（Val）的比例如何影响牛乳腺上皮细胞中脂肪生成基因和 miRNA 的表达。研究评价了 15 个脂肪生成基因和 7 个 miRNA 的表达对不同氨基酸配比的影响。结果观察到脂肪生成基因网络的上调和参与调控脂肪生成平衡的关键 miRNA 的表达变化，说明 EAA 比率和 mTOR 信号在乳脂合成的调控中具有潜在的重要作用。

乳腺过量提取支链 AA 包括精氨酸（Arg）和 Lys，并利用它们产生能量或合成非必需氨基酸（NEAA）（Lapierre et al., 2012）。具体而言，Arg 被过量提取时转化为尿素和鸟氨酸（O'Quinn et al., 2002）。鸟氨酸是脯氨酸（Pro）和几种 NEAA 的前体。此外，Arg 还可通过一氧化氮合酶转化为一氧化氮（Lacasse et al., 1996, O'Quinn et al., 2002）。热应激（Heat stress, HS）下的乳腺血液流量减少（Lough et al., 1990）可能是牛乳成分减少的原因，因为其可以决定到达乳汁中用于合成乳汁的营养物质的量。最近，Wang 等（Wang et al.，2014，Wang et al.，2017）提出了 Arg 在酪蛋白基因的转录调控和 mTOR 通路相关基因在牛乳腺上皮细胞中存在调节机制。而 Met 的补充能够提高乳蛋白，而乳腺细胞则过量吸收了 Arg，从而产生了能量和 NEAA，参与乳蛋白生成。为了评估 HS 和 Met 或 Arg 影响乳腺功能的分子机制，Salama 等（Salama et al.，2019）将乳腺上皮细胞在热中性（37°C）或 HS（42°C）条件下孵育。添加不同 AA 处理，孵育 6 小时后，收获细胞并提取 RNA 和蛋白质用于检测。结果表明，在 HS 期间，雷帕霉素（mTOR）、真核起始因子 2a、丝氨酸—苏氨酸蛋白激酶（AKT）、4E 结合蛋白 1（EIF4EBP1）和磷酸化 EIF4EBP1 的蛋白丰度降低。Met 和 Arg 均对 mTOR 蛋白无影响，但磷酸化的 EIF4EBP1 被 AA 降低，尤其是 Arg。此外，Met 而非 Arg 降低了磷酸化的真核生物延伸因子 2 的丰度，对蛋白合成具有正向作用。尽管 HS 上调了热休克蛋白 HSPA1A，凋亡基因 BAX 和翻译抑制剂 EIF4EBP1，但 PPARG，FASN，ACACA（脂肪生成）和 BCL2L1（抗凋亡）的 mRNA 丰度降低了。Met 或 Arg 的大量供应逆转了在 mRNA 水平上发生的大多数 HS 效应，并上调了 HSPA1A 的丰度。此外，与对照相比，Met 或 Arg 的添加上调了转录和翻译（MAPK1，MTOR，SREBF1，RPS6KB1，JAK2）、胰岛素信号传导（AKT2，IRS1）、AA 转运（SLC1A5，SLC7A1）以及细胞增殖（MKI67）相关的基因表达。此外，HS 时，与细胞生长、停滞、凋亡（miR-34a，miR-92a，miR-99 和 miR-184）、氧化应激（miR-141 和 miR-200a）相关的 miRNA 上调而与脂肪合成相关 miRNA 的下调（miR-27a/b 和 miR-221）。Met 和 Arg 的添加，能够改变这种 miRNA 变化趋势。结果表明，HS 对蛋白质和脂肪的合成具有直接的负面影响，Met 和 Arg 的添加增加了在 HS 期间补充这些 AA 可能对乳腺代谢产生积极影响的可能性。

参考文献

Apelo, S. I. A., L. M. Singer, X. Y. Lin, et al. 2014. Isoleucine, leucine, methionine, and threonine effects on mammalian target of rapamycin signaling in mammary tissue [J]. J Dairy Sci, 97 (2): 1 047-1 056.

Appuhamy, J. A. D. R. N., A. L. Bell, W. A. D. Nayananjalie, et al. 2011. Essential amino acids regulate both initiation and elongation of mRNA translation independent of insulin in MAC-T cells and bovine mammary tissue slices [J]. J Nutr, 141 (6): 1 209-1 215.

Appuhamy, J. A. D. R. N., N. A. Knoebel, W. A. D. Nayananjalie, et al. 2012. Isoleucine and leucine independently regulate mTOR signaling and protein synthesis in MAC-T cells and bovine mammary tissue slices [J]. J Nutr, 142 (3): 484-491.

Appuhamy, J. A. D. R. N., W. A. Nayananjalie, E. M. England, et al. 2014. Effects of AMP-activated protein kinase (AMPK) signaling and essential amino acids on mammalian target of rapamycin (mTOR) signaling and protein synthesis rates in mammary cells [J]. J Dairy Sci, 97 (1): 419-429.

Backwell, F. R., B. J. Bequette, D. Wilson, et al. 1996. Evidence for the utilization of peptides for milk protein synthesis in the lactating dairy goat *in vivo* [J]. Am J Physiol, 271 (4 Pt 2): R955-960.

Castro, J. J., S. I. A. Apelo, J. A. D. R. N. Appuhamy, et al. 2016. Development of a model describing regulation of casein synthesis by the mammalian target of rapamycin (mTOR) signaling pathway in response to insulin, amino acids, and acetate [J]. J Dairy Sci, 99 (8): 6 714-6 736.

Hanigan, M. D., J. P. Cant, D. C. Weakley, et al. 1998. An evaluation of postabsorptive protein and amino acid metabolism in the lactating dairy cow [J]. J Dairy Sci, 81 (12): 3 385-3 401.

Hanigan, M. D., L. A. Crompton, C. K. Reynolds, et al. 2004. An integrative model of amino acid metabolism in the liver of the lactating dairy cow [J]. J Theor Biol, 228 (2): 271-289.

Haque, M. N., J. Guinard-Flament, P. Lamberton, et al. 2015. Changes in mammary metabolism in response to the provision of an ideal amino acid profile at 2 levels of metabolizable protein supply in dairy cows: Consequences on efficiency [J]. J Dairy Sci, 98 (6): 3 951-3 968.

Huhtanen, P., M. Rinne, and J. Nousiainen. 2009. A meta-analysis of feed digestion in dairy cows. 2. The effects of feeding level and diet composition on digestibility [J]. J Dairy Sci, 92 (10): 5 031-5 042.

Kimball, S. R. and L. S. Jefferson. 2006. Signaling pathways and molecular mechanisms through which branched-chain amino acids mediate translational control of protein synthesis [J]. J Nutr, 136 (1 Suppl): 227S-231S.

Lacasse, P., V. C. Farr, S. R. Davis, et al. 1996. Local secretion of nitric oxide and the control of mammary blood flow [J]. J Dairy Sci, 79 (8): 1 369-1 374.

Lapierre, H., D. Pacheco, R. Berthiaume, et al. 2006. What is the true supply of amino acids for a dairy cow [J]? J Dairy Sci, 89: E1-E14.

Lapierre, H., G. E. Lobley, L. Doepel, et al. 2012. Triennial lactation symposium: mammary metabolism of amino acids in dairy cows [J]. J Anim Sci, 90 (5): 1 708-1 721.

Li, S., A. Hosseini, M. Danes, et al. 2016. Essential amino acid ratios and mTOR affect lipogenic gene networks and miRNA expression in bovine mammary epithelial cells [J]. J Anim Sci Biotechnol, 7: 44.

Li, S. S., J. J. Loor, H. Y. Liu, et al. 2017. Optimal ratios of essential amino acids stimulate beta-casein synthesis via activation of the mammalian target of rapamycin signaling pathway in MAC-T cells and bovine mammary tissue explants [J]. J Dairy Sci, 100 (8): 6 676-6 688.

Lough, D. S., D. L. Beede, and C. J. Wilcox. 1990. Effects of feed intake and thermal stress on mammary blood flow and other physiological measurements in lactating dairy cows [J]. J Dairy Sci, 73 (2): 325-332.

MacRae, J. C., L. A. Bruce, D. S. Brown, et al. 1997. Amino acid use by the gastrointestinal tract of sheep given lucerne forage [J]. Am J Physiol, 273 (6 Pt 1): G1200-1207.

O'Quinn, P. R., D. A. Knabe, and G. Wu. 2002. Arginine catabolism in lactating porcine mammary tissue [J]. J Anim Sci, 80 (2): 467-474.

Rulquin, H., G. Raggio, H. Lapierre, et al. 2007. Relationship between intestinal supply of essential amino acids and their mammary metabolism in the lactating dairy cow [J]. Eaap Public (124): 587.

Salama, A. A. K., M. Duque, L. Wang, et al. 2019. Enhanced supply of methionine or arginine alters mechanistic target of rapamycin signaling proteins, messenger RNA, and microRNA abundance in heat-stressed bovine mammary epithelial cells *in vitro* [J]. J Dairy Sci, 102 (3): 2 469-2 480.

Sobhanirad, S., D. Carlson, and R. Bahari Kashani. 2010. Effect of zinc methionine or zinc sulfate supplementation on milk production and composition of milk in lactating dairy cows [J]. Biol Trace Elem Res, 136 (1): 48-54.

Wang, M., B. Xu, H. Wang, et al. 2014. Effects of Arginine concentration on the *in vitro* expression of Casein and mTOR pathway related genes in mammary epithelial cells from dairy cattle [J]. PLoS One, 9 (5): e95 985.

Wang, M. Z., L. Y. Ding, C. Wang, et al. 2017. Short communication: Arginase inhibition reduces the synthesis of casein in bovine mammary epithelial cells [J]. J Dairy Sci, 100 (5): 4 128-4 133.

Wolfe, A. H. and J. A. Patz. 2002. Reactive nitrogen and human health: acute and long-term implications [J]. Ambio, 31 (2): 120-125.

第十章 脂肪酸对乳腺 microRNA 的调控作用

miRNA 能够通过对脂类代谢相关转录因子和基因的转录后调控完成对脂类代谢的调节,这一点固然引人注目,但是这并不是研究的全部。饮食中脂类的改变(低脂、高脂或必需脂肪酸的添加)也会通过对 miRNA 的作用来影响机体生命活动,这为我们构建了 miRNA 与脂类的另一个联系,那就是 miRNA 表达的上调或下调固然能够对脂类及其代谢途径产生调控作用,而脂类(脂肪酸)的变化,也会影响 miRNA 的表达,从而产生更加深远的影响。本章拟探讨日粮添加外源脂肪酸对乳腺 miRNA 表达谱的影响。

牛乳的乳脂生成涉及一个复杂的代谢调控网络,需要大量影响脂肪酸合成的关键酶和转录因子的参与。在日粮中添加富含不饱和脂肪酸的植物油(大豆油、亚麻籽油、红花油和鱼油等)可以产生乳脂抑制现象。

一、脂肪酸具有调节 microRNA 的能力

南雪梅等(2013)对脂肪酸调节 miRNA 的研究进行了系统的综述,尽管数百的 miRNA 是广泛表达的,但是特定的 miRNA 以一种细胞/组织特异性的方式,依赖于发育的不同阶段和/或特定的生理阶段来表达并发挥作用(Landgraf et al.,2007)。在过去的数十年,对于 miRNA 生物合成、功能和衰变的基本机制了解很多(具体可见综述 Krol et al.,2010),越来越多的研究证明,miRNA 不仅可以调节一系列的发育和生理学过程(包括代谢),也同样受饮食或饮食中特定成分的影响,这为营养学调节机体生命活动的本质研究开启了一个新的领域。其中,一类重要的脂类饮食成分——脂肪酸,越来越引起研究者的重视。

(一) 不饱和脂肪酸与 microRNA

必需脂肪酸是指哺乳动物不能从头合成而必须通过饮食或补充功能食品来获取（Richard et al., 2009）的一类脂肪酸，其中比较引人注目的就是两类特定的不饱和功能性脂肪酸——omega-3 脂肪酸（包括 DHA 和 EPA 等）和共轭亚油酸（Conjugated linoleic acid, CLA）（Visioli et al., 2012）。多项研究证明，它们在对抗癌症（Tanaka et al., 2011, Gerber, 2012）、缓解动脉粥样硬化（Delgado-Lista et al., 2012）、刺激免疫（Miles and Calder, 2012）等多个方面具有正效应。

小鼠的研究中证实，CLA 能够选择性改变白色脂肪组织中特定 miRNA 的表达（Parra et al., 2010）。CLA 的摄入能够直接调节 miR-143、miR-107、miR-221 和 miR-222。这些 miRNA 确认的靶基因与脂肪组织的不同功能相关，包括小窝蛋白，它是 miR-103/107 的靶基因（Trajkovski et al., 2011）并调节胰岛素敏感性，参与脂肪细胞分化的 ERK5，它是 miR-143 的靶基因（Esau et al., 2004, Li et al., 2011），周期蛋白依赖性抑制物 CDKN1B 以及参与脂肪细胞分化的关键转录因子 CCAAT/增强子结合蛋白 β（CCAAT/enhancer binding protein beta, CEBPB）则是 miR-221/222 的靶基因（Skarn et al., 2012）等。

磷酸酶和张力蛋白同系物（Phosphatase and tensin homolog, PTEN）是一种广泛认可的肿瘤抑制基因（Li et al., 1997），其在肝脏中表达的变化可能会导致代谢的紊乱包括胰岛素拮抗、炎症、皮脂腺病、非酒精性脂肪肝以及癌症等（Vinciguerra et al., 2009a, Vinciguerra et al., 2009b, Peyrou et al., 2010a, b）。不饱和脂肪酸能够增加肝脏 miR-21 的表达，从而抑制 miR-21 靶基因 PETN（Vinciguerra et al., 2009b）的表达，发挥抑制肿瘤的效果，而长链 omega-3 脂肪酸的摄入则能够保护小鼠结肠免于致癌物诱导的 miRNA 失调（Davidson et al., 2009）。在两个人类乳腺癌细胞系 MDA-MB-231 和 MCF-7 中，Mandal 等（Mandal et al., 2012）的研究同样证明具有生物活性的鱼油成分二十二碳六烯酸（Docosahexaenoic acid, DHA），能够通过对 miR-21 的抑制作用，借由 PTEN 及其下游的 PI3K/Akt 信号通路，影响集落刺激因子-1（Colony stimulating factor-1, CSF-1）基因的表达以及癌细胞中该蛋白的分泌。也有一些证据表明特定的 omega-3 脂肪酸，包括 EPA 和 DHA，具有破坏癌细胞的作用（Leaver et al., 2002a, Leaver et al., 2002b, Leaver et al., 2002c）。miRNA 参与这些作用的机制可能在体外实验中得以阐述。体外培养结肠瘤细胞，并使用 DHA 和其他多不饱和脂肪酸进行处理，结果导致特定凋亡基因表达上调，这可能是由于多不饱和脂肪酸能够减少针对这些基因的 miRNA 表达所致（Farago et al.，2011）。在多种细胞类型中，由 PUFA 导致的表达发生变化的 miRNA 包括：miR-34、miR-25、miR-17、miR-26a、miR-29c、miR-31、miR-200a、miR-206、miR-140 以及 miR-323。很多这些 miRNA 的靶基因（包括实验验证的以及生物信息学预测的）都能参与到凋亡中（Farago et al.，2011，Visioli et al.，2012）。Visioli（Visioli et al.，2012）综合性概述了 omega-3 脂肪酸和 CLA 在机体内的分子位点，指明 miRNA 是这些脂肪酸重要的微调效应器。

时至今日，我们仍然不知道 omega-3 脂肪酸对 miRNA 表达的影响是对后者直接作用的结果还是由必需脂肪酸产生的其他代谢物所造成。这些代谢物包括一些脂类调节物，如消散素（Resolvins）、脂氧素（Lipoxins）以及保护素（Protectins）等，它们都是在炎症时由必需脂肪酸前体物质内源性合成（Serhan，2009）。有趣的是，这些早期分辨的脂类调节物中的某些能够通过调节特异性的 miRNA 调控参与炎症消退的基因（Fredman and Serhan，2011，Recchiuti et al.，2011）。

（二）饱和脂肪酸与 microRNA

Hu 等（Hu et al.，2011）研究证实，微生物来源的短链脂肪酸也能够改变 miRNA 的表达。结肠微生物能够发酵不能吸收的膳食纤维产生大量的短链脂肪酸（Short chain fatty acids，SCFA），其中丁酸的抗癌活性，有部分是通过诱导 p21 基因的表达来介导的。在这个研究中，研究人员测定了 miRNA 在丁酸诱导 p21 表达过程中的作用。该研究通过微点阵和定量 PCR 的方法对 HCR-116 细胞系以及人类散发结肠癌中 miRNA 的表达谱进行检测（丁酸改变了多种 miRNA 的表达，其中包括 miR-17、miR-106b、miR-20a、miR-20b、miR-93、miR-106a 等），并通过 3'-UTR 荧光素酶标记以及特定 miRNA mimic 转染方法确定了 miR-106b 对 p21 基因表达的调节。他们的研究表明，微生物来源的 SCFA 通过 miRNA 的调整变化调节参与肠内动态平衡及癌症发生时宿主细胞基因的表达。丁酸抑制组蛋白去甲酰化酶（Histone deactylases，HDAC），使组蛋白乙酰化作用得以增加，减少染色体折叠效应，从而增加 p21 的转录。丁酸还可以减少 miR-106 的表达以及其他拥有相同源序列区域的 miRNA，miR-106b 家族抑制 p21 的翻译，从而在 2 个途径完成对 p21 蛋白的调节。

了解脂肪酸对 miRNA 以及其他非编码 RNA 的调节作用需要在编码和非编码水平进行深入的研究。脂肪酸对 miRNA 和其他 ncRNA 表达的影响仅仅才开始被发掘,但是我们能够想象未来那些令人激动的研究将阐明脂肪酸在 ncRNA 调节方面的精确作用。

二、脂肪酸调节奶牛乳腺 microRNA 表达谱

乳脂决定了乳制品及其物理特性和质量,是全脂牛乳的主要能量来源(German and Dillard, 2006)。牛乳脂肪通常由 70% 的饱和脂肪酸(Saturated fatty acid, SFA)和过量的 25% 的单不饱和脂肪酸(Monounsaturated fatty acids, MUFA)以及 5% 的多不饱和脂肪酸(Polyunsaturated fatty acids, PUFA)组成,当过量食用时,可能会对人体健康造成不利影响(Mansson, 2008, Salter, 2013)。在反刍动物研究中发现,膳食中添加富含不饱和脂肪酸(Unsaturated fatty acids, USFA)的植物油可导致牛乳乳脂率显著降低高达 50%(Bauman and Griinari, 2000),同时共轭亚油酸(Conjugated linoleic acids, CLA)的浓度增加(Bell et al., 2006)。因此,从植物油中补充 USFA 到奶牛日粮中已被认为是提高牛乳和乳制品中有益 FA 含量的可行性策略(Kouba and Mourot, 2011)。

(一)亚麻籽油及红花油添加

亚麻籽油(富含 α-亚麻酸,约占总脂肪的 57%,C18∶3n3)是典型的富含 USFA 的植物油之一,经常被用作膳食补充品来控制牛奶 FA 的组成。大量研究表明,膳食中添加亚麻籽油可通过抑制从头合成 FA 合成来降低乳脂产量,从而导致牛乳 CLA、omega-3 FA 含量以及其他 USFA 升高(Bauman and Griinari, 2003, Flowers et al., 2008, Benchaar et al., 2012, Lerch et al., 2012)。红花油/种子(富含亚油酸,约占总脂肪的 76%,C18∶2n6)也可能影响反刍动物牛乳的 FA 组成,导致牛乳中 CLA 浓度的升高(Bell et al., 2006, Alizadeh et al., 2012)。而 Baumgard 等(Baumgard et al., 2002)研究发现,日粮中添加 CLA 可以抑制乳脂生成,并伴随着大量乳脂合成相关基因的表达抑制。Ibeagha-Awemu 等(Ibeagha-Awemu et al., 2016)的研究则表明,在日粮中添加亚麻籽油或者红花油会抑制大量乳脂合成基因的表达。因此,从表型上可以明确,亚麻籽油或者红花油的添加对乳脂合成具有重要影响。

Li 等(Li et al., 2015)以泌乳中期加拿大荷斯坦奶牛为对象,分析了日粮中分别添加 5% 亚麻籽油(亚麻籽油处理组)或 5% 红花油(红花油处理组)对奶牛乳脂生成和乳脂组成成分的影响,并利用高通量测序技术结合 RT-PCR 方法研究乳腺乳脂生成变化过程中乳腺组织 miRNA 表达谱变化。结果表明,

亚麻籽油处理组和红花油处理组均导致乳脂率显著降低，分别降低了34.2%和29.9%，此外，脂肪酸的组成也有所变化，两种处理降低了C17∶0的浓度，但仅亚麻籽处理组统计学显著，而在处理开始7天后C18∶0的浓度显著升高，此后下降。在13种USFA中，5种（C14∶1，C18∶1n11t，CLA∶10t12c，C20∶3n3和C20∶5n3）在处理组显著增加。

对miRNA的分析表明，日粮中添加5%亚麻籽油或5%红花油处理后共有27个miRNA表达受到显著调控。在乳腺中，共发现321个已知miRNA的表达并鉴定出176个高可信度的新miRNA。表达最高的10个miRNA占总miRNA表达量的70.48%。亚麻籽油处理组有14个miRNA表达有差异：包括11个表达上调的miRNA（bta-miR-148b、miR-199a-3p、miR-199c、miR-21-5p、miR-378、miR-98、miR-196a、miR-23b-3p、miR-3431、miR-4286和miR-885）以及3个表达下调的miRNA（bta-miR-200a、miR-335和miR-2299-5p）。红花油处理组中，22个miRNA的表达发生显著变化：包括10个表达上调的miRNA（bta-miR-148b、miR-199a-3p、miR-199c、miR-21-5p、miR-378、miR-98、miR-152、miR-16a、miR-28和miR-34a）和12个表达下调的miRNA（bta-miR-145、miR-99a-5p、miR-200a、miR-125b、miR-99b、miR-125a、miR-96、miR-484、miR-1388-5p、miR-342、miR-486和miR-1271）。其中7个miRNA在2个处理组中均受到显著调控，被定义为核心差异表达的miRNA，分别是bta-let-7a、bta-miR-141、bta-miR-148、bta-miR-199a-3p、bta-miR-21-5p、bta-miR-378a-5p、bta-miR-199c。

研究还对7个核心差异表达的miRNA的靶基因进行了预测，结果显示，这些靶基因富集于细胞生长和增殖，然后是基因表达，进一步研究表明，在所有受影响的通路中，3-磷酸肌醇的生物合成、3-磷酸肌醇的降解、D-肌醇5-磷酸肌醇的代谢以及肌醇磷酸酯化合物的信号途径等与脂质代谢相关。研究进一步采用IPA方法，绘制了miRNA与靶基因间的调控网络（图10-1）。

（二）葵花籽油添加

在反刍动物中，很少有研究调查营养对miRNA表达的影响。Romao等（Romao et al.，2012）研究表明，高脂饮食强烈影响牛背部脂肪和肾周脂肪中8个miRNA的表达。此外，也有研究表明，亚麻油混合藻粉能够改变羔羊皮下和内脏脂肪组织中11种miRNA的表达（Meale et al.，2014）。

奶牛日粮中的油脂补充用于调节乳脂成分以及乳脂生成基因的表达，其调控尚不清楚。Mobuchon等（Leroux et al.，2016）研究表明，葵花籽油能改变

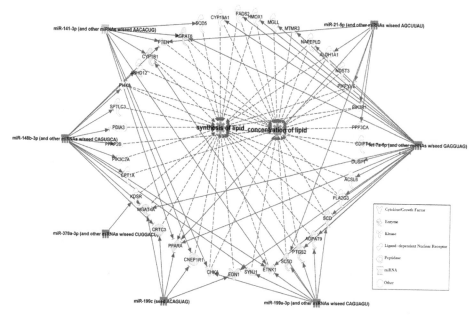

图 10-1 应答亚麻籽油和红花油的核心 miRNA 功能分析（Li et al., 2015）

奶牛乳腺中的基因表达，导致牛乳产量增加，蛋白质和脂肪含量降低。Mobuchon 等（Mobuchon et al., 2017）进一步研究了葵花籽油对奶牛乳腺 miRNA 表达的影响。研究采用 RNAseq 技术分析添加 4%葵花籽油或不添加葵花籽油的奶牛的乳腺中 miRNA 表达谱。结果显示，在鉴定的 272 种 miRNA 中，葵花籽油的添加显著下调了 miR-142-5p 和 miR-20a-5p，预测期靶基因可能为参与脂质代谢的 ELOVL6 基因。

以上研究表明，通过补充脂肪酸可以改变奶牛乳腺上皮细胞 miRNA 表达，从而调节乳腺功能。

参考文献

Alizadeh, A. R., M. Alikhani, G. R. Ghorbani, et al. 2012. Effects of feeding roasted safflower seeds (variety IL-111) and fish oil on dry matter intake, performance and milk fatty acid profiles in dairy cattle [J]. J Anim Physiol Anim Nutr (Berl), 96 (3): 466-473.

Bauman, D. E. and J. M. Griinari. 2000. Regulation and nutritional manipulation of milk fat. Low-fat milk syndrome [J]. Adv Exp Med Biol, 480: 209-216.

Bauman, D. E. and J. M. Griinari. 2003. Nutritional regulation of milk fat synthesis [J]. Annu

Rev Nutr, 23: 203-227.

Baumgard, L. H., E. Matitashvili, B. A. Corl, et al. 2002. trans-10, cis-12 conjugated linoleic acid decreases lipogenic rates and expression of genes involved in milk lipid synthesis in dairy cows [J]. J Dairy Sci, 85 (9): 2 155-2 163.

Bell, J. A., J. M. Griinari, and J. J. Kennelly. 2006. Effect of safflower oil, flaxseed oil, monensin, and vitamin E on concentration of conjugated linoleic acid in bovine milk fat [J]. J Dairy Sci, 89 (2): 733-748.

Benchaar, C., G. A. Romero-Perez, P. Y. Chouinard, et al. 2012. Supplementation of increasing amounts of linseed oil to dairy cows fed total mixed rations: effects on digestion, ruminal fermentation characteristics, protozoal populations, and milk fatty acid composition [J]. J Dairy Sci, 95 (8): 4 578-4 590.

Davidson, L. A., N. Wang, M. S. Shah, et al. 2009. n-3 Polyunsaturated fatty acids modulate carcinogen-directed non-coding microRNA signatures in rat colon [J]. Carcinogenesis, 30 (12): 2 077-2 084.

Delgado-Lista, J., P. Perez-Martinez, J. Lopez-Miranda, et al. 2012. Long chain omega-3 fatty acids and cardiovascular disease: a systematic review [J]. Br J Nutr 107 Suppl, 2: S201-213.

Esau, C., X. Kang, E. Peralta, et al. 2004. MicroRNA-143 regulates adipocyte differentiation [J]. J Biol Chem, 279 (50): 52 361-52 365.

Farago, N., L. Z. Feher, K. Kitajka, et al. 2011. MicroRNA profile of polyunsaturated fatty acid treated glioma cells reveal apoptosis-specific expression changes [J]. Lipids Health Dis, 10: 173.

Flowers, G., S. A. Ibrahim, and A. A. AbuGhazaleh. 2008. Milk fatty acid composition of grazing dairy cows when supplemented with linseed oil [J]. J Dairy Sci, 91 (2): 722-730.

Fredman, G. and C. N. Serhan. 2011. Specialized proresolving mediator targets for RvE1 andRvD1 in peripheral blood and mechanisms of resolution [J]. Biochem J, 437 (2): 185-197.

Gerber, M. 2012. Omega-3 fatty acids and cancers: a systematic update review of epidemiological studies [J]. Br J Nutr 107 Suppl, 2: S228-239.

German, J. B. and C. J. Dillard. 2006. Composition, structure and absorption of milk lipids: A source of energy, fat-soluble nutrients and bioactive molecules [J]. Crit Rev Food Sci, 46 (1): 57-92.

Hu, S., T. S. Dong, S. R. Dalal, et al. 2011. The microbe-derived short chain fatty acid butyrate targets miRNA-dependent p21 gene expression in human colon cancer [J]. PLoS

One, 6 (1): e16 221.

Ibeagha-Awemu, E. M., R. Li, A. A. Ammah, et al. 2016. Transcriptome adaptation of the bovine mammary gland to diets rich in unsaturated fatty acids shows greater impact of linseed oil over safflower oil on gene expression and metabolic pathways [J]. BMC Genomics, 17: 104.

Kouba, M. and J. Mourot. 2011. A review of nutritional effects on fat composition of animal products with special emphasis on n-3 polyunsaturated fatty acids [J]. Biochimie, 93 (1): 13-17.

Krol, J., I. Loedige, and W. Filipowicz. 2010. The widespread regulation of microRNA biogenesis, function and decay [J]. Nat Rev Genet, 11 (9): 597-610.

Landgraf, P., M. Rusu, R. Sheridan, et al. 2007. A mammalian microRNA expression atlas based on small RNA library sequencing [J]. Cell, 129 (7): 1 401-1 414.

Leaver, H. A., H. S. Bell, M. T. Rizzo, et al. 2002a. Antitumour and pro-apoptotic actions of highly unsaturated fatty acids in glioma [J]. Prostaglandins Leukot Essent Fatty Acids, 66 (1): 19-29.

Leaver, H. A., M. T. Rizzo, and I. R. Whittle. 2002b. Antitumour actions of highly unsaturated fatty acids: cell signalling and apoptosis [J]. Prostaglandins Leukot Essent Fatty Acids, 66 (1): 1-3.

Leaver, H. A., S. B. Wharton, H. S. Bell, et al. 2002c. Highly unsaturated fatty acid induced tumour regression in glioma pharmacodynamics and bioavailability of gamma linolenic acid in an implantation glioma model: effects on tumour biomass, apoptosis and neuronal tissue histology [J]. Prostaglandins Leukot Essent Fatty Acids, 67 (5): 283-292.

Lerch, S., A. Ferlay, K. J. Shingfield, et al. 2012. Rapeseed or linseed supplements in grass-based diets: effects on milk fatty acid composition of Holstein cows over two consecutive lactations [J]. J Dairy Sci, 95 (9): 5 221-5 241.

Leroux, C., L. Bernard, Y. Faulconnier, et al. 2016. Bovine mammary nutrigenomics and changes in the milk composition due to rapeseed or sunflower oil supplementation of high-forage or high-concentrate diets [J]. J Nutrigenet Nutrige, 9 (2-4): 65-82.

Li, H., Z. Zhang, X. Zhou, et al. 2011. Effects of microRNA-143 in the differentiation and proliferation of bovine intramuscular preadipocytes [J]. Mol Biol Rep, 38 (7): 4 273-4 280.

Li, J., C. Yen, D. Liaw, et al. 1997. PTEN, a putative protein tyrosine phosphatase gene mutated in human brain, breast, and prostate cancer [J]. Science, 275 (5308): 1 943-1 947.

Li, R., F. Beaudoin, A. A. Ammah, et al. 2015. Deep sequencing shows microRNA involvement in bovine mammary gland adaptation to diets supplemented with linseed oil or safflower oil [J]. BMC Genomics, 16.

Mandal, C. C., T. Ghosh-Choudhury, N. Dey, et al. 2012. miR-21 is targeted by omega-3 polyunsaturated fatty acid to regulate breast tumor CSF-1 expression [J]. carcinogenesis.

Mansson, H. L. 2008. Fatty acids in bovine milk fat [J]. Food Nutr Res, 52.

Meale, S. J., J. M. Romao, M. L. He, et al. 2014. Effect of diet on microRNA expression in ovine subcutaneous and visceral adipose tissues [J]. J Anim Sci, 92 (8): 3 328-3 337.

Miles, E. A. and P. C. Calder. 2012. Influence of marine n-3 polyunsaturated fatty acids on immune function and a systematic review of their effects on clinical outcomes in rheumatoid arthritis [J]. Br J Nutr 107 Suppl, 2: S171-184.

Mobuchon, L., S. Le Guillou, S. Marthey, et al. 2017. Sunflower oil supplementation affects the expression of miR-20a-5p and miR-142-5p in the lactating bovine mammary gland [J]. PLoS One, 12 (12): e0 185 511.

Parra, P., F. Serra, and A. Palou. 2010. Expression of adipose microRNAs is sensitive to dietary conjugated linoleic acid treatment in mice [J]. PLoS One, 5 (9): e13 005.

Peyrou, M., L. Bourgoin, and M. Foti. 2010a. PTEN in liver diseases and cancer [J]. World J Gastroenterol, 16 (37): 4 627-4 633.

Peyrou, M., L. Bourgoin, and M. Foti. 2010b. PTEN in non-alcoholic fatty liver disease/non-alcoholic steatohepatitis and cancer [J]. Dig Dis, 28 (1): 236-246.

Recchiuti, A., S. Krishnamoorthy, G. Fredman, et al. 2011. MicroRNAs in resolution of acute inflammation: identification of novel resolvin D1-miRNA circuits [J]. FASEB J, 25 (2): 544-560.

Richard, D., P. Bausero, C. Schneider, et al. 2009. Polyunsaturated fatty acids and cardiovascular disease [J]. Cell Mol Life Sci, 66 (20): 3 277-3 288.

Romao, J. M., W. Jin, M. He, et al. 2012. Altered microRNA expression in bovine subcutaneous and visceral adipose tissues from cattle under different diet [J]. PLoS One, 7 (7): e40 605.

Salter, A. M. 2013. Dietary fatty acids and cardiovascular disease [J]. Animal 7 Suppl, 1: 163-171.

Serhan, C. N. 2009. Systems approach to inflammation resolution: identification of novel antiinflammatory and pro-resolving mediators [J]. J Thromb Haemost, 7 Suppl, 1: 44-48.

Skarn, M., H. M. Namlos, P. Noordhuis, et al. 2012. Adipocyte differentiation of human bone marrow-derived stromal cells is modulated by microRNA-155, microRNA-221, and microRNA-222 [J]. Stem Cells Dev, 21 (6): 873-883.

Tanaka, T., M. Hosokawa, Y. Yasui, et al. 2011. Cancer chemopreventive ability of conjugated linolenic acids [J]. Int J Mol Sci, 12 (11): 7 495-7 509.

Trajkovski, M., J. Hausser, J. Soutschek, et al. 2011. MicroRNAs 103 and 107 regulate insulin sensitivity [J]. Nature, 474 (7353): 649-653.

Vinciguerra, M., A. Sgroi, C. Veyrat-Durebex, et al. 2009b. Unsaturated fatty acids inhibit the expression of tumor suppressor phosphatase and tensin homolog (PTEN) via microRNA-21 up-regulation in hepatocytes [J]. Hepatology, 49 (4): 1 176-1 184.

Vinciguerra, M., F. Carrozzino, M. Peyrou, et al. 2009a. Unsaturated fatty acids promote hepatoma proliferation and progression through downregulation of the tumor suppressor PTEN [J]. J Hepatol, 50 (6): 1 132-1 141.

Visioli, F., E. Giordano, N. M. Nicod, et al. 2012. Molecular targets of omega 3 and conjugated linoleic Fatty acids- "micromanaging" cellular response [J]. Front Physiol, 3: 42.

第五部分 乳中 microRNA 研究

第十一章 不同畜种乳中 microRNA 的差异

乳是雌性哺乳动物的乳腺为婴儿后代分泌的特殊食品,其营养组成与婴儿大脑发育、机体生长和免疫系统健全等过程的需求非常匹配,相对于配方奶粉具有明显的优势(Paramasivam et al., 2006, Lawrence and Pane, 2007)。乳中含有水、蛋白质、脂肪、糖、无机盐和维生素等初生幼仔生长发育所必需的营养物质,是哺育初生后代的理想食物。乳汁能够保护幼龄动物的消化道,不受病原体、毒素和发炎症状的侵害,有益幼龄动物健康。乳组成成分会随物种、饲粮、季节、年龄、泌乳阶段和个体特性等因素发生变化。人类文明中,家畜的乳汁也供人类食用,其中以牛乳为大宗,但也有绵羊、山羊、马和骆驼等乳源。

microRNA(miRNA)可调节特定的靶标 mRNA,并在生理过程中发挥非常重要的作用。miRNA 广泛存在于各种体液中,包括血液(Li et al., 2014)、尿液(Wolenski et al., 2017)、唾液(Wang et al., 2016)、牛乳(Kosaka et al., 2010)等。某些体液中的 miRNA 已作为潜在的诊断生物标记物开展了多项研究,但是牛乳中的 miRNA 的研究还较少。新的研究观点表明,牛乳中的 miRNA 可以从母本转移到子代个体,并调节靶组织和细胞中的基因表达(Baier et al., 2014, Chen et al., 2016),表明乳中 miRNA 具有传统营养价值之外的重要的功能性。2010 年,Kosaka 等(Kosaka et al., 2010)发现并证实了乳汁中存在 miRNA。多个物种乳中 miRNA 表达谱得以揭示,包括人(Weber et al., 2010)、牛(Chen et al., 2010)、猪(Chen et al., 2014)、山羊(Na et al., 2015)、大鼠(Izumi et al., 2014)和骆驼(Bai et al., 2013)等。乳中的 miRNA 稳定且对酸性环境、RNase 消化、在室温下孵育和多次冷冻/融化循环具有抵抗力(Hata et al., 2010, Kosaka et al., 2010, Gu et al., 2012, Izumi et al., 2012, Zhou et al., 2012)。乳汁中的 miRNA 表达谱在不同畜种间存在差异，差异表达的 miRNA 可能与物种自身基因组的差别存在联系，同时也与不同畜种免疫系统及神经系统等组织发育的差异有关。此外，不同家畜乳中差异 miRNA 可能作为乳品鉴定重要指标。

一、主要家畜乳品中的 microRNA 的发现

（一）牛乳中的 microRNA

牛乳是非母乳哺育新生儿的主要营养来源，同时也是日常生活中主要的乳制品来源。目前，在牛乳中已检测到的 miRNA 达上百种，此外，牛初乳和牛常乳中的 miRNA 种类和表达丰度存在差异。Chen 等（Chen et al., 2010）通过高通量测序方法，在牛乳中共发现了 245 个 miRNA，其中 213 个可以在常乳中检测到，在牛初乳中可以检测到 230 个，仅能够在初乳中检测到的 miRNA 包括 miR-18a、miR-19a、miR-140-5p、miR-219-5p 等，而在牛常乳中检测到的特异性 miRNA 则包括 miR-10b 和 miR-9 等。在进一步的研究中发现，116 个 miRNA 在牛初乳和牛常乳间存在差异表达，并且相较于牛常乳，108 个 miRNA 在初乳中表达上调，而 8 个 miRNA 表达下调。表明牛初乳中 miRNA 的整体丰度高于牛常乳。通过对差异表达的 miRNA 进行功能注释后发现，可能与机体免疫系统发育相关的 miRNA，例如 miR-181a、miR-155 和 miR-223 等在牛初乳中表达量相对较高。类似研究同样发现，与常乳相比，牛初乳中与免疫相关的 miRNA（miR-15b、miR-27b、miR-34a、miR-106b、miR-130a、miR-155 和 miR-223 等）表达丰度占明显优势（Izumi et al., 2012），提示母乳中的 miRNA 可能对幼龄动物的免疫系统发育（先天获得性免疫）起到重要的调控作用。此外，牛初乳和常乳间差异表达的 miRNA，将可能作为评判牛乳类型的重要标准应用于牛奶质量监测之中。

牛乳中的 miRNA 除了在初乳和常乳间存在差别外，相较于牛血清中的 miRNA 表达谱也存在显著差异。Chen 等（Chen et al., 2010）发现了 47 个牛乳特异表达的 miRNA，同时，162 个 miRNA 在牛血清中呈现特异性。揭示牛乳中特异表达的 miRNA 可能与牛乳腺组织的功能的特异性有关。

乳汁中 miRNA 表达谱可能与乳腺 miRNA 表达谱相关，不同组织中 miRNA 表达谱具有差异性。在针对多个人体组织中共 161 种 miRNA 表达谱研究中，研究人员发现人乳腺组织特异性表达的 miRNA 有 23 种，包括 miR-let-7a-1、miR-let-7b、miR-023a、miR-023b、miR-024-2、miR-026a、miR-026b、 miR-030b、miR-030c、miR-030d、miR-092-1、miR-092-2、miR-100-1/2、miR-103-1、miR-107、miR-146、miR-191、miR-197、miR-205、miR-206、miR-213、miR-214 及 miR-221 等（Liu et al., 2004）。此外，该研究还检测了 22 种 miRNA 在小鼠多种组织中的表达，发现小鼠乳腺能够特异性表达 9 种 miRNA（miR-let-7a、miR-let-7b、miR-let-7c、miR-26a、miR-26b、miR-24-2、miR-145、miR-30b 以及 miR-30d）（Liu et al., 2004）。在牛乳腺组织 miRNA 表达谱研究中，Gu 等（Gu et al., 2007）利用克隆和测序技术发现，奶牛乳腺组织中有 54 个 miRNA 与脂肪组织存在显著的表达差异。由于乳腺组织包含复杂的细胞类型，不利于解析乳腺泌乳功能相关 miRNA，有研究人员特异性针对原代培养的牛乳腺上皮细胞中的 miRNA 表达谱进行了研究，研究共发现 388 个已知的 miRNA 和 38 未见报道的 miRNA，其中 bta-U21 等 7 个新发现的 miRNA 具有组织特异性（Bu et al., 2015）。乳腺组织中特异表达的 miRNA 既可能与乳腺这一特殊组织的生物合成功能有关，同时也可能与不同物种泌乳的调控机制差异有关。不同物种乳腺特异 miRNA 表达谱的研究将为后续研究乳腺发育及泌乳生理学提供新的视角和理论基础。

（二）羊乳中的 microRNA

羊乳中多种营养物质含量高于牛乳，营养物质组成与人乳相似，被认为是很好的母乳替代品。对羊乳 miRNA 表达谱的研究表明（Golan-Gerstl et al., 2017），羊乳中共检测出 381 种 miRNA，其中乳脂层中丰度最高的 10 种 miRNA 分别为 miR-184a-3p、miR-30a、miR-26a、miR-21、let-7g、miR-22-3p、miR-378-3p、miR-146、miR-200a 和 miR-30d，而脱脂羊乳中丰度较高的 miRNA 则包括 miR-148a-3p、miR-6073、miR-200d、miR-200c、miR-30a、miR-21、miR-26a、miR-30d、miR-378-3p 和 miR-146b，可见 miR-184a-3p 是羊乳中丰度最高的 miRNA。

此外，研究人员还对黑山羊初乳和常乳中免疫相关的 miRNA（包括 miR-146、miR-150、miR-155、miR-181a 和 miR-223）进行了检测，结果表明，初乳和常乳中均存在免疫相关的 5 种 miRNA，但是 miR-150 在常乳中表达丰度更高（$P<0.01$），而其他 4 种在初乳中更具数量学优势（$P<0.01$）（Na et al., 2015）。

（三）猪乳中的 microRNA

猪乳虽不作为商品乳，但猪乳质量对仔猪培育以及最终商品猪的生产起着至关重要的作用。鉴于猪乳对于仔猪培育的重大意义，相关研究构建了猪乳中

miRNA 的表达谱。Chen 等（Chen et al., 2014）通过测序手段在猪乳中发现了 176 个已知和 315 个潜在新型 miRNA。

Gu 等（Gu et al., 2012）通过高通量测序方法分析了整个泌乳期（新生至出生后 28 天）猪乳外泌体中与泌乳相关的 miRNA 表达谱，研究发现免疫相关的 miRNA 存在并富集于母乳外泌体中，这些外泌体 miRNA 在初乳中的含量要高于常乳，而纯初乳喂养的仔猪血清中浓度亦高于纯常乳喂养的仔猪血清浓度。其使用敏感的定量 PCR 方法，对 6 个泌乳阶段的乳汁外泌体中 13 种与免疫相关的 miRNA 进行了检测，结果表明除 miR-148a-3p 以外，几乎所有其他 12 种 miRNA 在泌乳早期（0 天和 3 天）均比以后的泌乳期（7、14、21 和 28 天）高。靶基因分析表明这 12 种与免疫相关的 miRNA 在功能上靶向编码细胞因子或其他免疫调节蛋白以及免疫应答信号通路分子的特定转录本（Patel et al., 2015），这 13 种免疫相关 miRNA 代表了大多数丰富较高的 miRNA，并可能代表了母乳外泌体 miRNA 转录组中的主要免疫调节剂。

二、家畜乳品中的 microRNA 的保守性及差异性

当前有关不同物种乳中 miRNA 表达谱的比较研究较少，近期 Van 等（van Herwijnen et al., 2018）对当前部分种属，包括人（Zhou et al., 2012，Simpson et al., 2015，Liao et al., 2017，van Herwijnen et al., 2018）、牛（Izumi et al., 2015）、猪（Gu et al., 2012，Chen et al., 2014，van Herwijnen et al., 2018）和熊猫（Ma et al., 2017）乳中存在的高表达 miRNA（高表达前 50 位）进行了总结，研究发现 4 种 miRNA（包括 let-7 家族 let-7a、let-7b 和 let-7f 以及 miR-148a）均能在涉及的 4 个物种中检测出且均为各个种属中表达丰度较高（前 20）的 miRNA（表 11-1）。相关研究已经证实物种间高度保守的高丰度 miRNA（let-7a/b/f-5p 及 miR-148-3p 等）能够通过抑制免疫因子 NF-κB 编码基因的转录进而参与分子信号转导，从而最终调节细胞的免疫应答（Iliopoulos et al., 2009，Liu et al., 2010，Patel et al., 2015）。

除了不同物种乳汁中高度保守的 miRNA 外，van Herwijnen 等（van Herwijnen et al., 2018）同时也发现在特定种属中特异表达或不表达的 miRNA。例如：miR-20a、miR-26a 及 miR-141 在所有涉及猪乳汁 miRNA 表达谱的 3 个研究中，均未呈现前 50 的表达丰度，但这些 miRNA 序列均在猪的基因组中；let-7c 在涉及的 4 个人乳汁 miRNA 表达谱研究中也均未能达到前 50 高表达。在特定物种乳汁中检测不出的低丰度 miRNA 可能与物种的特异性有关，但同

时可能也与多种生理、环境等因素有关。比如，由于现有有关乳汁 miRNA 表达谱研究较少，并不能覆盖不同泌乳阶段，环境因素导致乳汁 miRNA 表达谱不全面等。如能在未来研究中，将不同物种泌乳的不同泌乳期以及多种环境和营养因素进行考虑，构建不同物种更为全面的乳汁 miRNA 表达谱，进一步寻找不同畜种乳汁差异表达 miRNA，将为乳制品的质量监测提供更有效、更全面的技术手段。

Golan-Gerstl 等研究表明，牛乳的生物成分如脂质的分子组成可能在物种间存在差异，但高表达的 miRNA 在不同种属的乳中保守性很高（Golan-Gerstl et al.，2017）（图 11-1），如 miR-148a-3p 在整个进化过程中在哺乳动物中都是保守的，牛乳中其他高表达的 miRNA，例如 miR-320、miR-375、miR-99 等，也在不同物种中保守存在。该研究针对奶牛和山羊乳中 miRNA 的差异展开研究，表明 95% 的 miRNA 在牛乳汁中表达，而 91% 的 miRNA 在羊乳中表达（Golan-Gerstl et al.，2017）。

Gu 等（Gu et al.，2012）的研究表明，所有 228 种已知猪 pre-miRNA 中，有 39 种 pre-miRNA 是猪特异性的，与人类 pre-miRNA 不同源，然而猪乳汁外泌体中存在的 180 个 pre-miRNA 在猪和人之间都是保守的，这表明哺乳动物之间母乳中存在类似的 miRNA 调控机制（Lefevre et al.，2010）。

表 11-1 主要哺乳动物乳汁中前 50 高表达 miRNA 对比（van Herwijnen et al.，2018）

高表达 miRNA	Van 等（2018）人乳	Zhou 等（2012）人乳	Simpson 等（2015）人乳	Liao 等（2017）人乳	Izumi 等（2015）牛乳	Van 等（2018）猪乳	Gu 等（2012）猪乳	Chen 等（2014）猪乳	Ma 等（2017）熊猫乳
let-7a-5p	5	6	6	17	8	1	10	8	5
let-7f-5p	9	3	7	●	17	6	NR	9	13
miR-148a-3p	2	1	1	●	14	●	1	●	2
miR-30a-5p	10	NR	13	11	●	2	2	13	8
miR-30d-5p	1	NR	●	●	●	5	5	●	17
let-7b-5p	8	NR	4	15	4	●	NR	●	1
miR-21-5p	7	NR	10	●	●	4	12	●	15
miR-22-3p	18	NR	2	1	●	●	NR	17	16
miR-320a-3p	17	NR	●	20	15	10	●	3	●
let-7c	●	NR	●	●	13	7	NR	10	19
let-7g-5p	11	NR	●	14	●	9	NR	●	9

（续表）

高表达 miRNA	Van 等 (2018) 人乳	Zhou 等 (2012) 人乳	Simpson 等 (2015) 人乳	Liao 等 (2017) 人乳	Izumi 等 (2015) 牛乳	Van 等 (2018) 猪乳	Gu 等 (2012) 猪乳	Chen 等 (2014) 猪乳	Ma 等 (2017) 熊猫乳
miR-141-3p		7	20	5	10		NR		●
miR-181a-5p	●	NR	●	3		20	NR	4	10
miR-182-5p	●	8		10		19	4		
miR-191-5p	●	NR	●	13		3	9	7	●
miR-200a-3p	3	9	5	16	●		NR		●
miR-26a-5p	●	NR	18	6	20		NR		20
miR-375-3p	14	NR	17	9	●		13		
miR-92a-3p	●	NR		8		13		14	3
miR-146b-5p	12	4	8	●			NR		
miR-200c-3p	4	NR	●	●	9	8	NR		●
miR-30b-5p		2	14	7					●
miR-378a-3p	●	10		18		●	NR	6	
let-7i-5p		NR				16		●	12
miR-193a-3p		NR	19					1	
miR-200b-3p	6	NR			18		NR		●
miR-29a-3p	●	5	11		●		NR	●	
miR-30c-5p		NR				12	7		
miR-429		NR	16	●		17	NR		
miR-99a-5p	16	NR	●	●		11	NR		
miR-99b-5p	15	NR		19			NR		
miR-100-5p	20	NR					NR		
miR-101-3p	13	NR	●				NR		●
miR-103		NR			●	●	NR	15	
miR-1224		NR			5		NR		
miR-125b		NR			●		NR	20	
miR-140		NR					NR	12	
miR-148a-5p	19	NR	●				NR		
miR-1584		NR			19		NR		
miR-16		NR				8	NR		

（续表）

高表达 miRNA	Van 等 (2018) 人乳	Zhou 等 (2012) 人乳	Simpson 等 (2015) 人乳	Liao 等 (2017) 人乳	Izumi 等 (2015) 牛乳	Van 等 (2018) 猪乳	Gu 等 (2012) 猪乳	Chen 等 (2014) 猪乳	Ma 等 (2017) 熊猫乳
miR-17		NR				18	NR		
miR-1777a		NR			3		NR		
miR-1777b		NR			2		NR		
miR-181b		NR				●	NR	11	
miR-185		NR				●	NR	18	
miR-193a-5p		NR				●	NR	16	
miR-193b-3p		NR		12			NR		
miR-20a		NR				15	NR		
miR-2305		NR			7		NR		
miR-2328		NR			12		NR		
miR-23a		NR				●	NR	19	
miR-2412		NR			6		NR		
miR-24-3p		NR	9		●		NR		●
miR-2478		NR			1		NR		
miR-25-5p		NR				3	NR		
miR-26b-5p		NR					NR		18
miR-27a-3p		NR	15				NR	●	
miR-27b-3p	●	NR	●	●			11		●
miR-2881		NR			11		NR		
miR-2888		NR			16		NR		
miR-30a-3p		NR					NR	5	
miR-335-5p		NR	12	●			NR		
miR-423-5p		NR	●	●			NR	2	●
miR-425		NR			14		NR		
miR-574-3p		NR		●		6	NR		

（注：人乳中表达丰度前 50 的 miRNA 与其他物种乳汁中表达丰度前 20 的 miRNA 对比。如 miRNA 表达为相应研究中前 20 表达丰度的 miRNA，则其对应的表达丰度排序以数值标出。如 miRNA 表达为相应研究中前 21~50 表达丰度的 miRNA，则以●标出。如 miRNA 表达丰度在相应研究中未列出，则以 NR 标出）

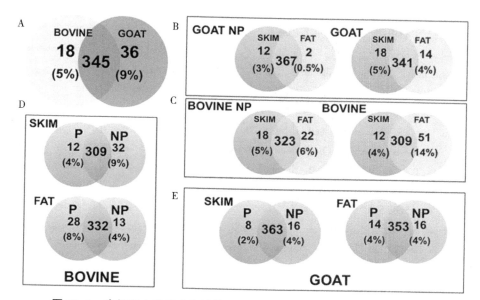

图 11-1 牛奶和山羊奶中表达的 miRNA (Golan-Gerstl et al., 2017)

Bovine, 奶牛; Goat, 山羊; Skim, 脱脂牛奶; Fat, 乳脂

参考文献

Bai, W. L., R. H. Yin, R. J. Yang, et al. 2013. Technical note: identification of suitable normalizers for microRNA expression analysis in milk somatic cells of the yak (Bos grunniens) [J]. J Dairy Sci, 96 (7): 4 529-4 534.

Baier, S. R., C. Nguyen, F. Xie, et al. 2014. MicroRNAs are absorbed in biologically meaningful amounts from nutritionally relevant doses of cow milk and affect gene expression in peripheral blood mononuclear cells, HEK-293 kidney cell cultures, and mouse livers [J]. J Nutr, 144 (10): 1 495-1 500.

Bu, D. P., X. M. Nan, F. Wang, et al. 2015. Identification and characterization of microRNA sequences from bovine mammary epithelial cells [J]. J Dairy Sci, 98 (3): 1 696-1 705.

Chen, T., M. Y. Xie, J. J. Sun, et al. 2016. Porcine milk-derived exosomes promote proliferation of intestinal epithelial cells [J]. Sci Rep, 6: 33 862.

Chen, T., Q. Y. Xi, R. S. Ye, et al. 2014. Exploration of microRNAs in porcine milk exosomes [J]. BMC Genomics, 15: 100.

Chen, X., C. Gao, H. Li, et al. 2010. Identification and characterization of microRNAs in raw milk during different periods of lactation, commercial fluid, and powdered milk products [J]. Cell Res, 20 (10): 1 128-1 137.

Golan-Gerstl, R., Y. ElbaumShiff, V. Moshayoff, et al. 2017. Characterization and biological function of milk-derived miRNAs [J]. Mol Nutr Food Res, 61 (10).

Gu, Y., M. Li, T. Wang, et al. 2012. Lactation-related microRNA expression profiles of porcine breast milk exosomes [J]. PLoS One, 7 (8): e43 691.

Gu, Z., S. Eleswarapu, and H. Jiang. 2007. Identification and characterization of microRNAs from the bovine adipose tissue and mammary gland [J]. FEBS Lett, 581 (5): 981-988.

Hata, T., K. Murakami, H. Nakatani, et al. 2010. Isolation of bovine milk-derived microvesicles carrying mRNAs and microRNAs [J]. Biochem Biophys Res Commun, 396 (2): 528-533.

Iliopoulos, D., H. A. Hirsch, and K. Struhl. 2009. An epigenetic switch involving NF-kappa B, Lin28, Let-7 MicroRNA, and IL6 links inflammation to cell transformation [J]. Cell, 139 (4): 693-706.

Izumi, H., M. Tsuda, Y. Sato, et al. 2015. Bovine milk exosomes contain microRNA and mRNA and are taken up by human macrophages [J]. J Dairy Sci, 98 (5): 2 920-2 933.

Izumi, H., N. Kosaka, T. Shimizu, et al. 2012. Bovine milk contains microRNA and messenger RNA that are stable under degradative conditions [J]. J Dairy Sci, 95 (9): 4 831-4 841.

Izumi, H., N. Kosaka, T. Shimizu, et al. 2014. Time-dependent expression profiles of microRNAs and mRNAs in rat milk whey [J]. PLoS One, 9 (2): e88 843.

Kosaka, N., H. Izumi, K. Sekine, et al. 2010. microRNA as a new immune-regulatory agent in breast milk [J]. Silence, 1 (1): 7.

Lawrence, R. M. and C. A. Pane. 2007. Human breast milk: current concepts of immunology and infectious diseases [J]. Curr Probl Pediatr Adolesc Health Care, 37 (1): 7-36.

Lefevre, C. M., J. A. Sharp, and K. R. Nicholas. 2010. Evolution of lactation: ancient origin and extreme adaptations of the lactation system [J]. Annu Rev Genomics Hum Genet, 11: 219-238.

Li, Z., H. Wang, L. Chen, L. et al. 2014. Identification and characterization of novel and differentially expressed microRNAs in peripheral blood from healthy and mastitis Holstein cattle by deep sequencing [J]. Anim Genet, 45 (1): 20-27.

Liao, Y., X. Du, J. Li, et al. 2017. Human milk exosomes and their microRNAs survive digestion in vitro and are taken up by human intestinal cells [J]. Mol Nutr Food Res, 61 (11).

Liu, C. G., G. A. Calin, B. Meloon, et al. 2004. An oligonucleotide microchip for genome-wide microRNA profiling in human and mouse tissues [J]. Proc Natl Acad Sci USA, 101 (26): 9 740-9 744.

Liu, X., Z. Zhan, L. Xu, et al. 2010. MicroRNA-148/152 impair innate response and antigen presentation of TLR-triggered dendritic cells by targeting CaMKIIalpha [J]. J Immunol, 185 (12): 7 244-7 251.

Ma, J., C. Wang, K. Long, et al. 2017. Exosomal microRNAs in giant panda (*Ailuropoda melanoleuca*) breast milk: potential maternal regulators for the development of newborn cubs [J]. Sci Rep, 7 (1): 3 507.

Na, R. S., G. X. E, W. Sun, et al. 2015. Expressional analysis of immune-related miRNAs in breast milk [J]. Genet Mol Res, 14 (3): 11 371-11 376.

Paramasivam, K., C. Michie, E. Opara, et al. 2006. Human breast milk immunology: a review [J]. Int J Fertil Womens Med, 51 (5): 208-217.

Patel, V., K. Carrion, A. Hollands, et al. 2015. The stretch responsive microRNA miR-148a-3p is a novel repressor of IKBKB, NF-kappaB signaling, and inflammatory gene expression in human aortic valve cells [J]. FASEB J, 29 (5): 1 859-1 868.

Simpson, M. R., G. Brede, J. Johansen, et al. 2015. Human breast milk miRNA, maternal probiotic supplementation and atopic dermatitis in offspring [J]. PLoS One, 10 (12): e0 143 496.

Van Herwijnen, M. J. C., T. A. P. Driedonks, et al. 2018. Abundantly present miRNAs in milk-derived extracellular vesicles are conserved between mammals [J]. Front Nutr, 5: 81.

Wang, Z., D. Zhou, Y. Cao, et al. 2016. Characterization of microRNA expression profiles in blood and saliva using the Ion Personal Genome Machine (R) System (Ion PGM System) [J]. Forensic Sci Int Genet, 20: 140-146.

Weber, J. A., D. H. Baxter, S. Zhang, et al. 2010. The microRNA spectrum in 12 body fluids [J]. Clin Chem, 56 (11): 1 733-1 741.

Wolenski, F. S., P. Shah, T. Sano, et al. 2017. Identification of microRNA biomarker candidates in urine and plasma from rats with kidney or liver damage [J]. J Appl Toxicol, 37 (3): 278-286.

Zhou, Q., M. Li, X. Wang, et al. 2012. Immune-related microRNAs are abundant in breast milk exosomes [J]. Int J Biol Sci, 8 (1): 118-123.

第十二章 不同乳成分中 microRNA 的差异

乳汁是哺乳动物出生后的第一种且是最主要的营养物质来源，乳汁中包含复杂的营养成分，能促进个体的生长和发育，特别是初乳中的免疫球蛋白对新生儿更具生理意义，而对乳的研究在食品学和营养学中已经相当丰富。牛乳中含有大量的 microRNA（miRNA），miRNA 是牛乳的天然固有成分，并且稳定存在于牛乳中。多项研究（Melnik et al.，2013，Sun et al.，2013，Bar Yamin et al.，2014，Zempleni et al.，2015）表明，奶源 miRNA 可能在调节食用者的免疫系统或代谢过程中具有潜在的调节作用。Baier 等（Baier et al.，2014）研究表明 miRNA 可被人体吸收，吸收量具有生物学意义，可影响外周血单个核细胞相关基因的表达。Izumi H 等（Izumi et al.，2015）则进一步证实，含有 miRNA 和 mRNA 的乳清外泌体可被人巨噬细胞吸收，这意味着这些 miRNA 可能在人体内发挥作用。因此，考虑到人类对牛乳和乳制品的高消费量，全面研究牛乳中的 miRNA 组谱是研究牛乳 miRNA 对人类健康的调节作用的关键步骤。牛乳中的 miRNA，可能存在于乳脂、体细胞、乳清或外泌体中，其稳定性及表达谱可能存在差异。对不同乳成分中 miRNA 的分析，有助于了解乳中 miRNA 的分工及功能。

一、乳中 microRNA 的分离鉴定

2010 年，Chen 等（Chen et al.，2010）利用 Solexa 测序法首次建立了正常牛奶的 miRNA 文库。研究共鉴定出 245 种 miRNA。其中常乳中 213 种，初乳中 230 种。与初乳相比，常乳中 miRNA 浓度较低。大多数 miRNA 广泛存在于初乳和常乳中，仅有少量 miRNA 存在特异性表达，其中初乳特异性 miRNA 包括 miR-18a、miR-19a、miR-140-5p、miR-2195p 等，而 miR-10b、miR-9 等

为常乳特异性 miRNA。研究继续采用 TaqMan 探针定量 RT-PCR 方法对 7 种稳定表达的 miRNA（miR-26a、miR-26b、miR-200c、miR-21、miR-30d、miR-99a 和 miR-148a）进行了检测，探索其作为原料乳和其他乳相关产品（如商品液体乳、婴儿配方奶粉等）质量控制的潜在生物标记物的可能。

二、不同乳成分中 microRNA 的鉴定与比较

李冉等（2016）针对牛奶乳脂、乳清和体细胞中的 miRNA 进行了测序分析，研究分别鉴定到 210、200 和 249 个已知 miRNA，以及 33、31 和 36 个新 miRNA。此外，该研究还比较了牛奶 3 种组分（乳脂、乳清、体细胞）与乳腺 miRNA 表达谱的相似性，发现有 168 个已知 miRNA 在牛乳 3 种组分和乳腺中均表达，分别占乳脂、乳清、体细胞和乳腺组织 miRNA 表达丰度的 80.0%、84%、97.5% 和 52.3%。此外，有 39 个是乳腺特有的，18 个是体细胞特有的，2 个是乳脂特有的，只有 1 个是乳清特有的。在牛乳 3 种组分和乳腺组织中，表达量最高的 20 个 miRNA，有 11 个在牛乳 3 种组分和乳腺组织中是共有的（包括 bta-miR-148a、bta-miR-26a、bta-miR-30a-5p、bta-let-7a-5p、bta-miR-99a-5p、bta-miR-21-5p、bta-miR-30d、bta-miR-200a、bta-miR-191、bta-miR-186 和 bta-miR-24-3p），而乳脂、乳清和体细胞中有 14 个高丰度是共有的（在上述 11 中 miRNA 基础上，还包括 bta-let-7b、bta-miR-92a 和 bta-miR-200c），而 4 个乳腺独有的高表达 miRNA 为 bta-miR-125b、bta-miR-145、bta-miR-10b 和 bta-miR-143，乳清特有 miRNA 为 bta-miR-423-5p、bta-miR-151-5p、bta-miR-320a，体细胞为 bta-miR-142-5p、bta-miR-23a 和 bta-miR-26b，这些特异性高丰度 miRNA 分别占乳脂、乳清、体细胞和乳腺组织 miRNA 总读数的 84.4%、87.5%、78.5% 和 82.3%。结果表明，高丰度 miRNA 在泌乳及乳的形成过程中可能发挥着比其余 miRNA 更重要的生物学作用。对比乳脂、乳清、体细胞和乳腺组织的已知 miRNA 表达谱，发现乳脂 miRNA 表达谱与乳腺 miRNA 表达谱最为接近且相关系数很高，因此，乳脂是替代乳腺活体采样以研究乳腺 miRNA 转录组的最佳替代方法。

研究牛乳来源的 miRNA 曾经主要集中在脱脂后的乳清而非乳脂层（Weber et al.，2010，Kusuma et al.，2016）。然后多个研究表明，牛乳中的脂质成分中也可能存在 miRNA（Munch et al.，2013），并且比脱脂的牛乳含量更高（Al-saweed et al.，2015）。此外，Golan-Gerstl 等（Golan-Gerstl et al.，2017）应用新一代测序技术，检测人乳、山羊乳、牛乳和婴儿配方奶粉的脱脂和脂肪部分

miRNA 表达谱。结果表明，巴氏杀菌对牛乳或羊乳中 miRNA 的表达没有显著影响，巴氏杀菌和非巴氏杀菌山羊乳和牛乳的脂肪层和脱脂层中表达的 miRNA 相似，这些 miRNA 对胎儿或幼崽的免疫能力提升起到重要作用。miR-148a-3p 在巴氏杀菌前后牛乳的脂肪和脱脂部分均高表达，此外，研究还发现牛乳中高表达的 miRNA 主要是免疫相关的 miRNA，如 miR-146a、miR-200 和 miR-30，miRNA-21-5p 在牛乳中也是表达丰度较高的 miRNA。

权素玉等（2018）对乳外泌体的研究进行了综述。由于乳成分由细胞分泌产生，形成乳汁，其间含有大量囊泡，同时也含有 miRNA。细胞外囊泡指的是以进化保守的方式分泌出细胞的含有细胞膜的囊泡，根据其大小、生成方式及组分主要分为 3 类：①外泌体，细胞膜逆出芽后在核内体产生，形成多囊泡聚合体后由细胞膜释放，直径 30~150nm；②细胞微泡，又称核外颗粒体，以外向出芽的方式由细胞膜裂变产生，直径约为 100~350nm；③凋亡小体，在细胞凋亡过程中由细胞膜出泡产生，直径 500~1 000nm（Cocucci and Meldolesi，2015）。而外泌体，作为重要的细胞间通讯载体，能够介导细胞之间蛋白质、脂质和核酸等生物大分子的转运，广泛影响机体的生理病理过程（Valadi et al.，2007），具有重要的生物学意义。

外泌体的生成起始于含有表面蛋白的细胞膜内向出芽（即内吞作用）形成的早期外泌体。早期外泌体在囊泡分拣蛋白如转运必需核内体复合物（Endosomal complex required for transport，ESCRT）的作用下识别、分类、挑选外泌体内含蛋白生成多囊泡体，或者在神经酰胺的协助下生成多囊泡体，该过程根据是否需要 ESCRT 的参与分为 ESCRT 依赖途径及 ESCRT 非依赖途径。目前，miRNA 进入外泌体的分选机制尚不明确。生成的多囊泡体一部分被溶酶体降解，一部分与细胞膜融合，释放外泌体，外泌体的生物生成及释放可见图 12-1。

牛乳中包含丰富的外泌体。2007 年，Chekanova 等（Chekanova et al.，2007）研究发现外泌体内存在 RNA 和 miRNA，其作为新的细胞间通讯介质引起了研究者们极大的兴趣。畜牧学关于外泌体为数不多的研究集中于乳中，林德麟等（2016）综述了猪乳、人乳和牛乳中外泌体 miRNA 的异同。通过比较猪乳、人乳、牛乳外泌体囊泡中表达量最高的 10 种 miRNA，发现三者 miRNA 的种类组成相差较大。其中 miR-148a 在猪乳、人乳外泌体囊泡中表达量都为最高，而在牛乳中则排在第 14 位；let-7a 在猪乳、人乳、牛乳中都在前 10，通过与 miRBase21.0 比对，发现虽然三者的前体序列不同，但成熟序列相同；

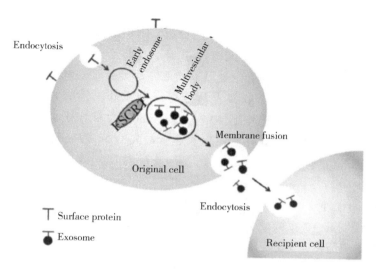

图 12-1 外泌体的生物生成及释放（Fujita et al., 2015, Zempleni et al., 2017）

Endocytosis，内吞；Early endosome，早期内涵体；Multivesiclular body，多囊体；Membrane fusion，膜融合；Original cell，原始细胞；Recipient cell，受体细胞；Surface protein，表面蛋白；Exosome，外泌体

此外，miR-182-5p、miR-378、let-7f 在猪乳、人乳中都在前 10；miR-200c 在猪乳、牛乳中都在前 10；miR-141 在人乳、牛乳中都在前 10；let-7c 在猪乳、牛乳中表达量都较高。在牛乳外泌体囊泡中表达量最高的 50 种 miRNA 中有 14 种是牛特有的：miR-2478、miR-1777b、miR-1777a、let-7b、miR-1224、miR-2412、miR-2305、let-7a、miR-200c、miR-141、miR-2881、miR-2328 及 let-7c。

2009 年，Taketoshi 等（Tanaka et al., 2009）也发现牛乳来源的微囊泡中含有 mRNA 和 miRNA。通过超速离心的方法可以从牛乳中获得直径大约 100 nm 的超微小泡，超微小泡中还有大量 miRNA。很多乳腺和免疫相关 miRNA 存在于来自牛乳的超微小泡中，用源自牛乳的外泌体培养细胞发现，外泌体中 miRNA 能够被转移至活细胞，发挥调节免疫和发育的功能（Baier et al., 2014, Izumi et al., 2015, Wolf et al., 2015）。

Izumi 等（Izumi et al., 2015）列出了在牛乳外泌体中表达量最高的 50 种 miRNA，其中通过芯片分析信号强度超过 10 的有 11 种，分别是 miR-2478、miR-1777b、miR-1777a、let-7b、miR-1224、miR-2412、miR-2305、let-7a、miR-200c、miR-141 和 miR-2881，而 miR-148a 的信号强度也接近 10，是第

14个高表达的miRNA。

乳中的miRNA并非全部以包被于外泌体中的形式出现。Izumi等（Izumi et al.，2013）研究表明，miRNA同时存在于不含外泌体的乳清中。乳清（乳汁除去乳脂、细胞、碎片、酪蛋白等剩下的液体部分）通过超速离心后可以得到外泌体沉淀和上清液，小心收集上清液可得到无外泌体的乳清。芯片结果显示，有79种miRNA存在于外泌体中，91种miRNA存在于上清液中，其中两者共有的miRNA为39种。外泌体中表达量最高的50种miRNA与无外泌体上清液中表达量最高的50种miRNA之间进行对比，其中miR-2478、miR-1777b、miR-1777a、miR-1224、miR-2412、miR-2305这6种miRNA都排在前10位，而在外泌体中表达量较高的let-7家族成员却没有一个位于上清液前50位中，说明let-7家族成员富集于外泌体中。

专门比较经超速离心后所得到的外泌体沉淀和上清液中所含miRNA区别的报道相对较少。对乳汁miRNA进行抽提的方式大致分成3类：第1种是对只除去乳脂、细胞、碎片等剩下的液体部分进行抽提，得到上清（Supernatant）的miRNA，如Chen等（Chen et al.，2010）和Modepalli（Modepalli et al.，2014）等都以此方法处理样品并抽提总RNA做Solexa测序和qRT-PCR；Kosaka等（Kosaka et al.，2010）以此方法处理样品并抽提总RNA做芯片分析和qRT-PCR。第2种是对除去乳脂、细胞、碎片以及含量丰富的酪蛋白等剩下的液体部分进行抽提，得到乳清（Whey）的miRNA，如Izumi等（Izumi et al.，2013）以此方法处理样品并抽提总RNA做芯片分析。第3种方式是收集胃中乳凝块进行检测。

由上述可知，miRNA同时存在于乳清的外泌体和上清液中，但有报道推测miRNA存在于上清液中是由于制备外泌体沉淀需要经过超速离心，而外泌体是一种直径约30~100 nm量级的膜性小囊泡，超速离心可能不能把直径小的外泌体沉淀下来，导致这部分外泌体还游离于上清液中，因此在上清液中能检测出少量的miRNA。miRNA能存在于乳汁中，说明其必然有一种存在形式可防止被RNA酶所降解。有研究证明，内源性miRNA可以抵抗RNA酶、低pH值和反复冻融所导致的降解，但对去污剂Triton X-100不耐受，可能是由于miRNA包裹于外泌体里的原因（Kosaka et al.，2010）。miRNA除了通过细胞内分选系统打包进入外泌体这种方式外，有报道证实在血浆、血清中miRNA还能以与Ago2蛋白形成复合物的形式存在（Arroyo et al.，2011）。

参考文献

林德麟, 陈婷, 黎梦, 等. 2016. 乳中 miRNA 的研究进展 [J]. 畜牧兽医学报, 47 (9): 1 739-1 748.

权素玉, 南雪梅, 蒋林树, 等. 2018. 动物外泌体的生物学功能研究进展 [J]. 动物营养学报, 30 (12): 4 786-4 791.

Alsaweed, M., P. E. Hartmann, D. T. Geddes, et al. 2015. MicroRNAs in breastmilk and the lactating breast: potential immunoprotectors and developmental regulators for the infant and the mother [J]. Int J Environ Res Public Health, 12 (11): 13 981-14 020.

Arroyo, J. D., J. R. Chevillet, E. M. Kroh, et al. 2011. Argonaute2 complexes carry a population of circulating microRNAs independent of vesicles in human plasma [J]. Proc Natl Acad Sci USA, 108 (12): 5 003-5 008.

Baier, S. R., C. Nguyen, F. Xie, et al. 2014. MicroRNAs are absorbed in biologically meaningful amounts from nutritionally relevant doses of cow milk and affect gene expression in peripheral blood mononuclear cells, HEK-293 kidney cell cultures, and mouse livers [J]. J Nutr, 144 (10): 1 495-1 500.

Bar Yamin, H., M. Barnea, Y. Genzer, et al. 2014. Long-term commercial cow's milk consumption and its effects on metabolic parameters associated with obesity in young mice [J]. Mol Nutr Food Res, 58 (5): 1 061-1 068.

Chekanova, J. A., B. D. Gregory, S. V. Reverdatto, et al. 2007. Genome-wide high-resolution mapping of exosome substrates reveals hidden features in the Arabidopsis transcriptome [J]. Cell, 131 (7): 1 340-1 353.

Chen, X., C. Gao, H. Li, et al. 2010. Identification and characterization of microRNAs in raw milk during different periods of lactation, commercial fluid, and powdered milk products [J]. Cell Res, 20 (10): 1 128-1 137.

Cocucci, E. and J. Meldolesi. 2015. Ectosomes and exosomes: shedding the confusion between extracellular vesicles [J]. Trends Cell Biol, 25 (6): 364-372.

Fujita, Y., N. Kosaka, J. Araya, et al. 2015. Extracellular vesicles in lung microenvironment and pathogenesis [J]. Trends Mol Med, 21 (9): 533-542.

Golan-Gerstl, R., Y. Elbaum Shiff, V. Moshayoff, et al. 2017. Characterization and biological function of milk-derived miRNAs [J]. Mol Nutr Food Res, 61 (10).

Izumi, H., M. Tsuda, Y. Sato, et al. 2015. Bovine milk exosomes contain microRNA and mRNA and are taken up by human macrophages [J]. J Dairy Sci, 98 (5): 2 920-2 933.

Izumi, H., N. Kosaka, T. Shimizu, et al. 2013. Purification of RNA from milk whey [J]. Methods Mol Biol, 1024: 191-201.

Kosaka, N., H. Izumi, K. Sekine, et al. 2010. microRNA as a new immune-regulatory agent in breast milk [J]. Silence, 1 (1): 7.

Kusuma, R. J., S. Manca, T. Friemel, et al. 2016. Human vascular endothelial cells transport foreign exosomes from cow's milk by endocytosis [J]. Am J Physiol Cell Physiol, 310 (10): C800-807.

Melnik, B. C., S. M. John, and G. Schmitz. 2013. Milk is not just food but most likely a genetic transfection system activating mTORC1 signaling for postnatal growth [J]. Nutr J, 12: 103.

Modepalli, V., A. Kumar, L. A. Hinds, et al. 2014. Differential temporal expression of milk miRNA during the lactation cycle of the marsupial tammar wallaby (*Macropus eugenii*) [J]. BMC Genomics, 15: 1 012.

Munch, E. M., R. A. Harris, M. Mohammad, et al. 2013. Transcriptome profiling of microRNA by Next-Gen deep sequencing reveals known and novel miRNA species in the lipid fraction of human breast milk [J]. PLoS One, 8 (2): e50 564.

Sun, Q., X. Chen, J. Yu, et al. 2013. Immune modulatory function of abundant immune-related microRNAs in microvesicles from bovine colostrum [J]. Protein Cell, 4 (3): 197-210.

Tanaka, T., S. Haneda, K. Imakawa, et al. 2009. A microRNA, miR-101a, controls mammary gland development by regulating cyclooxygenase-2 expression [J]. Differentiation, 77 (2): 181-187.

Valadi, H., K. Ekstrom, A. Bossios, et al. 2007. Exosome-mediated transfer of mRNAs and microRNAs is a novel mechanism of genetic exchange between cells [J]. Nature Cell Biology, 9 (6): 654-672.

Weber, J. A., D. H. Baxter, S. Zhang, et al. 2010. The microRNA spectrum in 12 body fluids [J]. Clin Chem, 56 (11): 1 733-1 741.

Wolf, T., S. R. Baier, and J. Zempleni. 2015. The intestinal transport of bovine milk exosomes is mediated by endocytosis in human colon carcinoma caco-2 cells and rat small intestinal IEC-6 cells [J]. J Nutr, 145 (10): 2 201-2 206.

Zempleni, J., A. Aguilar-Lozano, M. Sadri, et al. 2017. Biological activities of extracellular vesicles and their cargos from bovine and human milk in humans and implications for infants [J]. J Nutr, 147 (1): 3-10.

Zempleni, J., S. R. Baier, K. M. Howard, et al. 2015. Gene regulation by dietary microRNAs [J]. Can J Physiol Pharmacol, 93 (12): 1 097-1 102.

第十三章 其他影响乳中 microRNA 的因素

牛乳中含有大量的 microRNA（miRNA），miRNA 是牛乳的天然固有成分，并且稳定存在于牛乳中，牛乳中的 miRNA 对酸性环境是稳定的，并且能够抵抗酶和冷冻解冻循环（Izumi et al., 2012, Benmoussa et al., 2016）。虽然目前还不清楚牛乳中 miRNA 是来自乳腺的主动分泌还是乳腺细胞的被动渗漏，但牛乳 miRNA 的表达谱受多种因素调控，不仅在不同泌乳期的表达谱存在显著差异，也受母体营养及保存加工方式等的影响，此外，乳中 miRNA 还能对致病菌的侵袭做出应答，体现为乳腺炎时乳中 miRNA 表达谱的变化。牛乳特异性 miRNA 的独特表达谱可以作为牛乳质量评判标准或衡量乳腺发育状态及健康状态的指标，或者在原料乳和与牛乳相关的商业产品中成为一种新的指标和新标准，应用于如液态乳和奶粉的质量控制等。

一、不同泌乳阶段牛乳 microRNA 表达谱差异

Chen 等（Chen et al., 2010）对不同泌乳阶段的牛乳中 miRNA 表达谱进行了解析，研究使用 Solexa 测序技术，作为高准确度、可重复性和定量读数的高通量测序技术，Solexa 可以检测和定义所有 RNA 分子，包括 miRNA，并且可以通过参考各种已建立的方法将 miRNA 与其他小 RNA 明确区分（Chen et al., 2008, Chen et al., 2009）。使用该技术，研究人员分别检测到共计 2 487 394 reads 的常乳 small RNA 和 3 398 788 reads 的初乳 small RNA。分类后，常乳中 miRNA 的 reads 数与初乳中的相似（常乳为 1 418 136，初乳为 1 594 965）。经注释，常乳和初乳中分别鉴定出 213 和 230 个已知的 miRNA。其中，初乳特异性 miRNA 包括 miR-18a、miR-19a、miR-140-5p、miR-219-5p 等，而 miR-10b、miR-9 等代表常乳特异性 miRNA。此外，与常乳相比，初乳中有 108 个

miRNA 表达上调，8 个 miRNA 下调，表明与初乳相比，常乳中的 miRNA 浓度有所降低。这些结果表明，牛乳 miRNA 的组成在泌乳过程中存在动态变化。但是，与从初乳到常乳，乳中 miRNA 浓度显著下降相反，初乳和常乳中的蛋白质水平几乎相同。

此外，Chen 等（Chen et al.，2010）的研究还表明，所有参与免疫应答和免疫系统发育的 miRNA，例如 miR-181a、miR-155 和 miR-223（Sonkoly et al.，2008），都在牛乳尤其是初乳中大量表达。相反，组织特异性 miRNA，例如 miR-9/124a（大脑）（Sempere et al.，2004，Shingara et al.，2005，Wienholds et al.，2005，Schratt et al.，2006，Beuvink et al.，2007，Liang et al.，2007）、miR-183/184（感觉器官）（Sempere et al.，2004，Ryan et al.，2006）、miR-1/133（肌肉）（Shingara et al.，2005，Beuvink et al.，2007，Liang et al.，2007）、miR-216/217（胰腺）（Szafranska et al.，2007）、miR-122（肝脏）（Shingara et al.，2005，Beuvink et al.，2007，Liang et al.，2007）（Landgraf et al.，2007）、miR-126（内皮）（Wang et al.，2008）和 miR-451（血液）（Masaki et al.，2007），通常在初乳和常乳中表达较少。尽管这种现象的分子基础尚待证实，推测此类免疫相关的 miRNA 可能在婴儿免疫系统的生物发生和发育中起关键作用。与初乳相比，常乳中这些 miRNA 的减少与婴儿发育的要求相一致。

此外，研究（Chen et al.，2010）选取了 7 个在初乳和常乳中表达相对较高且一致的 miRNA，包括 miR-26a、miR-26b、miR-200c、miR-21、miR-30d、miR-99a 和 miR-148a，使用基于 TaqMan 探针的 qRT-PCR 分析评估了在泌乳各个阶段（7 天、1 月、5 月和 9 个月）（Chen et al.，2005，Tang et al.，2006）的表达情况。结果表明，不同泌乳阶段的牛乳中这 7 个 miRNA 的表达水平非常一致，且其在生乳中的表达水平很高，而在牛血清中的浓度却非常低，提示其可以作为牛乳品质的标记物用于食品安全。

二、营养因素

乳中的成分会随着泌乳期的变化而变化，与此同时，乳成分也受到母体营养等因素的影响。Ylioja 等（Ylioja et al.，2019）针对产犊时体况评分对牛初乳 miRNA 表达谱的影响开展了研究，研究表明丰度最高的 miRNA 包括 miR-30a、miR-148a、miR-181a、let-7f、miR-26a、miR-21、miR-22 和 miR-92a，BCS 评分高的奶牛的初乳中 miR-486 较少，这与葡萄糖代谢改变有关。

而血清游离脂肪酸升高的牛初乳中 miR-885 含量较低,这可能与过渡期的肝功能有关。研究提示 miRNA 可能参与了乳腺细胞功能的发育和维持,并可能影响新生儿组织和免疫系统的发育。

三、乳品的处理和储存方式

Golan-Gerstl 等(Golan-Gerstl et al.,2017)应用新一代序列和定量分析,检测人乳、山羊乳、牛乳的脱脂和脂肪部分以及婴儿配方奶粉中 miRNA 表达谱。研究表明,巴氏杀菌对牛乳或羊乳中 miRNA 的表达没有显著影响,在巴氏杀菌和非巴氏杀菌山羊乳和牛乳的脂肪层和脱脂层中表达的 miRNA 相似,这些 miRNA 对胎儿或幼崽的免疫能力提升起到重要作用。miR-148a-3p 在巴氏杀菌前后牛乳的脂肪和脱脂部分均高表达,可抑制 DNA 甲基转移酶 1(DNA methyltransferase 1,DNMT1)靶基因表达。DNA 甲基化在奶牛生长发育和泌乳过程中起着很重要的作用,参与调控乳腺生长发育及泌乳相关基因的表达(郑宜文等,2013)。

乳品中的 miRNA 表达谱可能受到乳品的处理和保存方法的影响。Howard 等(Howard et al.,2015)对比了不同生鲜乳灭菌方式对乳品中相关 miRNA 丰度的影响,发现巴氏灭菌和均质化会导致牛乳中 miR-200c 损失 63%。而在脱脂乳中,miR-29b 的损失率为 67%。另外,低温冷藏和生鲜乳中的体细胞含量也对乳中的 miRNA 有一定影响,但是影响较小,miRNA 的损失在 2% 以内。微波加热可能导致 miR-29b 大量损失(40%),但 miR-200c 则没有因为微波加热而发生损失。在牛乳储存和微波加热过程中,牛乳脂含量对 miRNA 稳定性没有影响。

四、乳房炎症

乳腺炎奶牛乳腺上皮细胞(Naeem et al.,2012,Lawless et al.,2013,Jin et al.,2014)、单核细胞(Lawless et al.,2014a)、乳外泌体(Sun et al.,2015)及乳腺组织中(Li et al.,2015,Wang et al.,2016)的 miRNA 表达谱均受到炎症影响。尽管有研究表明来自食物的 miRNA 在人的胃肠道中无法存活(O'Neill et al.,2011),但牛乳中的 miRNA 却是例外。牛乳的 miRNA 在酸性条件下仍能保持稳定,并且对 RNase 和反复冻融具有抵抗力(Chen et al.,2010,Izumi et al.,2012,Pieters et al.,2015,Benmoussa et al.,2016),有理由推测这些 miRNA 可以从母乳中转移至子代,并影响子代个体肠道和免疫系统的发

育。研究表明，猪乳的外泌体及其 miRNA 能够被肠上皮细胞吸收，通过调节靶基因表达从而促进肠细胞增殖（Chen et al.，2016）。外泌体的囊泡状结构包裹保护 RNA 和 miRNA（Izumi et al.，2012，Zhou et al.，2012），使其免受降解（Lonnerdal et al.，2015）。牛乳被广泛用作乳制品产品，大多数婴儿配方食品也均基于牛乳蛋白，牛乳的质量至关重要。研究表明，成人巴氏杀菌牛乳中的 miRNA 能够被人体大量吸收（Baier et al.，2014），此外，多项研究表明牛乳外泌体可以进入结肠癌细胞（Wolf et al.，2015）、肠细胞（Wolf et al.，2015）、肾细胞（Baier et al.，2014）、巨噬细胞（Izumi et al.，2015）和人外周血单个核细胞（Baier et al.，2014）。因此，研究乳腺炎时牛乳 miRNA 的表达变化，对于从分子角度确定牛乳质量和安全性，至关重要。

Sun 等（Sun et al.，2015）针对金黄色葡萄球菌感染乳腺之前和之后（48 小时）牛乳外泌体的 miRNA 表达谱开展了研究。结果表明，miRNA 占这些外泌体平均 RNA 含量的约 13%，表达分析发现，14 种已知牛 miRNA 表达存在差异，其中 bta-miR-142-5p 和 bta-miR-223 是早期发现乳腺细菌感染的潜在生物标记，另外，与宿主免疫过程和炎症反应调控相关的 22 个乳腺表达基因被鉴定为差异表达 miRNA 的潜在靶标。

Lai 等（Lai et al.，2017）针对牛乳腺炎牛乳中与炎症相关的 miRNA 表达水平进行了检测，研究使用 qPCR 方法分析了受乳腺炎影响的母牛和正常母牛的牛乳中炎症相关 miRNA 的表达水平。研究表明，在加利福尼亚乳腺炎测试阳性（CMT+）牛乳中，miR-21、miR-146a、miR-155、miR-222 和 miR-383 的表达水平显著上调。CMT+牛乳和普通牛乳之间这些 miRNA 的差异，显示出超过 80% 的敏感性和特异性。该研究结果表明，牛乳中与炎症相关的 miRNA 表达水平受乳腺炎的影响，而牛乳中的 miRNA 具有用作牛乳腺炎生物标志物的潜力。

Cai 等（Cai et al.，2018）分析了健康和乳房炎奶牛乳外泌体的 miRNA 表达谱，其在牛乳外泌体中未检测到 scRNA，仅检测到少量 snRNA，表明牛乳外泌体中 RNA 包装的潜在偏好。该研究共检测到 492 个已知的和 980 个新的外泌体 miRNA，所有样本中 10 个表达丰度最高的 miRNA 占总 miRNA 的 80%～90%。18 种 miRNA 在乳腺炎奶牛乳外泌体中差异表达，KEGG 分析表明，其潜在靶基因在包括炎症、免疫和癌症在内的多通路中富集，研究提出，差异表达的 miRNA，尤其是 miR-223 和 miR-142-5p，可被视为乳腺炎特征分子标记物的潜在候选者。

为了解牛乳腺炎期间 microRNA（miRNA）表达谱的变化，Lai 等（Lai et al.，2019）对正常牛乳和罹患乳腺炎奶牛的牛乳的 miRNA 表达谱进行了检测，结果显示牛乳腺炎期间有 25 种 miRNA 差异表达（23 种 miRNA 表达上调，2 种 miRNA 表达下调，图 13-1），其中 miR-146a 和 miR-222 是已知的乳腺炎生物

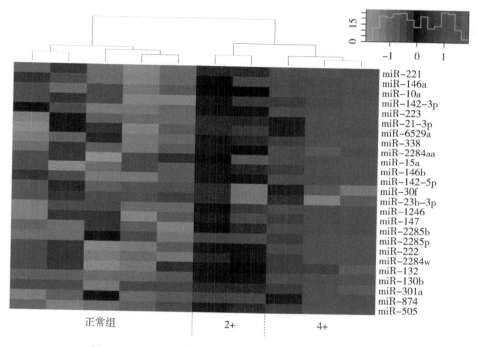

图 13-1　差异表达的 miRNA 分析（Lai et al.，2019）。
2+表示 CMT 2+组，4+表示 CMT 4+组

标记物（Lai et al.，2017）。上调的成熟 miR-1246 可能源自 U2 小核 RNA，而不是 miR-1246 前体。显著上调的 miRNA 前体和 RNU2 在与人类 17 号染色体同源的牛 19 号染色体上显著富集，最显著上调的 miRNA 的潜在靶基因检测表明其主要与癌症和免疫系统途径有关，3 种新的 miRNA 与牛乳腺炎有关，并且在牛乳中表达较高。该研究证实，乳房炎症对乳 miRNA 表达谱具有显著影响。该研究分析了自然感染牛的牛乳样品，其结果与感染金黄色葡萄球菌的牛乳腺中转录组 miRNA 变化结果最为相似（Li et al.，2015），这表明 miRNA 在金黄色葡萄球菌诱发的乳腺炎的乳腺转录后反应中发挥作用（Fang et al.，2016）。Lai 等研究设计的另一个特点是细胞已从牛乳样本中大量去除（Lai et al.，

2019），然而乳腺炎期间，牛乳中存在的体细胞，包括75%的白细胞和25%的上皮细胞（van den Borne et al.，2011）。而正常乳和乳腺炎乳之间差异表达的miRNA既可能来自体细胞（Jin et al.，2014，Lawless et al.，2014a，Lewandowska-Sabat et al.，2018），也可能来自外泌体（Sun et al.，2015，Cai et al.，2018）。miR-10a、miR-146a、miR-146b、miR-221和miR-223与乳房链球菌攻击的组织中先天免疫和乳腺上皮细胞功能的调节有关（Naeem et al.，2012）。乳房链球菌感染后，牛乳分离和血液分离的单核细胞中的miR-146b、miR-223和miR-338表达上调（Lawless et al.，2014a）。包括miR-30f在内的miR-30家族显著减少，miR-222与体细胞计数显著相关，这表明miR-222作为乳腺炎指示剂在研究含脂肪和体细胞的牛乳样品中的实用性（无离心）。miR-301a可以激活核因子-κB（Nuclear factor kappa-B，NF-κB）信号传导，并在受乳腺炎影响的母牛的血液中下调（Chen et al.，2014）。miR-2284和miR-2285是在人或小鼠中没有同源物的牛特异性家族（Lawless et al.，2014b）。此外，Lai等（Lai et al.，2019）的研究证明miR-147和miR-505与牛乳腺炎相关。

参考文献

郑宜文，王春梅，高学军，等. 2013. DNA甲基化与奶牛乳腺泌乳调控的研究进展［J］. 中国畜牧兽医. 40（1）：179-182.

Baier, S. R., C. Nguyen, F. Xie, et al. 2014. MicroRNAs are absorbed in biologically meaningful amounts from nutritionally relevant doses of cow milk and affect gene expression in peripheral blood mononuclear cells, HEK-293 kidney cell cultures, and mouse livers［J］. J Nutr, 144（10）：1 495-1 500.

Benmoussa, A., C. H. Lee, B. Laffont, et al. 2016. Commercial dairy cow milk microRNAs resist digestion under simulated gastrointestinal tract conditions［J］. J Nutr, 146（11）：2 206-2 215.

Beuvink, I., F. A. Kolb, W. Budach, et al. 2007. A novel microarray approach reveals new tissue-specific signatures of known and predicted mammalian microRNAs［J］. Nucleic Acids Res, 35（7）：e52.

Cai, M., H. He, X. Jia, et al. 2018. Genome-wide microRNA profiling of bovine milk-derived exosomes infected with *Staphylococcus aureus*［J］. Cell Stress Chaperones, 23（4）：663-672.

Chen, C., D. A. Ridzon, A. J. Broomer, et al. 2005. Real-time quantification of microRNAs by stem-loop RT-PCR［J］. Nucleic Acids Res, 33（20）：e179.

Chen, L., X. Liu, Z. Li, et al. 2014. Expression differences of miRNAs and genes on NF-kappaB pathway between the healthy and the mastitis Chinese Holstein cows [J]. Gene, 545 (1): 117-125.

Chen, T., M. Y. Xie, J. J. Sun, et al. 2016. Porcine milk-derived exosomes promote proliferation of intestinal epithelial cells [J]. Sci Rep, 6: 33 862.

Chen, X., C. Gao, H. Li, et al. 2010. Identification and characterization of microRNAs in raw milk during different periods of lactation, commercial fluid, and powdered milk products [J]. Cell Res, 20 (10): 1 128-1 137.

Chen, X., Q. Li, J. Wang, et al. 2009. Identification and characterization of novel amphioxus microRNAs by Solexa sequencing [J]. Genome Biol, 10 (7): R78.

Chen, X., Y. Ba, L. Ma, et al. 2008. Characterization of microRNAs in serum: a novel class of biomarkers for diagnosis of cancer and other diseases [J]. Cell Res, 18 (10): 997-1 006.

Fang, L., Y. Hou, J. An, et al. 2016. Genome-wide transcriptional and post-transcriptional regulation of innate immune and defense responses of bovine mammary gland to *Staphylococcus aureus* [J]. Front Cell Infect Microbiol, 6: 193.

Golan-Gerstl, R., Y. Elbaum Shiff, V. Moshayoff, et al. 2017. Characterization and biological function of milk-derived miRNAs [J]. Mol Nutr Food Res, 61 (10).

Howard, K. M., R. Jati Kusuma, S. R. Baier, et al. 2015. Loss of miRNAs during processing and storage of cow's (Bos taurus) milk [J]. J Agric Food Chem, 63 (2): 588-592.

Izumi, H., M. Tsuda, Y. Sato, et al. 2015. Bovine milk exosomes contain microRNA and mRNA and are taken up by human macrophages [J]. J Dairy Sci, 98 (5): 2 920-2 933.

Izumi, H., N. Kosaka, T. Shimizu, et al. 2012. Bovine milk contains microRNA and messenger RNA that are stable under degradative conditions [J]. J Dairy Sci, 95 (9): 4 831-4 841.

Jin, W., E. M. Ibeagha-Awemu, G. Liang, et al. 2014. Transcriptome microRNA profiling of bovine mammary epithelial cells challenged with *Escherichia coli* or *Staphylococcus aureus* bacteria reveals pathogen directed microRNA expression profiles [J]. BMC Genomics, 15: 181.

Lai, Y. C., T. Fujikawa, T. Maemura, et al. 2017. Inflammation-related microRNA expression level in the bovine milk is affected by mastitis [J]. PLoS One, 12 (5): e0 177 182.

Lai, Y. C., Y. T. Lai, M. M. Rahman, et al. 2019. Bovine milk transcriptome analysis reveals microRNAs and RNU2 involved in mastitis [J]. FEBS J.

Landgraf, P., M. Rusu, R. Sheridan, et al. 2007. A mammalian microRNA expression atlas based on small RNA library sequencing [J]. Cell, 129 (7): 1 401-1 414.

Lawless, N., A. B. Foroushani, M. S. McCabe, et al. 2013. Next generation sequencing reveals the expression of a unique miRNA profile in response to a gram-positive bacterial infection [J]. PLoS One, 8 (3): e57 543.

Lawless, N., P. Vegh, C. O'Farrelly, et al. 2014b. The role of microRNAs in bovine infection and immunity [J]. Front Immunol, 5: 611.

Lawless, N., T. A. Reinhardt, K. Bryan, et al. 2014a. MicroRNA regulation of bovine monocyte inflammatory and metabolic networks in an *in vivo* infection model [J]. G3 (Bethesda) 4 (6): 957-971.

Lewandowska-Sabat, A. M., S. F. Hansen, T. R. Solberg, et al. 2018. MicroRNA expression profiles of bovine monocyte-derived macrophages infected *in vitro* with two strains of *Streptococcus agalactiae* [J]. BMC Genomics, 19 (1): 241.

Li, R., C. L. Zhang, X. X. Liao, et al. 2015. Transcriptome microRNA profiling of bovine mammary glands infected with Staphylococcus aureus [J]. Int J Mol Sci, 16 (3): 4 997-5 013.

Liang, Y., D. Ridzon, L. Wong, et al. 2007. Characterization of microRNA expression profiles in normal human tissues [J]. BMC Genomics, 8: 166.

Lonnerdal, B., X. G. Du, Y. L. Liao, et al. 2015. Human milk exosomes resist digestion in vitro and are internalized by human intestinal cells [J]. Faseb Journal, 29.

Masaki, S., R. Ohtsuka, Y. Abe, et al. 2007. Expression patterns of microRNAs 155 and 451 during normal human erythropoiesis [J]. Biochem Biophys Res Commun, 364 (3): 509-514.

Naeem, A., K. Zhong, S. J. Moisa, et al. 2012. Bioinformatics analysis of microRNA and putative target genes in bovine mammary tissue infected with *Streptococcus uberis* [J]. J Dairy Sci, 95 (11): 6 397-6 408.

O'Neill, M. J., L. Bourre, S. Melgar, et al. 2011. Intestinal delivery of non-viral gene therapeutics: physiological barriers and preclinical models [J]. Drug Discov Today, 16 (5-6): 203-218.

Pieters, B. C., O. J. Arntz, M. B. Bennink, et al. 2015. Commercial cow milk contains physically stable extracellular vesicles expressing immunoregulatory TGF-beta [J]. PLoS One, 10 (3): e0 121 123.

Ryan, D. G., M. Oliveira-Fernandes, and R. M. Lavker. 2006. MicroRNAs of the mammalian eye display distinct and overlapping tissue specificity [J]. Mol Vis, 12: 1 175-1 184.

Schratt, G. M., F. Tuebing, E. A. Nigh, et al. 2006. A brain-specific microRNA regulates dendritic spine development [J]. Nature, 439 (7074): 283-289.

Sempere, L. F., S. Freemantle, I. Pitha-Rowe, et al. 2004. Expression profiling of mammalian microRNAs uncovers a subset of brain-expressed microRNAs with possible roles in murine and human neuronal differentiation [J]. Genome Biol, 5 (3): R13.

Shingara, J., K. Keiger, J. Shelton, et al. 2005. An optimized isolation and labeling platform for accurate microRNA expression profiling [J]. RNA, 11 (9): 1 461-1 470.

Sonkoly, E., M. Stahle, and A. Pivarcsi. 2008. MicroRNAs and immunity: novel players in the regulation of normal immune function and inflammation [J]. Semin Cancer Biol, 18 (2): 131-140.

Sun, J., K. Aswath, S. G. Schroeder, et al. 2015. MicroRNA expression profiles of bovine milk exosomes in response to *Staphylococcus aureus* infection [J]. BMC Genomics, 16: 806.

Szafranska, A. E., T. S. Davison, J. John, et al. 2007. MicroRNA expression alterations are linked to tumorigenesis and non-neoplastic processes in pancreatic ductal adenocarcinoma [J]. Oncogene, 26 (30): 4 442-4 452.

Tang, F., P. Hajkova, S. C. Barton, et al. 2006. MicroRNA expression profiling of single whole embryonic stem cells [J]. Nucleic Acids Res, 34 (2): e9.

Van den Borne, B. H., J. C. Vernooij, A. M. Lupindu, et al. 2011. Relationship between somatic cell count status and subsequent clinical mastitis in Dutch dairy cows [J]. Prev Vet Med, 102 (4): 265-273.

Wang, S., A. B. Aurora, B. A. Johnson, et al. 2008. The endothelial-specific microRNA miR-126 governs vascular integrity and angiogenesis [J]. Dev Cell, 15 (2): 261-271.

Wang, X. P., Z. M. Luoreng, L. S. Zan, et al. 2016. Expression patterns of miR-146a and miR-146b in mastitis infected dairy cattle [J]. Mol Cell Probes, 30 (5): 342-344.

Wienholds, E., W. P. Kloosterman, E. Miska, et al. 2005. MicroRNA expression in zebrafish embryonic development [J]. Science, 309 (5732): 310-311.

Wolf, T., S. R. Baier, and J. Zempleni. 2015. The intestinal transport of bovine milk exosomes is mediated by endocytosis in human colon carcinoma caco-2 cells and rat small intestinal IEC-6 cells [J]. J Nutr, 145 (10): 2 201-2 206.

Ylioja, C. M., M. M. Rolf, L. K. Mamedova, et al. 2019. Associations between body condition score at parturition and microRNA profile in colostrum of dairy cows as evaluated by paired mapping programs [J]. J Dairy Sci, 102 (12): 11 609-11 621.

Zhou, Q., M. Li, X. Wang, et al. 2012. Immune-related microRNAs are abundant in breast milk exosomes [J]. Int J Biol Sci, 8 (1): 118-123.